U0260505

20世纪中国科学口述史

施雅风口述自传

SHI YAFENG: AN ORAL BIOGRAPHY

施雅风 口述 ■ 张九辰 访问整理

湖南教育出版社

施雅风院士近照

总序 1

PREFACE ONE

·席泽宗·

正当21世纪开头的时候，湖南教育出版社策划编辑出版一套《20世纪中国科学口述史》丛书，有计划地访问一些当事人，希望他们能将亲历、亲见、亲闻的史实口述回忆，让采访者整理成文字和音像资料，为后人留下一些宝贵的文化财富。这是一件很有意义的事，应该得到各方面的支持。

口述历史很重要。《论语》就不是孔子（前551—前479）的著作，而是口述。这情形与希腊的苏格拉底（约前470—前399）及其以前的哲学家们相似。那个时代学者们还没有自己著书立说的习惯，思想学说都是靠自己口述而由门人弟子记录下来的。正如《汉书·艺文志》所说："《论语》者，孔子应答弟子、时人，及弟子相与言而接闻于夫子之语也。当时弟子各有所记，夫子既卒，门人相与辑而论纂，故谓之《论语》。"《论语》被奉为儒家经典，流传两千多

席泽宗（1927—　）　天文史学家。中国科学院院士（1991）。

年，一字值千金。我们当代人的所见、所闻、所历，不能与之相比，但“集腋成裘，聚沙成塔”，贡献出来，流传下去，对社会还是有益的。

司马迁著《史记》，上古部分文献太少，主要根据“传说”（一代一代“传”下来的“说”，即口述、口述、再口述），准确的年代只能从西周共和元年（前841年）算起，这不仅给年代学留下了一个空档，因而有今日的“夏商周断代工程”，还给后人提供了怀疑的口实。辛亥革命前后，国内外出现了疑古思潮，提出“东周以前无史”论，企图把中国文明史砍去一半。幸而这时在河南安阳殷墟发现了甲骨文，王国维于1917年写了《殷卜辞中所见先公先王考》及《续考》，指出甲骨文中发现的殷商王室的世系，与《史记·殷本纪》中所载相吻合，《殷本纪》中的口述记载只有个别错误。这就把中国有文字可考的历史，由东周上推了近千年。由此，王国维提出“二重证据法”：“古书之未得证明者，不能加以否定，而其已得证明者，不能不加以肯定。”他又于1926年在上海《科学》杂志第11卷第6期上发表《最近二三十年中国新发现之学问》一文，指出中国历代出现的新学问大都是由于新的发现。他举了很多例子，最重要的是汉代曲阜孔壁中古文和西晋汲冢竹书的发现，说明新材料对于学术的推动作用。与此同时，胡适于1928年在《新月》第1卷第9期上写了一篇《治学的方法与材料》，进一步指出，我们不仅是要找埋在地下的古书，更重要的是要面向自然界找实物材料。他说：“材料可以帮助方法；材料的不够，可以限制做学问的方法；而且材料的不同，又可以使做学问的结果与成绩不同。”他用1600年到1645年间的一段历史，进行中西对比，指出所用材料不同，成绩便有绝大的不同。这一段时间，中国正是顾炎武（1613—1682）、阎若璩（1636—1704）这些大师们活动的时代，他们做学问也走上了新的道路，站在证据上求证明。顾炎武为了证明衣服的“服”字古音读做“逼”，竟然找出了162个例证，真可谓小心求证。但是，他们所用的材料是从书本到书本。和他们同时代的西方学者则大不相同，像开普勒、伽利略、牛顿、列文虎克、哈维、波义耳，他们研究学问所用的材料就不仅仅是书本，更重要的是自然界的东西。哈维在他的《血液循环论·自序》中说：“我学解剖学和教授解剖学，都不是从书本上来的，是从实际解剖来的；不是从哲学家的学说上来的，是从自然界的条理上来的。”结果是，他们奠定了近代科学的基础，开辟了一个新的科学世界。而我们呢，只有两部《皇清经解》做我们300年来的学术成绩。

1915年《科学》的创刊和中国科学社的成立，标志着近代科学开始在中国落地、扎根，但成长、壮大、结果和开花，还有待于努力。中央研究院（1928年）、北平研究院（1929年）、中央工业试验所（1929年）、中央农业试验所（1931年）等国家科研机构的相继建立，《大学组织法》（1929年）、《大学规程》（1929年）和《学位授予法》（1934年）等的颁布，都为科学的进一步发展提供了必要条件。至1949年，全国已有700多位科学家在200余所高等院校、60多个科研机构、40多个学术团体中工作。用卢嘉锡半开玩笑的话来说，“这是一支物美价廉、经久耐用的队伍”。李约瑟把他记述抗战时期中国科学家工作的一本书，取名《科学前哨》（*Science Outpost*）。他在序中说：“书名似

乎应当稍加解释。并不是我们中英科学合作馆的英籍同事远在中国而以科学前哨自居。我所指的是我们全体，不论英国人或中国人，构成中国西部的前哨。”“这本书如有任何永久性的价值，一定是因为它提供了一类记录（虽然不甚充分）……看到中国这一代科学家们所具有的创造力、牺牲精神、坚韧、忠诚和希望，我们以和他们在一起为荣，今天的前哨就将成为明天的中心和司令部。”

李约瑟的预言即将实现。1949 年中华人民共和国的成立，为科学的发展提供了前所未有的有利条件。1956 年制定的《1956—1967 年科学技术发展远景规划纲要》，通过十几个重大项目、几十个重点研究任务、几百个中心课题，把第二次世界大战以来的新科学和尖端技术都涵盖于其中，下决心，攀高峰。据杨振宁搜集起来的 10 项产品的年代比照，我们的赶超速度是很快的。从原子弹到氢弹，我们所花费的时间最少：法国 8 年，美国 7 年，英国 5 年，苏联 4 年，中国 3 年，爆炸在法国之前。还要注意一点，别的国家的科学家，是全力以赴搞科学，中国科学家要政治学习、劳动锻炼、下乡“四清”，至于“文化大革命”那样的干扰，更是史无前例，就连“中国核弹之父”钱三强也不能幸免。1978 年以后，抛弃以“阶级斗争为纲”，才把书桌子放稳，安下心来搞科研，然而在市场经济大潮的冲击下，也有新的问题。科学是没有阶级性的，但是科学家是在社会中生活的，科学事业是社会建构的一部分，都有时代的烙印。与过去 300 年相比，科学在 20 世纪的中国，特别是后 50 年，取得了举世瞩目的成就。总结这段历史经验，对于 21 世纪科学的发展无疑是有借鉴意义的。这项工作国内有许多人在做。

湖南教育出版社邀请有经验的专家组成编委会，派人准备从人物（包括科研组织管理工作者）、学科、事件等方面进行访谈和旧籍整理，这无疑是一种新的形式。口述历史虽然是历史学的最初形态，但那时没有录音、摄像等设备，也没有现在的严密组织准备，效果是不一样的。因此，我相信，这套书一定能成功，故为之序。

2007 年 10 月于北京

总序 2

PREFACE TWO

20 世纪是中国社会巨变的一个世纪，也是中国科学大发展的一个世纪。

中国的现代科学是在西方科学传入之后发展起来的。远在明末清初，西方科学就传到了中国。但从明末到清末，300 年的“西学东渐”，其主要成果不过是翻译介绍了一些西方科学著作，传播了一些科学知识。到了 20 世纪，中国才出现了现代意义的科学事业和科学家。

20 世纪之初，在以“新政”为标榜的政治和社会改革风潮中，延续千年的科举制度被废除，近代新学制开始在全国范围内实施，现代科学被纳入我国教育体制，从此科学知识成为中国读书人的必修课程，科学观念逐步深入人心。“赛先生”与“德先生”成为五四新文化运动的两面旗帜。

20 世纪二三十年代，特别是国民政府成立之后，国立和

韩启德（1945— ） 病理生理学家。中国科学院院士（1997）。现任全国人大常委会副委员长，九三学社中央主席，中国科学技术协会主席。

私立大学的科学教育和科研水平稳步提高，以中央研究院为代表的专门科研机构逐步建立，一系列专业学会成立起来并开展各种学术活动，奠定了我国现代科学各主要学科的基础。然而，日本侵华战争使我国刚刚起步的现代科学事业遭到严重摧残。抗战胜利后，内战又使科学事业在短期内无法恢复元气。

中华人民共和国成立之后，在中国共产党的领导下，科学事业受到前所未有的重视。建国后不久，国家就陆续成立了从中央到地方的各级综合性和专业性科研机构，调整和新建了一大批高等院校，组织实施了一系列重大科研计划。在20世纪的50年代末到60年代，以“两弹”（原子弹和导弹）研制、大庆油田的开发和人工合成结晶牛胰岛素等重大成就为标志，我国科学事业实现了跨越式的发展。不幸的是，不断升级的政治运动严重干扰和破坏了科学事业。“文化大革命”十年动乱，使我国科学不进反退，拉大了我们与世界先进水平的差距。

改革开放迎来了中国科学的春天，知识分子终于彻底摘掉了“臭老九”的帽子，我国科技工作者焕发出前所未有的活力。经过科技体制改革的探索，在20世纪末，我国确立了“科教兴国”战略。近年来，国家对科技的投入大幅增长，科研水平稳步提高，我国科学技术全面发展的时代正在到来。

一个世纪之前，中国的现代科学事业几乎还是一张白纸。今天的中国科学已经以崭新的面貌自立于世界。“两弹一星”、杂交水稻、载人航天等一系列成就，标志着我国科学技术事业的空前发展，同时也极大地提升了我国的国际地位。但我们也应清醒地认识到，我们与国际科学技术的先进水平还存在相当差距，我们仍然在探索适合中国国情的科技发展道路，建立完善的现代科研体制的任务还没有完成。

中国现代科学技术的发展既有顺利的坦途，也历经坎坷和曲折。艰苦的物质条件和严酷的政治运动没有动摇中国科技工作者的爱国报国之心和求索创新之志。为中国科学技术事业建立功勋的既有像“两弹元勋”一样的科学英雄，更有许多默默无闻、甘于奉献的科技工作者。他们的名字，他们的事迹，是中国现代历史中的重要篇章。比较令人遗憾的是，我们很少见到中国科学家的自述、自传一类的作品。因此，许多科学家的事迹，他们的奋斗与探索，还不大为社会所了解；许多珍贵的历史资料，随着一些重要当事人的老去而永远消失，铸成无法挽回的损失。

湖南教育出版社出版的这套《20世纪中国科学口述史》丛书，在一定程度上弥补了这个缺憾。口述历史的特点是真实生动、细节丰满、可读性强。这套丛书中，无论是口述自传、个人或专题访谈录，还是科学家自述，都出自科学家、科技管理者、科学普及工作者或科技战线的其他工作者的亲口或亲笔叙述，是中国现代科学事业的参与者回忆亲历、亲见、亲闻的史实，提供了许多鲜为人知、鲜活逼真的历史篇章，可以补充文献记载的缺失，是我们研究中国现代科学发展史的珍贵资料。同时，书中也展现了我国科技工作者爱国敬业、艰苦探索、勇于创新、无怨无悔的精神境界，必将激励后来者为发展我国的科学技术而努力奋斗。

近年来，访谈类节目在电视、电台热播，大受欢迎。我相信，《20世纪中国科学口述史》丛书也一定能赢得读者的喜爱，在我国科学文化建设中发挥应有的作用。故乐为之序。

2007年10月于北京

主编的话

EDITOR'S WORDS

一

在2002年春召开的全国政协九届五次会议期间，历史学家李学勤和文物保护专家胡继高两位先生提交了一项《关于建立“口述学术史资料中心”的建议案》。提案称：20世纪已成为历史，在新世纪里中国的学术发展将达到高潮，因此需要有计划地系统积累各学科历史的资料。他们认为“这对于继承老一代科学家的精神和成就，总结各学科的发展经历，推动新世纪中我国学术的创新进展，必能起重要的作用”。提出的具体建议是，由科技部、教育部牵头，联合中国科学院、中国社会科学院、中国工程院等单位，共同建立“口述学术史资料中心”。

会后，由科技部会同有关部门协商后答复：“目前可考虑在中科院、社科院等相关院所及一些大学，根据科学技术和人文社会科学的不同性质和各门学科发展的具体状况，选择有关专家、学者开展相应工作。”中国社会科学出版社随即于当年启动了《口述历史》丛刊和《口述自传丛书》的出版计划。再后，由中国社会科学院近代史研究所等单位发起成立了“中华口述史研究会”，在学术界与各种媒体的推动之下，近年出现了一股不大不小的“口述史”热潮。

笔者于1990年代主持中国科学院院史资料征集工作，初以建院早期史为重点，参与和组织了对一些老科学家和老领导的人物访谈。近年在上述李、胡提案的影响之下，有张柏春、王扬宗等同道先后商议组织力量开展中国近现代科学口述史的工作，我亦与闻其间，且曾与刘钝先生联名向有关领导提出过相应建议。2006年春，欣逢湖南教育出版社有意出版这样一套丛书，派员来京商谈，在席泽宗、王绶琯等学术界前辈的支持下，他们属意于新世纪的先进文化建设，决心力著先鞭，遂有《20世纪中国科学口述史》丛书之启动。

二

西方自文艺复兴以来，经过宗教改革、世界地理大发现、科学革命和产业革命，建立了资本主义主导的全球市场和近代文明。在此过程中，科学技术的迅猛发展为社会发展提供了最强大的动力，其影响至20世纪最为显著。

在从传统社会向近代社会的转型中，国人知识结构的质变，第一代科学家群体的登台，与世界接轨的科学体制的建立，现代科学技术学科体系的形成与发展，乃至以“两弹一星”为标志的一系列重大科技成就的取得，都发生在20世纪。自1895年严复喊出“西学格致救亡”，至1995年中共中央、国务院确定“科教兴国”的国策，百年中国，这“科学”是与“国运”紧密关联着的。百年中国的科学，也就有太多太多的史事需要梳理，有太多太多的经验教训需要总结。

关于20世纪中国历史的研究，可能是格于专业背景方面的障碍，治通史的学者较少关注科学事业的发展，专习20

世纪科学史者起步较晚，尚未形成气候。无论精治通史的大家学者，抑或研习专史的散兵游勇，都共同面临着一个难题——史料的缺乏。

史料，是治史的基础。根据20世纪科学史研究工作的特点，搜求新史料，应该注意以下四个方面：

1. 文字记载类。既存史料有比较集中之收藏者，一是以出版物为主的图书馆，一是以行政文书为主的档案馆。从高度分散的各种文献中寻找科学史料，是一项沙里淘金的劳动。收藏丰富的图书馆数量之少，档案馆的开放程度之低，又都给这一搜求增加了相当的难度。挖掘新史料，我们不能把眼睛只盯在图书馆和档案馆，还应该关注在现行常规体制运行之外的非正式出版物，如各种学术机构和社团印行的内部资料，个人印制的作品集，以及特殊时期（如“文革”）形成的文字资料等，散落于社会之中的名人日记、信函和手稿等则尤为珍贵。

2. 亲历记忆类。在时间距离上，20世纪与我们相去未远，大量的史实还在阅历丰富的老人们的头脑中保留着印记。亲身经历过20世纪科学事业发展且做出过重要贡献的科学家和领导干部，大都已是高龄。以80岁左右的老人为例，他们在少年时代已亲历抗日战争，大学毕业于共和国诞生之初，而国家科学事业发展的“黄金十年时期”（1956—1966）则正是他们施展才华、奉献青春、激情燃烧的岁月。这些留存在记忆中的历史，对文字记载史料而言，不仅可以大大填补其缺失，增加其佐证，纠正其讹误，还可以展示出当年文字所不能记述或难以记述的时代忌讳、人际隐秘关系和个人的心路历程。科学研究过程中的失败挫折和灵感顿悟，学术交流中的辩争和启迪，社会环境中非科学因素的激励和干扰等，许多为论文报告所难以言道者，当事人的记忆却有助于我们还原历史的全景。

3. 图像资料类。首要是照片。由于摄影技术的发展和普及，个人拍摄和收藏的照片，在数量上要远远多于现有馆藏。其次是在科研活动中形成的，如地图，星图，动、植、矿物标本图，野外考察写生等。由于图像留存的是直观的形象和场景，是事物外观的近真写照，为文字所难以表现和不能表现，在反映科学事业发展史的史实细节方面，就更有其特殊价值。如何收集、辨识、编订和利用这些图像资料，是一项很具挑战性、新颖性和重要性的课题。与此相关，长期以来，电影中的科教片和新闻片，以及后来居上的电视媒体中，也有很多珍贵的科学历史镜头，其史料价值如何有效地利用也是很值得注意的。至于摄像设备进入寻常百姓家，反映科学发展的新影像资料更上层楼，显然应该将其纳入史料收集的常规工作，但这已是20世纪后期的新事物，就抢救而言，当前不是关注的重点。

四、实物遗存类。因为时间上相去不远，如重要机构旧址、名人遗物、奖章证书、牌匾徽识，以及不同时期具有特别意义的观测实验仪器、发明样品等，所在多有。这很需要通过鉴定和筛选，除少量有可能进入文物保护系列或成为博物馆收藏之外，还有相当数量应予以造册登记，向有关机构说明其历史价值，鼓励他们自行采取适当的暂时保护或收藏措施，以防大量迅速毁损或流失。我们相信，随着中国在新世纪里文化建设高潮的出现，博物馆事业的兴起则势在必然，历史较久的科研院所和大学等机构，以及各地、各部门和各学科的科学史工作者，应该提早行动，勿待临渴而掘井。

本丛书以“口述史”冠名，正是要承担起挖掘和抢救亲历记忆类史料的任务。

三

口述史或口述历史（Oral History），关于其定义，目前尚没有定论。

对一般公众而言，不要把口述史理解为对一般历史常识的“口述”，它不是教师用以在课堂讲述的历史讲义，当然更不是说书人用来在舞台上表演的历史演义。对史学家而言，可以在史料学范围内从方法学的角度对口述史做系统研究，但不可能完全在口述史料的基础上打造出任何一门“史学”分支（不管是断代史，还是专门史）。口述史的直接产品，毕竟是记录亲历者忆述的录音光碟和文本。不管是中文的“历史”，还是英文的History，词义多歧，而与我们史学研究直接相关者有两种解释：一是指历史学，二是指对过去发生事情的记载。如果把后者转化为史学用语，就应该解读为“史料”。中国现代史的口述史名家唐德刚先生，在回答人们的提问时就明确地说过：“口述历史并不是一个人讲一个人记的历史，而是口述史料。”①

口述史的“核心”是“被提取和保存的记忆”②，这样，如何进行提取和保存，就只是个技术手段的问题。不管是刀刻或笔录，还是录音或录影；不管是竹片或纸张，还是录音带或光碟，都是随着不同时代的技术进步而逐步改进发展的。现时代的录音技术，只是为现时代口述史提供了高水平

① 唐德刚：《文学与口述历史》。见《史学与红学》。桂林：广西师范大学出版社，2008年，第19页。

② 唐纳德·里奇著，王芝芝、姚力译：《大家来做口述历史》。北京：当代中国出版社，2006年，第2页。

的技术保障，但不应该以它作为定义口述史的充分性因素。发明录音机之前也有笔录的口述史，即使在已经普及录音机的今天，某些情况下未能使用录音机而采取笔录的方式，也不能否定其口述史的价值，更何况今后可能还会有比录音机更先进的仪器设备出现。因此，本丛书要求当前承担任务的作者都要做访谈录音，但也接纳早年间没有录音条件而进行笔录访谈的文本。

再者，访者要在访谈之前做好提问的准备，这是必须的。不过，准备是否完善，不仅取决于访者的工作态度，也依赖于访者的专业水平。当前在专业水平不可能一步到位而又不可能从容等待的情况下，对访谈者和受访者之间的互动水平就不能要求过高。只有放手做去，在干中学，才能逐步提高。能够把亟待抢救的抢救出来，就是有价值的。国际间的现代口述史研究已经广泛地辐射到社会学、新闻学、语言学、人类学、民俗学和医学等多种学科领域中，而本丛书的目标只是面向20世纪中国科学史的研究，只是把“口述史”用来做挖掘和抢救这类史料的一种重要方法。这或许不过是文献档案的补充与延伸而已，那就权作我们处于口述史的“初级阶段”吧。

20世纪，渐行渐远。我们搜求与这百年有关的记忆史料，抚其尾，还仿佛就在昨天，而望其首，已是遥不可及。记忆存在于人的头脑中，而人的生命是有限的。因此，有别于挖掘其他史料者，口述史的工作安排尤需注意轻重缓急。

“口述史”是用来做挖掘和抢救亲历记忆史料的重要方法，但不是唯一的方法。鉴于此，本丛书在倡导按口述史的现代标准开展工作的同时，还应适当放宽尺度，不拘一格，将某些很有价值的笔述回忆类史料也有选择地纳入“丛”中。

四

本丛书选择亲历中国20世纪科学技术发展史的中国著名科学家作为主要访谈对象，本求真之原则，记录其亲历亲闻的史实，并按大致统一的编例整理成书稿。

科学，作为一种社会事业，除科学研究之外，还包括科学教育、科学组织、科学管理、科学出版、科学普及等各个领域，与此相关的人物和专题皆可列入选题，而不只限于著名科学家。从学科的角度说，人文社会科学领域中凡与自然科学有交叉而互动发展的内容亦将收录。

根据迄今实际情况，拟将书稿划分为5种体例：

1. 人物访谈录——以问答对话方式成文。

2. 口述自传——以第一人称主述，由访问者协助整理。

3. 自述——由亲历者笔述成文。

4. 专题访谈录——以重大事件、成果、学科、机构等为主题，做群体访谈。

5. 旧籍整理——选择符合本丛书宗旨的国内外已有出版物重刊。

形式服务于内容，还可视实际需要而增加其他体例。

受访者与访问者双方同为各书的作者。忆述内容应以亲历者的科学生涯和有关活动为主线展开，强调要以人带史，以事系史，忆述那些自己亲历亲闻的重要人物、机构和事件，努力挖掘科学事业发展历程中的鲜活细节。

书中开辟“背景资料”栏，列入相关文献，尤其是未经披露的史料，同时还要求受访者提供有历史价值的图片。这些既是为了有助于读者能更好地理解忆述正文的内容，也是为了使全书尽可能地发挥“富集”史料的作用。

有必要指出，每个人都会受到学识、修养、经验、环境的局限，尤其是人生老来在记忆力方面的变化，都会影响到对史实忆述的客观性，但不能因此而否定口述史的重要价值。书籍、报刊、档案、日记、信函、照片，任何一类史料都有它们各自的局限性。参与口述史工作的受访者和访问者，即便是能百分之百做到“实事求是”，也不能保证因此而成就一部完整的信史。史学研究自有其学术规范，不仅要用各种史料相互参证，而且面对每种史料都要经历一个“去粗取精，去伪存真”的过程。本丛书捧给大家看的，都是可供研究20世纪中国科学史的史料，囿限于斯，珍贵亦于斯。

受访者口述中出现的历史争议，如果不能在访谈过程中得以澄清或解决，可由访问者视需要而酌情加以必要的注释和说明。如对某些重要史实有不同的说法，则尽可能存异，不强求统一，并可酌情做必要的说明或考证。因此，读者不必视为定论，且可质疑、辨伪和提出新的史料证据。

本丛书将认真遵循史学规范，推动口述史的发展，并兼及搜求各种回忆类史料，以研究20世纪中国科学史为目标，以挖掘和抢救史料为急务！

欢迎各界朋友供稿或提供组稿线索，诚望识者的批评指教。谨以此序告白于20世纪中国科学史的研究者和爱好者。

樊洪业

2008年10月于中关村

目 录

CONTENTS

引 言

PREFACE

冰川是自然界中极为重要并且具有很大潜力的淡水资源。地球陆地面积的十分之一被冰川覆盖，五分之四的淡水储存在冰川中。两三百万年以来，世界上曾出现过大规模的冰川活动，人们称它为“第四纪大冰期”。

欧洲的阿尔卑斯山和西北欧是第四纪冰川活动首先被认识的地区，西方学者对它做了详细研究。中国西部地区山岳冰川的数量在全球位居前列，仅次于加拿大和美国，属亚洲第一。世界上超过8 000米的14座高峰，有9座在中国境内或边境上。但是直到20世纪50年代末期，冰川学研究在中国还是一个空白领域。

施雅风院士是中国冰川研究的奠基者。他从无到有地开创、发展了中国冰川学，并把这项研究不断推向世界前沿。从1958年开始，他率领考察队，在极其艰苦的条件下，先后对祁连山、天山、喜马拉雅山、喀喇昆仑山等地的冰川进行科学考察，获得了大量的观测资料，主持编写了中国第一部冰川考察专著《祁连山现代冰川考察报告》。自20世纪80年代后期开始，在他的主持下，开始系统总结中国冰川研究成果，出版的《中国冰川概论》、《中国冰川与环境——现代、过去与未来》和《中国第四纪冰川与环境变化》三部专著，标志着中国冰川研究和理论体系的成熟。改革开放之初，他开始组织系统编制《中国冰川目录》。这项卷帙浩繁、历时24年的工作，使中国成为世界各冰川大国中唯一全面完成冰川编目的国家。

施先生对中国学术的贡献，远远超出了冰川学领域。他开始从事学术研究时，正值现代地理学在中国创建时期。他从早期的地貌研究到冰川研究，再到水资源乃至气候与环境变化研究，每一项研究都体现了他对中国地理学发展的思考，每一步选择都与这门学科的发展，甚至时代大背景息息相关。施先生在从事学术研究的同时，还曾在中国科学院地学部从事过学术管理工作，参与过国家科学发展长远规划的制订，创建了冰川学研究机构，并长期担任冰川研究的组织与领导工作。

施先生的一生，正值中国社会剧烈变动的时代。他出生于“五四”爱国运动爆发的1919年，“九一八”事变时刚刚上中学，“七七”事变后则是颠沛流离的大学生活……他的一生中，经历了抗日战争、解放战争和新中国成立后的历次政治运动。作为学术组织者和领导者，施先生亲历了中国学术发展的重要过程。除了学术上的辉煌成就外，他也十分关注中国的社会发展和政治改革。自从早年加入中国共产党以后，他就积极投身于革命事业和国家的建设当中，亲历了许多重大的历史事件，也遭遇了诸多挫折。

《施雅风口述自传》正是对他一生经历的回忆。通过本书不仅可以了解他的学术思想与社会活动，而且反映出了一代中国知识分子的命运和心路历程。全书共分16个章，大致按照时间顺序，叙述了施先生的亲历亲闻。书中的最后一章以问答的形式，汇集了他对学术、社会和政治等问题的看法和心得。其中，关于中国东部是否存在第四纪冰川遗迹的问题，是一场旷日持久的学术争论。他是目前健在的少数主要参与者之一，本书首次披露了他参与讨论的起因、经过和感想。

施先生著作颇丰。目前已经出版的一些文集和著作中，虽收录有他的主要著述目录，但多偏重于学术成果，很少涉及学术之外的文章，因此无法全面反映施先生的思想全貌。本书原计划在附录中收录全部《施雅风著作目录》以飨读者，但因在即将出版的施先生个人文集《地理环境与冰川研究》（续集）中计划收录这部分内容，因此著作目录部分从简。

由于许多历史事件比较久远，施先生对于一些具体数据只有模糊的印象，为了加强本书的史料价值，采访者查阅了相关的文字资料，补充了部分数据。其中一些内容供施先生回忆时参考，一部分内容则加入脚注当中。本书还增加了对主要人物、机构、事件的注释，供读者进一步阅读时参考。书中插入的大量照片，直观地反映了施先生各个时期的生活风貌。凡是没有注明出处的照片，均由施先生提供。由于编者水平所限，对施先生丰富的人生经历和深厚的学术素养，理解不够透彻、把握不够全面，还望读者批评指正。

张九辰

2007年7月于北京

我虽然出生在农民家庭，但干过的农活并不多。那时候家里要求我把书念好，比要求我干好农活要殷切得多。

我那时很贪玩，喜欢踢小球、到河沟里游泳，又常闹些小病，缺了不少课，所以学习成绩也不好，还曾经留过一级，12岁时才高小毕业。

第一章 故乡与童年

CHAPTER ONE

风土人情

1919 年 3 月 21 日（旧历己未年二月二十日），我出生在江苏省海门市新河镇（现在称为树勋镇）附近的一个农民家庭。我一直到 15 岁初中毕业都是在海门农村度过的。

海门在长江口的北岸，和南通、启东相连，这里是东临黄海、南对长江的冲积平原。长江的冲刷和泥沙淤积使这片土地几经沧海桑田。1 000 多年前，这里建立了海门县。到了明代中叶，这里的大片土地已经被江水淹没了。于是在清康熙年间废县为乡，海门县就成了海门乡。从那以后，长江主水道不断向南移，于是又陆陆续续涨出 40 多个沙洲，这里的人口也逐渐增加了。到了乾隆年间，这里又重新建起了相当于县级行政单位的海门直隶厅。我在上小学和初中的时候，新河镇属于南通县。抗日战争时期，新四军占领了这个地区，才把新河镇划归到海门县。

咸丰年间的太平天国运动，使江南战乱频繁，很多人从江南和崇明等地迁到海门，在这里垦田种地、躲避战乱。听老辈人讲，我家五代之前的高祖父就是在这个时候从长江口的崇明岛挑了一担行李，携带一妻一子，步行到新河镇新涨的沙洲上定居下来。他们在这里开沟排水，垦荒种地。

新涨的沙洲土壤沙性很重，不能种水稻，只能在冬季种麦类。那时种的是元麦，这种麦不能做面食，但磨碎了可以做麦饭吃。磨碎的元麦比较粗，口感很差，有时候我们就把它和大米混在一起吃。到了夏天，就可以种豆类和棉花了。

我家世代务农。施家祖祖辈辈通过辛勤的劳动，在这片土地上一代一代地生活下来。到现在，这个家族已经有近八百口人了。每到清明时节，施家的子孙们就聚集在高祖墓前，叩头祭祀。这样一年一度的全族大聚会，我从幼年学会走路开始就去参加。

家乡最热闹的节日要算春节了。乡下人非常重视过阴历年，大约在年前半个多月就忙开了。为了招待客人，家里要蒸糕，主要是米糕和玉米糕，蒸高粱酒，做馒头。家里在蒸酒时小孩子们常去偷吃高粱米。酿酒的酒酿很甜，很好吃，有时候吃多了，有了些醉意，就倒在那里睡着了。

过年吃馒头

过年时家里不好意思拿元麦饭招待客人，但又买不起大米，所以就从市场上买些面，蒸些馒头招待客人。所以我们那里虽然是南方，很少吃面食，但每年春节还是要吃些馒头。平时我家里没有条件吃肉，但过春节时总要到镇上割几斤肉。

祭祖

阴历十二月二十三日晚上俗称“廿四夜”，要烧香、点蜡烛、吃红豆饭，送灶神上天。年三十晚上，要摆一两桌比较丰盛的饭菜祭祖，全家人依次跪拜叩头。比较贫穷的人家，直到年三十晚上，都会有要债的人不断上门催逼还债，那些天的日子很不好过。我家算小康，没有遇到过这样的事情，我们也不到别人家讨债。

“烘糕炖酒，吃了就走。”

新年开始后，各家都开开心心，吃吃喝喝，一直玩到正月十五左右。大约从年初三开始，亲友之间就互相拜访。每次客人来了，家里都会烘糕热酒，并拿出花生、豆子等食品招待客人。客人吃罢后，就到另一家拜访。所以我们家乡有句话：“烘糕炖酒，吃了就走。”很多人家在过年时要打牌、打麻将，我的家人从来不参与这些活动。我母亲和姐姐一有空就纺纱、织布。姐姐织了几十匹布，出嫁时全部作为嫁妆带去了。

我虽然出生在农民家庭，但干过的农活并不多。那时候家里要求我把书念好，比要求我干好农活要殷切得多。平时，家里只安排我干些轻活。记得父亲在世的时候，他推着一二百斤重的独轮车，就在车前面系根绳子，叫我拉着，这样可以加快速度。到了收割打场的时候，就叫我干些轻活，比如执枷打麦子，或者提个竹篮下田拾棉花，或者在放学后提水去浇灌宅旁的菜地，从来没有安排我干过重活。

南方很热，农业劳动又特别辛苦。到了夏天，烈日当头，人们在农田里锄草、抢种抢收，汗流浃背，这给我的印象很深刻。但我不下田劳动，所以我对家乡夏天炎热的感受不是很深。而且夏天常有轻风拂面，热的时候拿个蒲扇扇风也就行了，我不觉得很难受。夏天孩子们常去河里游泳，但主要是去水里玩耍，不是去避暑。大人们很少下河。现在那里的河水已经污染了，连鱼都不能养了，更不能游泳了。

家乡冬天的严寒给我的感受倒是特别深。我在学校里读书写字，有时候砚台都结冰了，手指也冻得伸不直。最冷的时候，我们家附近的小河沟也会结冰，人都可以在冰上面走。当然，结冰的时间不长。冬天房间里特别阴冷，条件好些的家庭屋里有烘盆，烧些木炭取暖。后来有了热水袋就好些了，记得我母亲常抱个热水袋取暖。

上大学以后，我很少回家。解放前夕我把母亲接到了南京，就更少回家了。记得 1961 年我到上海参加地貌与历史地理学会议，曾顺路回老家看看。后来再回老家，已经是 1985 年，我从领导岗位上退下来以后了。那年回家，我感觉家乡变化特别大。那里有了很多乡镇企业，也没人吃麦饭了，但还种元麦，都是喂牲口用，以前的土路也变成了柏油马路。

家世

我幼年的时候曾经见过我的祖父，他是个乡村医生，那时候已经是 70 岁左右、留着白胡子的老人了。不过他还经常坐着独轮车出去行医，乡里人都很尊敬他。我的祖父母一共生了七个儿子，两个女儿。他们曾经培养大儿子读书，但没有成功，他们的儿子全都是勤劳种地的农民。

我的父亲叫施登清，1879 年 3 月出生，在家里排行老三。他小的时候因为家里人口多，没有条件读书，所以很早就务农了。成家以后，他从祖父那里分到八亩地（当地叫两千步）、两间半瓦顶芦苇墙的房屋，从此就挑起了养家糊口的担子。 父亲我父亲非常勤劳，而且善于种地。记得那时他除了种麦子、棉花外，还种些蔬菜，像大蒜，每年的产量总是高于邻里。他把自己种的粮食蔬菜拿到新河镇上去卖，逐渐存了些钱。那时家里还算宽裕，可以供我和哥哥上学。

姐姐结婚后不久，父亲就病倒了。起先也不是什么重病，只是双腿无力，不能下床。他在床上躺了很久，村里的中医治不了，家里就从外面请了一位针灸大夫。他在我家里住了一两个月。最初还有些效果，有一段时间父亲能够由人搀扶着下床了。我看到他的腿上全都是紫色的。后来针灸也不起作用了，病情越来越严重。1931 年夏天，50 多岁的父亲因为操劳过度，积劳成疾，过早去世了。

父亲的葬礼

父亲去世时我才 12 岁，母亲一个人很难办理丧事，幸亏得到了我七叔一家的帮助。父亲去世时连张照片都没有，家里从麒麟镇照相馆请人来，把父亲扶起来半坐着，照了遗容。家里还找来木匠做了个厚实的棺材。按照家乡的习俗，人死后要穿“五层领”或“七层领”，就是要穿很多套衣服。我已经完全记不清母亲和姐姐是如何给父亲洗浴、擦身、穿衣服了，只记得他去世三天后入殓。按照当地的风俗，入殓时应该由儿子托着他的头。但那时我哥哥在外地工作还没赶回来，我还小，就由我七叔托着他的头，我抬着他的脚，把他放进棺木，然后立即密封。家里还请附近庙里的和尚来家里“扎课”、做道场。所谓“扎课”，就是用芦苇和纸扎成几间房子，供去世的人到阴间住。这套迷信活动在我的家乡很盛行，我家也不例外。

父亲去世后几天，在江南水利部门工作的哥哥也回来了。他还带来了同事们送的挽幛，那个挽幛有一扇门那么大，上面写着“哲人其萎”四个大字。父亲的棺木在家里放了“六七”四十二天，每隔七天都要祭拜，每次母亲都痛哭失声。因为南方夏天闷热潮湿，棺木不能久放，“六七”刚过，家里就请了十多个人把我父亲的棺木抬到离家西南方不到一里地，属于我家的一块耕地安葬了。当时没有掘土下葬，只是用砖瓦砌了间小屋把棺木围起来，这显然是临时的安排。我不清楚为什么不把父亲埋在祖坟处，也没听母亲说过具体的原因。

每年清明节我们都去父亲墓前祭拜。我最后一次去给父亲扫墓是在1961年。那已是土改后很久了。那片地和房屋都已经属于别人了，但我父亲的墓地还保存得很好。我们托一位远房的亲戚帮助照看，每年替我们扫墓。但1985年我再次回家时才知道，我们家的祖坟和父亲的墓地在“文革”中都以“破四旧”的名义给毁平了！别人家的墓地也一样难逃厄运。我很痛心，也很伤心：这样恶毒的行为竟然没有人敢阻止！

父亲在世的时候，为人忠厚老实，乐于乡里的公益事情。但也曾经受到过乡里掌权、有势力的人欺负，所以他决心让我们读书，对我们要求非常严格。他去世后家境开始衰落了，靠母亲艰难地维持着生活。

母亲

我的母亲叫刘佩璜，是海门大洪镇人，比我父亲大一岁。她的父亲是秀才，哥哥是拔贡，是那一带小有名气的知识分子。她们家的兄弟姐妹中，我母亲最小。虽然识字不多，但她明理贤惠，很有见识，而且非常节俭勤劳。我小的时候，她常讲故事给我们听。和父亲的严厉、有时甚至粗暴相反，母亲对我们很慈爱，循循善诱。所以她对我的影响比

父亲大。

父亲去世以后，家里的土地大部分出租了。母亲更加勤劳，一边耕种少量的土地，一边鼓励我和哥哥读书上进，教育我们勤奋、诚实、正直。

父亲去世后不久，赶上了抗日战争的年代。那时我姐姐已经出嫁，我们兄弟两人又都在外面读书、工作，所有的孩子都不在家，母亲就一个人生活，很不容易。但她经常做好事，助人为乐，适应环境变化的能力也很强。乡里修桥补路，她都积极捐款，有时候还接济比我们更穷的亲戚。

我母亲最喜欢我，我也很爱她。1947 年，我和哥哥都在南京工作，我就和哥哥商量，回家把她接到南京住。起初，她和我住在一起。1953 年我们全家搬到了北京，当时北京还没有房子，她就搬到哥哥家里住了。我虽然到了北京，但只要有机会去南京就去看她。在她去世前两三年，母亲常对我说，希望能搬到我家住。但那时我要去西北考察，不常在北京，而且我正打算把全家从北京搬到兰州，觉得哥哥家里的条件要比我好一点，所以我当时没有同意母亲的要求。1960 年，母亲 82 岁时在哥哥家中去世了。哥哥打电报告诉我她去世的消息时我正在北京开会，回不去，就让我老伴沈健汇去 200 块钱。母亲晚年的时候，我没能经常在她身边服侍，这是我终生的遗憾。

姐姐的婚姻

我父母一共生育了六个孩子，但只有三个孩子活了下来。比我大 15 岁的姐姐施文熙，在我 11 岁的时候就出嫁了。她识字虽然不多，却是家里的主要劳动力。我记得夏天她下田拔草，回来时衣衫全部被汗水湿透了。农村姑娘结婚早，十八九岁就出嫁了。那时也没有自由恋爱，全凭媒人介

1937 年春假高中毕业前在南通市与母亲和哥哥合影

绍。男女双方各开个“八字”，就是出生的年、月、日和时辰，请人评“八字”，同时打听对方的家境，再决定是否成亲。姐姐结婚晚，25 岁才出嫁。姐夫叫陆维岩，年龄稍大，以前结过婚，但夫人已经去世了。他的家境比较宽裕。订婚前陆家还专门有人来看看姐姐的容貌。结婚前，姐姐让我陪她到镇上的一个理发店剪了辫子。姐姐出嫁那天，姐夫带了一顶轿子和几个抬嫁妆的人。姐姐的嫁妆就是她自己织的几十匹布和 20 多条被子。我记得母亲说，这些被子姐姐一辈子也用不完。那天中午在我家宴请了来客以后，姐姐就上轿走了。陆家离我家有四十多里路，我后来去过几次。

姐姐也是终身辛劳，一共养育了六个孩子。1948 年，她为了躲避家乡的战乱，跑到浦东去给人家做佣人。一次我去看她，想给她点钱，但她坚决不要。

我和姐姐在一起的时间很少。1972 年，我和老伴从兰州到南京去看哥哥，顺便到上海去看外甥女。我在上海买了船票，准备去看看姐姐，但被外甥女拦住了。她对我说："这时候去不好。"因为姐姐是富农，我也挨过批斗，外甥女劝我们不要去看她，免得惹麻烦。我当时也犹豫了，于是退了船票，没有去。但过了不久姐姐就去世了，这让我很后悔，后悔当时没有坚持去看看她。

长兄施成熙

哥哥是我学习的榜样

我的哥哥施成熙[①]比我大 9 岁，对我影响很大。他是家族中第一个跳出农村的大学生，后来又成为大学教授。我家的经济条件只能供孩子上到高中，哥哥就通过工作、上学，再工作、再上学的方式，读到了大学毕业。他的成才道路，成了我学习的榜样。

---

① 施成熙（1910—1990），著名水文学家、教育家，中国湖泊水文学的奠基者。1949 年以后在华东水利学院任教，并兼中国科学院南京地理与湖泊研究所研究员。曾经担任过中国海洋湖沼学会副理事长、顾问，江苏省海洋湖沼学会理事长、名誉理事长，中国地理学会水文专业委员会副主任等职，在湖泊水文学和陆地水文学等领域都作出过杰出的贡献。

测量人员养成所

哥哥早年毕业于江苏省立南通中学，那时候家里已经没有能力供他继续学习，他就考入江苏省测量人员养成所，从事土地测量工作。等稍微有了一些积蓄后，他就进入杭州之江大学土木工程系学习。之江大学虽然不是什么名牌大学，但在那里读书可以承认他原来学习测量的成绩，这样就可以少读一年。哥哥毕业后，曾经在国立同济高级工业职业学校教书，后来到江苏省建设厅任助理工程师。1937 年，他到美国留学一年，在康奈尔大学土木系学习，获得了硕士学位。

他毕业回国后，主要在水利部门工作，任技正、视察工程师。后来也担任过浙江大学教授、复旦大学土木系教授兼主任、乡村教育学院水利系教授、之江大学土木系教授等职务。早年，他还撰写过航空摄影测量、土地整理、农田水利、港务管理等方面的论文，发表在有关学报上。

哥哥十分关心我的学习。起初，我阅读课外书太多，成绩平平，哥哥为此严厉地批评了我。在我自立以前，哥哥一直从经济上支持我。念高中时，除了家里给的基本费用外，哥哥每学期还寄给我十元零花钱；在大学读书时，除伙食主要靠贷金外，其他费用大部分也要靠他接济。

寄来《生活》周刊

“九一八”事变后，日本人占领了东北三省，“天下兴亡，匹夫有责”的口号给我留下了深刻的印象。那时在外地工作的哥哥每周给我寄来他看过的邹韬奋编的《生活》周刊。邹韬奋热情奔放、歌颂抗日救国、抨击政府腐败的言论，给我留下了深刻的印象，我因此受到了“担负起天下兴亡”思想的影响。

解放以后，哥哥曾经担任过华东军政委员会水利部水文资料整理委员会副主任、主任，华东军政委员会水利部测验处副处长，华东水利学院（后来改名为河海大学）教授，中国科学院南京地理研究所兼任研究员、湖泊室主任、学术委员等很多职务。他曾经讲授过“陆地水文学”、“水利调查”、“湖沼学”等课程。

在50年代，他主要从事中国河流分类研究，并根据河流的水源与径流的年内分配，将中国河流分为三类十五型。此后，他又致力于水面蒸发的观测、实验与计算方法等方面的研究。

哥哥到华东水利学院担任教授以后，主要从事陆地水文学教学和研究，这样就进入了地学领域。1957年11月，竺可桢副院长主持召开湖泊工作座谈会，目的就是为了建立我国的湖泊学科。因为科学院缺乏这方面的人才，就请华东水利学院帮助，主要请我哥哥主持此事。1958年6月，科学院创建了我国第一个湖泊综合研究机构，就是南京地理研究所的湖泊组。这个研究小组后来改为研究室，研究室内设立了水文气象、地质地貌、水化学、水生物4个小组，成为这个所的重点学科。1988年，“南京地理研究所”也正式改名为“南京地理与湖泊研究所”，湖泊科学有了更大的发展。

我国第一个湖泊综合研究机构

“文革”期间，这个所被下放到地方，成为江苏省地理研究所。1979年国家科委组织湖泊研究汇报会，他那时已经快70岁了，还是受江苏省地理研究所的委托，和这个所的两位中年同志一起去北京开会。他在会上向国家科委、科学院和水利电力部等有关部门的领导同志汇报了国内湖泊科学的研究现状、存在的问题以及和世界先进水平的差距，受到领导的重视。他的努力促成了当时已被下放多年的江苏地理研究所重新回到科学院。

哥哥做事的认真态度，对我影响也很大。凡是与他工作有关的文献资料，无论古今中外，他都广泛收集、阅读。他非常关注国际科研动态，经常读中外文的科学期刊。在70多岁的时候，他还在编写《中国湖泊概论》、《中国大百科全书》的水文学卷、《农业水文学卷》等书。他曾深入研究水面蒸发问题，提出水文学中混合与平衡基本理论，发表环境与生态等方面的研究文章，对从事这些方面研究工作的同志，有着重要的参考价值。可惜，他78岁时发现得了胃癌。虽然动了手术，但医生说已经扩散了。1990年不幸在南京去世，那年他80岁。

回顾我的人生，虽然受哥哥的影响比较大，但我的兴趣和成长道路却与他有很大差别。记得高中二年级，我曾经给哥哥写信，告诉他我将来想当地理学家。这和他的期望并不一致。他希望我长大以后学工科，当工程师。他说，学工可以为国家建设多作贡献，找工作也比较容易。而学地理，大学毕业后只能到中学当个地理老师。但我认为，就是当地理老师也是个不错的职业。我主意已定，也就违背了他的意愿。

哥哥被打成“大老虎”

有一件事情让我一直觉得很对不起哥哥。“三反”运动的时候，他正担任华东水利部测验处处长，被打成了“大老虎”。他在挨斗的时候被迫承认有贪污行为，但后来又改口了。水利部的领导就找我去给他做思想工作。我到上海以后问他：“实际讲，你到底贪污了没有？”他说没有。我那时就应该相信他，并向有关领导汇报他没有贪污。但那时我在心底里对哥哥还是有点怀疑，而且还幼稚地认为既然承认了，就不能反反复复的。我就对他说：“这样不合适，要站稳立场。”于是他又承认了部分贪污“罪行”。后来经过核查，他并没有贪污。这件事让我很后悔。

1961年施文熙（右）、施成熙（中）、施雅风（左）会面于三余镇

童年趣事

我5岁就上学了。父亲带我到离家一里路的新河镇乡村初小，交了一块银元做学费。这个小学只有一间教室，一个老师。教室里挂着孔夫子、孟夫子的像，学生进教室后首先向这两位圣贤三鞠躬。

打手板

对于初小的情况，我只记得有四个年级的学生在同一教室上课，学生们在教室外操场上玩的时间很多，至于老师是怎样安排学生上课的，我已经记不清了。那里的老师对学生要求很严格，如果发现学生有过错，就叫学生伸出手来，用戒尺或轻或重地打几下。我也曾挨过几次打，怪痛的。

9 岁时我从初小毕业，到麒麟镇北私立启秀高小读书。这个小学比较正规，上课也比较严格。启秀高小离我家有四里地。那时候家里没有钟表，我上学经常迟到。

在那里上课的情形，我现在大多想不起来了。只记得有一节历史课，老师兴致所至，大讲《三国演义》中张飞在长坂坡喝退曹兵和赵子龙单骑救主的故事，激发起我对历史故事的兴趣。回家以后，我就向隔壁的叔叔借来石印本的《三国演义》看。从那时起，我就似懂非懂地开始读起小说来，从此一发而不可收，对于正课反而不用功了。

我那时很贪玩，喜欢踢小球、到河沟里游泳，又常闹些小病，缺了不少课，所以学习成绩也不好，还曾经留过一级，12 岁时才高小毕业。

读张乃燕的《世界大战全史》

我那时的求知欲望特别旺盛，初中学校图书馆中所有的历史、地理、小说等书刊，我都借来看。记得一次我借到一本张乃燕写的《世界大战全史》，这本书用浅显生动的文言文描述了第一次世界大战中德国和法国、英国、俄国交战的故事。大约有两三百页的一本书，我浮光掠影地一天就看完了。第二天还到图书馆，管理员惊讶地问："你看过了吗?"我说："看完了。"他不信，随便翻出一个战争故事来问我，见我回答得不错，他才相信。

有一年暑假，全家人在院子里乘凉，一个比我多读了几年书的堂哥考我地理知识。他问我能不能说出我国所有铁路的起止地点，我不假思索地脱口而出，把一条条铁路的名称和起点站终点站都背上来，而且丝毫不差。当时在场的大人们都非常惊奇。

我小的时候很顽皮。记得那时我常和六叔家一个同岁的孩子一道玩，学会了在河沟中游泳。我们有时候在身上抹满了泥巴，站在河岸上，看到人来，就大叫一声跳下河去，以此来吓唬别人。

我初中开始对地理知识的爱好，到了高中时代就更强烈了。这一方面是由于日本侵略者步步进逼，国事变化牵动着我的心；另一方面，也是由于当时地理老师何篑庵老先生循循善诱的教导。

第二章 国难当头的中学生活

CHAPTER TWO

人的一生中，十二三岁到十八九岁的中学阶段，是求知欲最旺盛的时期。基础知识学的好坏，对世界和社会认识怎样，能否独立思考以至创作，这些都将影响终生。

1931 年，对我一生而言，是很重要的一年。这年夏天父亲去世、哥哥外出工作，姐姐已经出嫁，家里只剩下母亲和我两个人相依为命。从那时开始，我懂得要多为母亲做点事了。我也是在这一年高小毕业，进入私立启秀初中学习。解放以后，启秀初中改名为麒麟中学。

启秀初中

我刚进入初中念书，“九一八”事变就爆发了，日本军队攻占东三省，给了我强烈的刺激。第二年发生了“一·二八”事件，日本军队攻打上海，十九路军坚决抵抗。隔着长江，我们可以清楚地听到上海战场上的隆隆炮声。

老师在课堂上教育我们“天下兴亡，匹夫有责”，并教我们唱“同学们，大家起来，担负起天下的兴亡”。老师还选了一些历史上著名的爱国主义文章印成讲义，教我们阅读和背诵。像岳飞的《满江红》、文天祥的《正气歌》、辛亥革命先驱林觉民烈士给爱妻的遗书……这些我现在还记得。从那时候开始，我一天都不间断地阅读当时能够看到的报纸、杂志，在地图上查找有关战事和时局变化的地名、位置。我还幻想着如何分路出兵，全国动员，打败日本侵略者，收复东北和台湾失地。

在地图上查找有关战事和时局变化的地名、位置

上初中的时候，学校中很少有政治活动，但师生们都愤恨日本的侵略。社会上流行着“读书不忘救国，救国不忘读书”的口号，但是江苏教育厅长周佛海却把这个口号篡改成“救国不忘读书，读书便是救国”，通令各个学校执行。实际上就是要我们埋头读书，不问国事。

我刚上初中的时候，随兴所至地阅读课外书，正课成绩受到了影响。一年级期末考试，在 90 人中考了第五十四名。哥哥知道了非常生气，训斥我说：“以后考高中，即使全班人录取一半，也轮不到你。考不上省立高中怎么办？我们家的经济条件，不可能让你上昂贵的私立高中！”到初中二年级的时候，我开始知道应该刻苦用功读书了。那时我对各门功课都有兴趣，特别是平面几何，经常是老师还没有讲，我就已经把习题做完了。

1934 年初中毕业时，我各门课都在 90 分以上，其中地理考了 98 分，历史得了满分，总分名列全班第二名，顺利考上了省立南通中学和省立杭州高级中学，最后我选择了离家比较近、学费比较少的南通中学。

南通中学

南通中学是个很好的学校。我听说南通中学毕业生中后来当选为院士的就有 17 人。虽然比不上南开中学、扬州中学等最有名的学校，但也算是相当不错的。

通中老师的月薪比大学助教高得多

我读书的时候，南通中学设有 12 个班级，高中、初中各有 6 个班。学校里有比较充实的图书馆，有物理、化学、生物实验室，还有宽敞的校园和体育场。学校里各门课的老师都很有学问，有的老师转到大学就是讲师，他们还编有大、中学的教学用书。不仅主课老师强，就是音乐、图画、体育等辅助课老师水平也很高，全部是大学毕业。资格较老的月薪 200 元以上，大学刚毕业的新进老师月薪也有 100 元，比大学助教月薪 60 元高得多。老师对学生要求也比较严格，物理、化学和生物实验课也很严格。

高中时，我曾经参加了三个月江苏全省的学生集中军事训练。这种经过班排连等制式的军事训练，目的显然是为了准备和日本打仗，为将来征兵扩大军队需要用。

军训

1935 年夏天，我们高中一年级学生集中在镇江军训了三个月，地点在镇江三十六标军营。所有学生编为十个中队，所有大中分队长都是由国民党部队中的军官担任，每个人都配发有步枪。那时候每周有一多半的时间是在进行军事训练，经常到野外操练，有两三次实弹射击，发有《步兵操典》、《阵中教务令》等书籍。我们有小一半的时间是上政治课，都是国民党上层人物来上大课，记得有张治中、陈果夫、陈立夫、周佛海等人，讲些什么我已经完全忘记了。也有政治教官找学生个别谈话，也找我谈过话，主要是问我对领袖（蒋介石）有什么认识，要求我忠于领袖等等。我后来发现，这位教官曾经在个别同学中发展复兴社组织。当时学校中没有公开的复兴社组织。我知道的只有一个同学在集中军训时被吸收参加复兴社，他回到学校后也没有什么政治活动。

我在学校读书的时候，没有什么明显的反对国民党政府的政治活动。1935 年冬天，可能是受到北京“一二·九”学生运动的影响，南通学院的大学生结队游行到南通中学门口，高呼口号，要求我们外出参加游行。而学校大门紧闭，不许学生外出。大门内聚集了很多的学生，这些学生正在犹豫观望的时候，忽然看见门外大学生砸碎了大门旁边房屋的玻璃窗，这就引起了同学们的反感，反而退缩回去。

1936 年秋天，傅作义在绥远反击日军，取得收复百灵庙的胜利。我参加了上街游行宣传、募捐援绥的活动，特别兴奋。但只有一两天的活动，很快就平静下来了。

我的零用钱主要用来买书

我读高中的时候，每个学期从家里领取包干费 60 元。向学校交多少钱我已经记不清楚了，但那个时候每月的伙食费是 5 元多，伙食比初中时要好得多。星期天，我有时会租一辆脚踏车和同学们一起去游览郊区的风景名胜。但我们从不到馆子里点菜吃饭，也不到电影院或者戏院看戏消费。我的零用钱主要用来买书。记得凡是邹韬奋编的杂志和书我都买来看，我还曾经花了 5 元钱买了一套商务印书馆出版的《辞源》。有时钱实在不够用，我就给已经工作的哥哥写信，请他帮忙，他就寄 10 元给我。

研究会

我们在老师指导下，兴趣相近的同学跨班级串联，组织了很多研究会。研究会选出干事，每学期有几次讨论会，同学们自选题目，大多是写一些小文章，请老师评阅。我曾经参加过“史地研究会”、“国际政治研究会”、“时事研究会”等团体的活动，并被推选为“史地研究会”的干事。这些研究会都是每个学年组织，有一二十人参加。

到高中二年级，我就决定将来要进大学读地理系，当地理学家。我想象中的地理学家应该具有丰富、充分的自然和人文方面的地理知识，所以就随着自己的兴趣开始写小文章，向报刊投稿。

在《五山日报》上发表文章，呼吁开辟西南交通

我撰写的小论文中，高中二年级时写的《德意志第三帝国与欧洲政治政局》被老师看中，刊登在带有论文选集性质的《通中学生》1936 年第 2 期上。三年级毕业那个学期，中日全面开战的形势越来越迫近了。我花了相当长的时间写了一篇《战时中国的生存线》，有五六千字。文章讨论了中日战争开始后，日本必然封锁中国海岸，切断中国对外交通，我国必须及早准备，开辟西南通往缅甸的交通线以取得国外的接济。我把这篇文章投寄给了南通市的《五山日报》。1937 年夏天，《五山日报》连续 5 天刊载了我的这篇小文章。这些文章的发表，给我很大的鼓舞。我写文章的兴趣爱好，维持了相当长的时间。

我从初中到高中一年级时，身体并不好，常闹些小病。高中体育老师在课上教我们做机械操和单杠、双杠、爬墙等动作。二年级时，同学中的 10 多位书呆子联合起来，下午课后到晚饭前在操场集合，打一个小时的篮球。我们球技不好，也不大遵守打球章法，但是仍然坚持天天打球，同学们

戏称我们为“老夫子篮球队”。大约有一年的光景，我的体重从50公斤增加到了60公斤，平日困扰我的伤风感冒等小病都没有了。

回想中学六年的学生生活，我是很有收获的，我觉得要有学问和人品都好的老师，各门课程要均衡发展，教科书要有多种，让老师选择。除正规学校作业外，学生应该有比较多的自由看书活动时间，有老师指导下的各种自愿结合的学习组织活动。“十年树木，百年树人”，学校对人才的培养，要看长远效果。

地理学的启蒙老师

级任导师

初中时代，语文兼地理老师陈倬云先生对我影响很大。我还记得进入初中第一天见到他的情形：中等身材，有些谢顶，穿着长衫。他是我们的班主任，那时叫“级任导师”。他教书最认真用力，发的油印讲义也最多。上语文课时，每逢星期五他就出个题目，要求我们在课堂上写一篇作文。第二周的星期一，再发还作文本给学生。他有个习惯，按照作文的好坏程度发本子，最好的第一个发，最差的最后发。我的作文经常被排在前几名。

他讲地理课时，经常激发我们的爱国主义热情和对地理知识的爱好。开学不久，“九一八”事变爆发了，陈老师就在黑板上画出东北地图，详细讲解日军侵略形势，指出日本早就有先占满蒙，后灭中国的险恶野心。陈老师很擅长画黑板地图，每堂地理课都在黑板上快速地画出简要地图，指指

点点，让我们加深印象。

陈老师很有耐心，很少发脾气。那时候老师有权力用戒尺打学生，但陈老师总是耐心教导学生改正缺点，很少用戒尺打人。我至今都很怀念他，可惜他在“文革”中不幸去世了，我没有机会再见到他。1997 年我回海门时，曾经去陈老师家探访过。

我初中开始对地理知识的爱好，到了高中时代就更强烈了。这一方面是由于日本侵略者步步进逼，国事变化牵动着我的心；另一方面，也是由于当时地理老师何篑庵老先生循循善诱的教导。

张其昀编的课本

我们用的地理课本，是由著名地理学家张其昀①主编、南京钟山书局出版的《本国地理》教本。书中将全国划分为二十几个区域，把各区最主要的自然特征和人文景象联结起来，以科学、生动、优美的文字扼要叙述。何篑庵老师可能是张其昀先生在南京高等师范时的同学，对张其昀十分推崇，嘱咐学校图书馆订购张先生主编的《地理学报》、《方志》等刊物，并经常指点我们看这些学术刊物。

我们的班主任陆福遐老师和我们的关系也很好。在高中集中军训期间，他冒着酷暑来镇江看我们。他是中央大学刚毕业不久的英语老师，是教学认真、对学生关心爱护的好老师。他告诉我们：原来的校长、作风正派的教育家王达刚被解聘了，他也被解聘，以后的去向还不知道。因为我们相处

① 张其昀（1901—1985），地理学家，教育家。南京高等师范毕业后，留校任教，其间应上海商务印书馆之聘，编写高中地理教科书《本国地理》上下册。后出任浙江大学史地系主任、文学院院长。去台湾后，曾任国民党中常委、“教育部长”、“总统府资政”等职。

了一年，已经有了感情，所以他特地来探望我们。我们听了，很是难过，但也无可奈何，只好凄然告别。

高中《本国地理》

由张其昀编辑、竺可桢审阅的高中《本国地理》，自1928年开始发行后，共发行20版左右。此书虽为高中教材，但书中提出的中国自然区划却是中国最早的国土区划方案之一。《本国地理》与林语堂编辑的英语教材及戴运轨编辑的物理教材，在当时即被誉为中国三大中学教材。

军训结束后回到南通中学上课，我们接触到新校长和他带来的新老师，其中有一位姓郭的物理老师，讲不清楚物理学的基本观念，学问明显较差。这引起了学生们的强烈不满，课堂内起哄，我也是参加者之一。课后，我被新来的教务主任叫去训斥一顿，他还威吓我说："你再闹，就开除你！"以后这位郭老师教学略有改进，到学期结束的时候，他也走了。

地理学兴趣的萌芽

我是在长江边沙洲上的农村长大的，那里没有山岭。我15岁那年，为报考杭州高级中学，独自一人离家远行。在江边的一个小港口，我乘坐的小木船靠上开往上海的轮船，第二天一早到了上海，再乘坐人拉的黄包车赶到火车站，乘火车到杭州闸口站。在那里，我就住在哥哥在之江大学读书的宿舍里，宿舍旁边都是不高的山丘。看见这些山丘，我高兴极了，有空就去爬山。哥哥还带我游览附近的九溪十八涧名胜、欣赏钱塘江汹涌澎湃的潮汐。这次旅行使我大开眼界，看到了很多以前没有看见过的自然风光，也锻炼了我独立生活的能力，更增强了我对地理知识的兴趣和爱好。

我在高中时喜欢翻阅地图，对那时流行的地图将山脉画成毛毛虫似的符号、两水之间必有一山的旧观念很不满意。有一天地理老师告诉我们，申报馆出版了一种新式的等高线分层设色的地图集，是由中央地质调查所①的著名学者丁文江、翁文灏和曾世英编的。老师说："这种按照等高线分层设色的地图，能够科学地表达实际地形的差别，是中国地图史上的重大革新。"这个地图集名为《中华民国新地图》，但篇幅较大，每本要25元，一般读者买

《中华民国新地图》书影

① 中央地质调查所成立于1916年，先后称"农商部地质调查所"、"农矿部地质调查所"、"实业部地质调查所"和"经济部地质调查所"。20世纪40年代，各省立地质调查机构纷纷成立。为了便于区别，也为了避免名称的频繁更替，改称中央地质调查所。它是中国近代科学史上历史长、规模大、国际声誉高的全国性地质机构，对新中国地质学的发展有很大影响。

不起。所以后来又出版了一种缩编的普及本《中国分省新图》，每册 3 元。我一直渴望着能够有一本这样的地图。但那时我每月伙食费是 5 元，对我来说，3 元钱的普及本也很贵。好在我们学校的图书馆里就有，可以随时翻阅。这本彩色的中国地图集，激发了我深入学习地理学的兴趣。直到 1938 年，我在广西宜山的旧书摊上才买到了一本《中国分省新图》，并且珍藏使用了很多年。直到解放以后，1957 年地图出版社出版了《中华人民共和国地图集》，我珍藏的《中国分省新图》才被替代。

《中华民国新地图》

1930 年，为庆祝《申报》创刊 60 周年，申报馆计划成立“边疆旅行团”作为纪念。但丁文江建议把庆祝活动改为资助出版一本比例尺为 1∶200 万的《中华民国新地图》。在申报馆的资助下，中央地质调查所组织人员，根据所中收藏的各种地图和实测的资料，利用两年的时间绘制完成了《中华民国新地图》。这是中国出版的最早的现代地图集，被誉为“自康熙的《皇舆全览图》之后又一部划时代的地图作品”，开中国近代地图之先河，而且“也推动了中国地理学向现代发展的进程”。

《中华民国新地图》在世界学术界影响也很大，英国皇家地理学会《地理杂志》、美国地理学会《地理评论》均发表了书评，予以高度评价。由于这部图集绘制水平高、内容详细，在 20 世纪前半期成为各种图集的主要依据，仅 1933—1948 年 15 年间，就先后出版了 5 版，发行约 20 万册，取得了良好的社会效益。

1937 年高中毕业照

我在高中阶段各门课都比较用心，不敢马虎，但是期末考试成绩在同学中还只是中上水平。那时课外自由时间还比较多，我阅读了很多书报杂志和文艺、历史、地理方面的书籍。

1937 年上半年，高中最后一个学期，同学们纷纷作考大学的打算。南通中学历年考上国立名牌大学的比例较高。我的学习成绩不算很好，但排名在前三分之一左右，也不紧张。当时北方是清华、北大联合招生，南方是中央大学、武汉大学和浙江大学联合招生。我的志愿是学地理，尤其喜欢张其昀编的地理教科书，那时张其昀先生在浙江大学史地系任系主任，我就报考并考取了浙江大学史地系。

这里有必要说明一下，我在中学时代较早定下地理学志愿，使我地理知识的积累比较宽厚。但是现在回想起来，过早地把学习目标锁定在某一学科上，并不很妥当。在高中二年级时，我对数学、物理、化学、生物等学科的学习就放松了，至少学得不扎实。后来做地理研究工作，发现这几门基础学科知识不足，研究工作也受到了限制，很是后悔。

浙大为了躲避战火不断搬迁。虽然是浙大的学生，我却没有在浙大的杭州校址上过一次课。

经过战地服务团的这段经历，我感到还是上大学读书好，从此开始安心学习。

第三章 抗战漂泊中的浙江大学

CHAPTER THREE

短暂的宁静

1937 年夏天我高中毕业，和几位同学结伴去南京参加中央大学、浙江大学、武汉大学三所高校的联合招生考试。我以浙江大学史地系为第一志愿。这时候，已经发生了日本军队进攻卢沟桥的“七七事变”，战云密布，电台不断播放着义勇军进行曲：“起来，不愿做奴隶的人们！把我们的血肉筑成我们新的长城！”气氛悲壮感人。

参加完招生考试以后，我回到了海门农村老家，等待考试结果。不久，上海“八一三”抗战爆发。战争打得非常激烈，邮路和轮船都中断了。大约在 8 月下旬，我收到了在江南工作的哥哥发来的电报，说我已经被浙江大学录取，并嘱咐我尽快绕道镇江，经苏州去杭州上学。

这个时候我的思想很矛盾。如果为着自己的前途着想，应该出去上学。但那时家中就剩下老母亲一个人，我很不放心，母亲对我也是依依不舍。经过再三考虑，我还是决定去上学。我一个人乘内河小轮船，沿着长江北岸河道到了镇江，从那里换上火车。火车走走停停，不时有日本飞机空袭的警报。我经过苏州车站时，看到日机轰炸后人们搬运被炸死的尸体的惨象。因为战争，那里临时修建了一条从苏州到嘉兴的铁路，火车可以不经过上海直达杭州。

浙大为了躲避战火不断搬迁。虽然是浙大的学生，我却没有在浙大的杭州校址上过一次课。我到浙大报到时，才知道一年级已经迁到天目山的禅源寺学习，于是就乘坐学校的校车前往天目山。

在天目山读浙大

天目山在浙江省的西北部，禅源寺地处深山，远离城市，环境幽雅。有一个星期天，我和同学们一起登上山顶。在登山途中，我们看见一棵古树，竟然三个人还不能合抱。山顶海拔高度在 1 500 米以上，风很大，没有树木，就像孤岛一样突立在云海上。头顶是碧空万里，人在山顶恍如超脱尘世。

禅源寺是所大庙，寺里有几百个和尚，每天晨钟暮鼓，念经祷告，过着非常清苦的生活。这个寺庙有很多空房子，可以容纳浙大一年级 200 多名学生，也有足够的教室和办公室。少数教授住在天目旅馆。

史地系一年级学生有十多人。开始时地理专业的学生有六七个人，但坚持读到二年级以后的只有四个人：谢觉民①、

① 谢觉民（1918— ），1941 年毕业于浙江大学史地系，曾在中国地理研究所工作。1946 年留学美国，获博士学位。1965 年为匹兹堡大学教授，研究人文地理学和地图学。1978 年以后多次回国访问，协助北京大学等机构发展地理学。

周恩济[1]、杨怀仁[2]和我。老师也不多，每个老师都开设了两三门课。我在那里学的课程大多已经想不起来了，只记得朱庭祜先生讲自然地理课。他讲课主要依据法国著名地理学家马东（Martonne）的《自然地理学简编》，基本上是照本宣讲，不够生动。那时候朱先生除了讲课外，还是一年级主任，行政工作很多，备课时间少。另外，我还记得舒鸿教授的体育课要求很严格，要求我们做规定的动作。我那时和南通籍的中文教授王驾吾先生关系密切。他很好客，几次请我们南通中学的毕业生在馆子里吃“大鸡三味”，并谈论对时局的看法。

浙江大学前身是“求是”书院，就在1937年秋季，竺可桢校长宣布“求是”为浙大校训。我们在禅源寺的时间很短，9月底刚开始上课，11月初上海战线不支，杭州也开始吃紧，天目山的师生人心恐慌。11月16日召开大会，师生都主张迅速迁移，并允许学生自由告假离校。和我同时考入浙大的两位南通中学的同学就很害怕，坚决要绕道回如皋老家。我送他们沿杭州至徽州的公路，到浙江安徽交界处，等他们乘上安徽境内的公共汽车后，我才回到天目山。天目山是个学习的好地方，可惜我们只在那里学习了两个多月。

---

① 周恩济（1917— ），1941年毕业于浙江大学史地系，1943年获浙大硕士学位。1950年后任河海大学教授。

② 杨怀仁（1917— ），1941年毕业于浙江大学史地系，1943年获浙大硕士学位。曾任四川大学副教授、地图审查委员会主任委员。1949年在英国伦敦大学皇家学院从事研究工作。1951年回国，任南京大学教授。

军事委员会青年战地服务团

抗战开始不久，政府发行“救国公债”，学校里的同学大多买了10元公债券。杭州紧张的时候，部分高年级的同学参军去了，他们主要参与一旦日军到达杭州，就炸掉钱塘江大桥的活动。

1937年11月，日军已经占领了湖州和长兴，学校决定前往建德县城集合。建德在杭州的西南方向。我和另外两个同学奉命打前站，先于大队出发。我们一天步行80里，到达了中途的分水县城，并联系好大队经过时的食宿地点，县长也很热情地帮助我们。这一次打前站我得到了长途步行的锻炼。

12月，师生们换乘钱塘江支流中的小木船，到达建德县城，我们在那里住了一个月左右。系主任张其昀先生召集全系同学在郊外的一个小山包上集会，对学生一个个点名询问。他招呼大家品尝他带来的沙田柚子，在简短的开场白后，他就讲开了建德的历史与地理情况。这是我第一次见到这位景仰已久、高个子的著名地理学家，心情很激动。那时他正负责学校的迁眷委员会，也就是安排学校老师家属的迁移工作。他多方联系奔走，十分辛苦。

在建德首次见到张其昀

我那时离开家乡也有一段时间了，带的钱越来越少。每天到小饭馆吃饭，只敢吃两分钱一碗的青菜和两小碗米饭充饥，早上买三分钱一斤的烘山芋吃。

建德是浙大迁校的第一站，但是学校还没来得及安定下来，战争局势就急转直下。一个月以后我们又出发了，开始

迁往江西泰和。我们从建德坐船到兰溪，本来计划换乘火车到樟树，但到了兰溪，那里一片混乱，铁路已经停运，只好再坐船到常山。当时正是冬季，钱塘江水浅滩多，船夫经常要跳入江中，顶着急流推船前进，十分辛苦。

从常山上岸以后我们步行了一天，到达了江西的玉山，在那里换乘浙赣铁路的火车。1938 年 1 月，到达了赣江大桥所在的樟树镇。

离开浙大

到了樟树镇以后，我看到江西省南昌出版的一张报纸上，刊登有国民政府军事委员会招收青年战地服务训练班的消息。我想国难当头，战地抗日比读书重要，摸摸口袋，剩下的钱也不够继续读书了，于是就告别了同学，独自一人去南昌报名入校。

那个训练班有几百名学员，都是北平、天津、苏州、无锡等地为逃避战火出来的知识分子。训练班每月发给学生 14 元的生活费。这些学员都是想在训练班接受战地服务训练以后，到抗日前线去工作。2 至 4 月，我们在湖南衡山县进行了两个月的军事和政治训练，就算是毕业了。按理说，学员们毕业了就应该到前线去，可这时国民党内派系矛盾激烈，这些学员毕业后只能留在后方，无所事事。只是 5 月间，我们在衡阳东乡短期实习。我带领一个小组，开展户口调查，统计了一个乡户口的年龄分布情况。

这期间有些同学另外设法找到了工作，离开了训练班。

战地服务团

到了 6 月，训练班正式改名为战地服务团，开到安徽省南部屯溪附近的一个村庄住了下来。名义上到了战地，实际离前线还很远。团部安排的工作，只是叫我们提个黄泥浆木桶，在路边村头写几条抗日救国、拥护国民党政府的标语，到难民收容所唱几支救亡歌曲，会演戏的同学则搭个舞台演几出新戏旧戏，更多的时间，就是待在宿舍里无所事事。这时训练班里学员的人数已经迅速减少到原来的一半左右。

我看到战地服务团内部十分腐败：军官不上前线打仗，还和女学生谈恋爱。我认为他们不可能真正去前线服务，就有心离开那里。大概是在 1938 年 7 月，我接到浙大同学的来信，得知学校设置了战区学生贷金，实际上就是发给学生伙食费。信中还说学校准备西迁到宜山，叫我迅速回校复学。于是在 8 月我请了长假。我那时手头的钱已经不够了，为了筹集路费，我给一位在黄山搞旅游工作的表哥写信，向他借了 30 元钱，离开了战地服务团。

从泰和到宜山

从 1937 年 9 月到 1938 年 9 月，我在浙江、江西、湖南、安徽、广西五省间奔走。从学校到战地服务团，再到学校，一年时间都浪费了，这令我很痛苦。

1938 年 9 月，我赶到了江西泰和报到，接着就赶往广西宜山的浙大复学，重读一年级。经过战地服务团的这段经历，我感到还是上大学读书好，从此开始安心学习。我刻苦努力，学习很是用功。那时我或是在教室听课，或是上图书馆自习，到三年级结束时，我已经修完了大学的全部学分。

选修丰子恺先生的课程

那时候浙大实行学分制，我们学的课程分为必修课和选修课两种。我记得当时学过很多的课程：地质学、地貌学、气象学、气候学、中国气候和大气物理、自然地理、经济地理、植物地理、中国地理、亚洲地理、欧洲地理等专业课程，还有中国通史、中国近代史、西洋通史等课程。我还选修过丰子恺先生的音乐欣赏、美术欣赏等课程。

我在宜山住了一年多，很快日本军队又侵犯广西，南宁沦陷，学校又迁到了贵州省北部的遵义市。

遵义的日子——大学生阶段

在遵义、湄潭办学时期，是浙大历史上最重要的发展时期。浙大自1940年迁到黔北，直到1946年才返回杭州，在贵州躲避战乱长达六年半之久。浙大的主要校区在遵义，我在这里学习了四年。在此期间，浙大的教学秩序比较安定有序。四年中我不但学会了如何做调查研究工作，还受到了革命思想的启蒙。

思想上与国民党政府决裂

我参加国民党政府组织的青年战地服务团后，看到了国民党内部的腐败。所以重新回到浙大念书后，我决心要当一名学者，不参加学校任何带有政治性的社团活动。我那时自认为是中间派，但某些进步同学却把我看成是中右的。在左右两方面学生的斗争中，我默默地观察。虽然左派同学言论比较激进，我不很赞成，但是他们一般人品较好，也比较勤奋。右派的同学明显地不敢批评国民党上层的腐败现象，而在三青团员和国民党员中，还出现了三民主义课考试舞弊、管理食堂从中贪污等行为。“倒孔”运动以后，浙大有些学生和一位英语老师被捕，更是给了我极其深刻的教育。从此，我在思想上就和国民党政府决裂了。

浙大在遵义期间，偶尔能看到《新华日报》。浙大的进步学生团体黑白文艺社有个小图书馆，有许多进步书刊，可以借阅，同学们从中了解了共产党的政治主张。在我离开浙大后，中共南方局派人考入浙大，联系了几个共产党员，开始了有组织的活动，但那时发展新党员还是很严格谨慎的。1946 年浙大复员到杭州后，入党的学生才多起来。

浙大学术空气浓厚，许多系都有定期的学术报告。像数学系每周六下午都有学术报告，事先贴出布告，各系的学生都可以去听，系主任苏步青教授风雨无阻，每次报告都到。我们史地系的师生组织起了“史地学会”，定期请老师作学术报告，高年级的同学有时也作读书报告。有一次著名地质学家张席禔路过遵义，史地学会就邀请他作报告，他讲了“云贵高原与蒙古高原”。我第一次在史地学会读书会上讲的是“嘉陵江下游阶地与河流发育”的读书报告。

张席禔

那时也不定期地召开一些学术会议。比如竺可桢校长就倡导组织过“徐霞客逝世三百周年纪念会”。在会上，除了竺校长自己讲《徐霞客之时代》外，张其昀、叶良辅、谭其骧、任美锷、黄秉维等老师都作了专题报告，以后还刊出了专门文集①。

徐霞客逝世三百周年纪念会

我从二年级开始读叶良辅先生开设的普通地质学、历史地质学、经济地质学等课程。叶先生讲课内容丰富，又循循善诱，指点我们看附近的地质、地理现象，使我对地质学的兴趣超过了其他学科。课后我常去向叶先生请教问题，他也

叶良辅

① 1942 年 12 月出版的《国立浙江大学文科研究所史地学部丛刊》第 4 号，以纪念专刊的形式，出版了《徐霞客先生逝世三百周年纪念刊》。

总是耐心解答。叶先生家庭经济相当困难，一家六口人。而且他长年患肺病，医药费开支又很大，所以更加困难。即使如此，逢年过节时他都邀请一批学生到他家过节。叶师母也非常贤惠，总要尽力精心做许多点心招待我们。

在地理学各分支学科中，我对地貌学的兴趣最浓厚。那时，地貌学研究主要由地质学家兼顾。中国许多地质学家在地貌研究方面都作出了重要的贡献。我经常阅读《中国地质学会会志》和《地质论评》。时隔多年，我现在还记得黄汲清[①]先生对秦岭山北坡断层地形三角面的描述，叶良辅、谢家荣[②]先生关于鄂西期准平面、山原期壮年地形与峡谷期幼年河谷三个地文期的划分，还有不同学者对三峡形成，是先成河、溯源劫夺河，还是叠置河的争论。

叶先生曾经教过我历史地质学，他用葛利普[③]的《中国地层学》为基本教材，并介绍我们看章鸿钊的《中国地质学发展小史》。正是这本书让我知道了中国地质学筚路蓝缕、艰苦创业的情况。

从大学三年级开始，我选择叶先生当我的导师，指导我撰写毕业论文。他指导我如何进行地貌学研究，指点我阅读许多地貌学的论文和专著，并在实际工作中经常观摩学习国

---

① 黄汲清（1904—1995），地质学家，中国科学院院士。1928 年毕业于北京大学地质系，后留学瑞士。曾任地质调查所所长，1946 年当选为中央研究院院士。1949 年后主要在地质部工作，1958 年担任地质科学院副院长。

② 谢家荣（1898—1966），地质学家，中国科学院院士。1916 年毕业于农商部地质研究所。毕业后先后在中央地质调查所、两广地质调查所、资源委员会矿产测勘处工作。1949 年以后历任华东工业部矿产测勘处处长、地质计划指导委员会副主任、地质部地质矿产司总工程师等职。

③ 葛利普（Amadeus William Grabau，1870—1946），美国著名古生物学家、地质学家。1919 年来华工作，任地质调查所顾问，北京大学教授。

内外高水平研究著作。他还建议我多看对地质学问题有争论的著作，强调学术研究中要发扬独立思考的精神。他要求对任何学术问题，都要实事求是，从实际出发，多方比较，绝不要迷信一方。他说："求真是科学之精神，科学方法是求真的途径。"

叶先生说："求真是科学之精神，科学方法是求真的途径。"

叶先生治学和教学有一个特点，就是强调理论和实际结合。他主张把研究结论放在直接取得的第一手资料的基础上，把书本上的理论知识同实际结合起来。他要求我从野外考察开始，详细记录、搜集第一手资料，以增强实际观察能力。为此，叶先生特地从系主任那里为我申请了调查费。当时班上就我一个人以实地调查资料做论文，那一年里，同学们常常看见我挎着背包，手里拿着一把地质锤。我在背包里放着罗盘、高度表、地形图和笔记本等，身上带点零用钱，到遵义附近乡下考察，往往一去就是几个星期。白天我一般在野外步行三四十里，边看地形边做笔记，思考着各种地貌形成过程的问题。晚上就在当地找一个小客栈住宿。我常常以一个临时住处为中心，向四周辐射调查，每周迁移一次住地。就这样，按照叶先生的要求，我利用新出版的贵州遵义附近的几幅五万分之一的地形图，在遵义南部地区作了三个月的详细地形调查，掌握了遵义市附近地区地质地貌的大量第一手资料。

毕业论文获教育部奖

每次从野外考察回来，我就在学校里对野外记录进行认真的分析和研究，逐渐对遵义地形的发育历史、岩石性质、地质构造、乌江和它的支流侵蚀作用对地形的影响等问题，取得了比较系统的认识。经过分析与综合，我撰写了六万字的论文初稿。叶先生审阅后比较满意，嘱咐我将文章浓缩为数千字的短文，并介绍到《地质论评》发表。记得当时

《地质论评》的编辑是侯德封①先生，侯先生告诉我，《遵义附近之地形》论文已经被接收，但他仍嫌篇幅长了点，删去了地质基础一节后发表了②。大学毕业生的论文能够在国内著名学术刊物上发表，我自然十分高兴。我的毕业论文经学校选为优秀论文上报，还获得了教育部奖。

遵义学生的住

浙大在遵义的教室、宿舍和办公室分散在新老城区，都是临时借用和租赁的民房，没有专门的建筑。新城何家巷是最大的教学和宿舍区，唯一的学生食堂也在这里，所以这里成了教学和学生活动的中心。我刚到遵义就住进了何家巷宿舍。一个房间内上下铺住着十多人，非常拥挤嘈杂。每两个学生有一张书桌，两个小凳子和一盏三根灯草的桐油灯，用来照明读书写字。木板床臭虫多，很是麻烦。因为宿舍人多，互相干扰，影响学习，一部分同学就另租民房，住到了校外。他们两三人一小间，清静得多。我是在四年级时搬到老城四方台，住在一个两层木板小楼上。这个小楼两个人一间，住了十多位同学。

遵义学生的吃

遵义时学生伙食也相当差。食堂没有凳子，八个人一桌站着吃饭，一碗饭没吃完菜就没有了，第二碗残汤剩菜凑合着吃。米饭中的沙子、稗子很多。虽然菜少质量也差，但是同学们都很自觉，很少有因为抢菜吃而争吵的。有些校工的

① 侯德封（1900—1980），地质学家。1923 年毕业于北京大学地质系，1949 年以前在中央地质调查所、四川省地质调查所等机构工作。

② 抗日战争爆发后，后方物资紧张，为了保障非常时期专业刊物的正常出版，也为了在抗战期间科学工作能够更好地为国家建设服务，中国地质学会的会刊之一——《地质论评》特别强调，“值此非常时期……篇幅力求减少”，并采取了减少理论性阐述、加强应用性研究，以及减少插图和图版等措施。《遵义附近之地形》这篇文章，自然也不例外。〔《本刊编辑部启示》，《地质论评》，1938 年，3（1）：8〕

家属，在开饭的时候就拎个篮子，盛着红烧肉片、卤蛋、豆腐干之类的食品在食堂门口卖。何家巷口还有杭州迁来的泰来小面馆，生意很兴隆，但大多数同学只能偶尔去一下。

浙大学生相当一部分是江苏、浙江等沿海各省沦陷区来的，所以没有了经济来源，只能依靠国民党政府发放的战区学生贷金。贷金也就只够付食堂的伙食费，如果要买些文具纸张、笔记本或添些衣袜，就得另想办法。当时幸亏我哥哥在四川水利部门工作，给我寄点零钱，但我也只能偶尔去小面馆打打牙祭。三年级时，我和几位同学办起了中学生英语、数学等课程的补习班，赚一点钱。另外我还写点小文章，向报纸杂志投稿，希望得点稿费。但是稿费很少，又不及时，有时我只好向老师借点钱。

向费巩借钱

那时老师们也不宽裕，绝大多数老师是全家一起内迁，一家好几口只有老师一人拿工资。开始时还好点，1943 年开始物价飞涨，有好几个老师家里吃不起干饭而吃稀饭，孩子穿不起布鞋而穿草鞋。有的老师疾病缠身却没钱医治，有的负债累累却无力偿还。当时竺校长是全校工资最高的，但他的家中有六口人。我后来看他在日记中讲，有很多次他家里也入不敷出，不得不卖掉家中的物品。只有少数不需要养家寄钱的单身教授，才略有余力。政治学教授费巩①先生就是其中之一。我曾经向他借过钱，还没来得及还，他就被国民党特务秘密杀害了。

遵义学生的穿

我那时穿的衣服基本上是抗战初期从老家带来的，已经

① 费巩，浙江大学教授，因多次发表文章和公开演讲，抨击国民党的腐败统治，赞成中国共产党提出的成立联合政府的主张，于 1945 年被国民党杀害，新中国成立以后被追认为烈士。

很破旧了，我又经常跑野外，鞋子袜子破得更快。袜子破了自己一补再补，鞋子破了只得去买当地手工生产、质量很差的布鞋或土皮鞋。这种鞋穿不了多久就破了，露出皮肉，让我觉得很是难堪。这些我至今还记得很清楚。

刘之远

不过野外实习也有很多收获。1940 年暑假，我二年级时，地质学讲师刘之远①先生带我们去桐梓实习。他手把手教我们认岩石、认地质构造，阅读地形图、采集化石。1941 年暑假，刘先生又带我们到遵义东南八十里的团溪镇附近测绘新发现的锰矿矿区。这个新发现的锰矿储量在十万吨左右，解决了当时迁移到重庆的钢铁厂的用锰问题。以后，他还带我们从金顶山区最老的地层一直看到最新的地层。这些实习，使我学到了野外实际工作的经验，而且在野外实习体力活动比较多，吃得也比在学校好些，所以我的身体开始好了起来。

1940 年在贵州桐梓地质实习（左起：刘之远、蔡钟瑞、施雅风、杨利普、赵松乔）

① 刘之远（1911—1977），地质学家。北京大学地质系毕业后在浙江大学任教。

野外见闻

在遵义期间，我在思想上也有很大变化。因为经常在野外跑，使我有机会接触到老百姓的生活，看到当时社会的黑暗。遵义地区的农村生活相当困苦，那里缺乏棉布和食盐这两种生活必需品。遵义市场上的盐价比四川产地高出十倍，棉花比湖南产地高出一倍。贫苦的农民买不起盐和棉布，那里的老百姓实际上是在死亡线上挣扎，连温饱问题都解决不了！我在野外考察时，曾看到过一个穷人，只穿一件用玉米壳编的背心和一条破短裤。老百姓能吃顿饱饭就很不错了，根本谈不上吃蔬菜，每顿饭也就能拌着吃上一点辣椒。

在野外给我印象最深刻的就是看到那些背盐巴的苦力。他们几十人，甚至上百人，成群结队，背着很重的盐巴每天要走数十里，身上的衣服真可以说是“破衣百结”了。我在野外住宿，往往是自己带着行李，睡在有床铺的房间内。但贫困的旅客多是在店堂内围着烧木炭的火盆，横七竖八地躺在那里。他们向着火盆的一面是暖烘烘的，背着火盆的一面却是冷冰冰的。

我还曾经看到过几次国民党军队令人惨不忍睹的暴行。有一次我看见两个农民抬着一个浑身泥土、正在流着血、身穿黄绿色破军衣的青年人。原来这个青年是国民党士兵，他因为得病走不动，掉了队，被押送的军官开枪打伤还没有断气，就被草草地掩埋了。这个军官走后，农民们就把他挖了出来，赶紧送他回家。还有一次，我看见国民党军官用大木棒痛打一个绑在树上的逃兵，看那样子是一直要把他打到死去。那时的青年农民为了躲避国民党的兵役，不少人采取自残的办法：用菜刀切去手指，或者自残下肢。当时国民党政府实行保甲制度，十家为一甲，十甲为一保，实行联保，要

是一家出了问题，全保甲都要受到牵连。而派兵、派粮、派税，都是通过保甲贯彻下去。区乡政府衙门里，经常关押那些交不起租粮的穷苦百姓。野外的所见所闻，让我深感国民党政府的腐败统治，只会将中国引向更深重的灾难。

参加“倒孔”运动

进大学之前，我就有“担负起天下兴亡”的意识。上大学时有了野外的亲身见闻，我自然产生了对国民党政府的不满。这不只是我个人的想法，也是进步学生所共有的。对现实不满，要求改变现状，就必然表现为日趋扩大的学潮。在遵义时期，最有代表性的应该算是参加“倒孔”运动了。1942年初，日本军队进攻香港，一批政治家和文化人被困在那里。从重庆派去接人的专机，接回来的只有孔祥熙的夫人、女儿、老妈子，以及一条狗和孔家的什物。孔祥熙身为行政院长，竟然那样自私，激起了众怒。记得是在一天早晨，何家巷饭厅门口贴出了昆明西南联大同学的来信，说他们已经上街游行，要求政府撤换孔祥熙。浙大同学也是群情激愤，纷纷议论开了，准备游行。当天晚上，浙大的一些积极分子聚集在我住的四方台小楼上，连夜赶写标语，制作小旗。第二天早饭后，同学们聚集在何家巷饭厅前教室大院，举行了全体同学大会，许多同学要求上街游行，表示对政府高官贪污腐化的愤怒抗议，而街上早就布满了持枪而立的军警，对立形势十分严峻。包括竺校长在内的许多教师，极力劝阻同学们不要上街。忽然我们史地系的同班女同学王蕙站了出来，声泪俱下、慷慨陈词。所有同学都被她感动了，决定冒险上街游行。在这种情况下，竺校长也改变了态度，他说：“你们一定要上街，那么我来带头。”他这样做是为了保护学生，防止和街上的军队冲突。

同学们浩浩荡荡地开始在新老城的主要街道上游行，高喊“争取民主自由”、“打倒发国难财的孔祥熙”等口号。同时还组织了若干两三人一组的宣传队，沿街张贴标语，并到茶馆、酒楼、戏院等公共场所演讲，控诉孔祥熙的腐败劣迹，宣传要求国民党政府撤换孔祥熙的重要意义。我是参加宣传队的，我到新城丁字口繁华场所的茶楼上演讲，群众都鼓掌称赞。可是茶楼的老板却要求我留下姓名，我一转念，签下了“刘树百”。这是我已故表姐的名字，让他无法追究。

在新城丁字口繁华场所的茶楼上演讲

游行的第二天，浙大就恢复上课了。国民党教育部派了一位督学来安抚学生，说什么学生的要求政府会给予考虑的，只要学生们安心上课，不再追究那次游行的责任。但是大约过了一个月，国民党政府的狰狞面目就暴露出来，有一些同学被逮捕了。

有一天晚上，王蕙同学被诱骗到宿舍门口给抓走了，中文系的同学何友谅也在四方台住处被捕了。第二天早晨我吃早饭时听到了这个消息，急忙赶到何友谅的住处，看见房门大开，屋里的东西乱七八糟，显然是仔细搜查过的。房东详细地讲了何友谅在后半夜被捕的经过。我一方面担心王蕙、何友谅被捕后的命运，一方面又庆幸我的同班同学王天心因为几天前去了湄潭而幸免于难。王天心在“倒孔”运动中比何友谅还积极活跃，显然是国民党特务要逮捕的目标。

王天心是我的好朋友，我必须设法帮助他。如何尽快地通知他呢？那时电报电话都是国民党控制的，我不敢用，就决定亲自去一趟湄潭。因为我常跑野外，不会引起别人的注意。我沿着遵义到湄潭的公路步行，路上的汽车很少，第一天我走了八十里，住在途中的虾子场。第二天走到下午三点

帮助王天心脱险

左右，迎面开来了一辆卡车，我拦车一看，王天心正在上面。我把他叫下车，悄悄地和他说了遵义发生的事情，劝他暂缓去遵义。他想了想说，这辆车是去贵阳的，只要躲过这一夜，第二天就可以乘这辆车去贵阳。他和司机商量，司机也很同情学生，愿意帮助他。于是我们一起上车回到遵义。

车开到离遵义还有一小段路的时候，我们就下车了，并和司机约好第二天清早上车的时间和地点。为了避免遇见熟人，我们沿一条小路到了仙农巷叶良辅先生家中。叶先生也很同情王天心的处境，招待他吃晚饭。叶先生家地方小，张荫麟先生就住在叶家隔壁，他又是单身，于是叶先生就安排王天心住在张荫麟家里。

张先生开了一张放行证明，并盖了史地系的公章

我们在叶先生家吃过晚饭后，史地系主任张其昀先生提着灯笼来到叶先生家。王天心来不及躲闪，只得与张应付。张已经知道王可能是逮捕对象，就问他打算怎么办。王机警地回答："正没有主意，请老师指点。"张说："等会儿，你到我家中面谈。"王只好硬着头皮去了张家。我是陪着他去的，但我没进去，在门外等着。后来听王天心讲，他谎称想去湖南、广西一带搜集毕业论文的资料，请张先生开了一张旅途查验放行的证明，并盖了史地系的公章。因为张先生是靠拢蒋介石的，与国民党关系密切，我们对他有所戒备。但事后看来，张先生毕竟是史地系的主任，大概也不愿意自己的学生受到迫害。

那天晚上，我到王天心在四方台的宿舍帮助他收拾了行李，并通知他的同乡好友吴士宣，为他准备旅费。第二天，我就和吴一同帮助他出逃。王天心先到了贵阳，后来又去了

桂林，改名王知伊。他先在一个中学里教书，后来转到开明书店编辑部工作，参与编辑了《中学生》杂志和许多文学、历史方面的书籍，成了编辑界的著名老编审。他后来还加入了共产党。而浙大被捕的王蕙和何友谅，则被押解到重庆兴隆场附近的一个集中营中，这个集中营对外称为青年训练团。王蕙在那里被关了一年多，后来经过竺校长和各方面的努力被保释出来，何友谅则惨死在集中营中。

我帮助王天心脱险一事，本来很少有人知道，但慢慢地却在师生中传开了。有一天，我的同班同学赵松乔突然对我说："你好大胆，做这样危险的事情。"我问他是怎么知道的，他笑笑不肯说。直到解放以后他才告诉我，是从他的同乡、校长室主任秘书诸葛麒教授那里得知的。原来那天汽车司机旁边座位上坐着浙大的军训教官。他穿着便服，听到了我们的议论以及和司机商量的话，回到遵义后，他报告了诸葛麒。诸葛麒要他不要声张，也不要管这件事，就这样王天心才得以顺利逃脱。

遵义的日子——研究生阶段

浙大史地研究所

1940年浙大成立了研究院，招收二三年制的研究生。研究院设有史地研究所，研究所分为地形、气象、人文地理和历史四个组。于是西南联大、中央大学、中山大学和浙江大学本校的优秀学生纷纷报考，或者经过审查后进入研究院学习。这些学生后来都卓有成就，从50年代起成为多门新兴学科的带头人、开拓者。后来当选院士的就有大气物理学家叶笃正[①]、气象学家谢义炳[②]、地图与遥感应用学家陈述彭[③]、海洋学家毛汉礼[④]、河口海岸学家陈吉余[⑤]，还有我从事冰川研究。此外，沈玉昌[⑥]对河流地貌的研究、赵松乔[⑦]对干旱区地理和中国自然地理的研究、杨怀仁对第四纪地质地貌的研究、严钦尚对沉积地质的研究等，他们也都在各自的领域作出了突出的贡献。

1942 年我大学毕业。史地系我们这个班只有赵松乔和我两个人毕业。赵松乔的导师是张其昀教授，张老师很喜欢他，就留他当助教。我的导师是叶良辅教授，因为我常去野外考察，肯吃苦，叶先生很欣赏我。他建议我留校当研究生，继续为期两年的学习。

1942 年，任美锷先生领导遵义土地利用调查，约陈述彭、杨利普、赵松乔和我四个学生参加。任先生带我们作示范调查，主要方法是利用五万分之一的地形图，实地调查水

---

① 叶笃正（1916— ），气象学家，中国科学院院士。1948 年获美国芝加哥大学博士学位。历任中国科学院地球物理研究所研究员、研究室主任，大气物理研究所研究员、所长，中国科学院副院长等职。

② 谢义炳（1917—1995），气象学家，中国科学院院士。1940 年毕业于清华大学，1943 年获浙大硕士学位，1949 年获美国芝加哥大学博士学位，1952 年任教于北京大学。

③ 陈述彭（1920—2008），地图学家，中国科学院院士。1942 年毕业于浙江大学史地系，留校任教。1949 年后在中国科学院地理研究所工作。

④ 毛汉礼（1919—1988），海洋学家，中国科学院院士。1943 年毕业于浙江大学，1947 年留学美国，1951 年获博士学位，1954 年回国在中国科学院海洋研究所工作。

⑤ 陈吉余（1921— ），河口海岸学家，中国科学院院士。1947 年获浙江大学硕士学位，后在华东师范大学河口海岸研究所工作。

⑥ 沈玉昌（1916—1996），地貌学家。1942 年浙江大学研究生毕业，获硕士学位。后任中国科学院地理研究所研究员。

⑦ 赵松乔（1919—1995），地理学家。1945 年浙江大学研究生毕业，获硕士学位。1948 年毕业于美国克拉克大学，并获博士学位，后任中国科学院地理研究所研究员。

田、旱地、森林、荒地、房屋道路等在地形图上的分布范围，用红蓝等彩色铅笔在图上标出来。另外访问当地群众了解作物种植、灌溉、施肥、产量等情况。经过短期示范以后，进行分工，赵松乔和我一组，负责遵义南部鸭溪附近的土地利用调查；陈述彭和杨利普一组，负责遵义西部土地利用调查。最后由任先生汇总，撰写了《遵义土地利用》一文，在《地理学报》上发表。

黔西四县矿产调查

1942 年冬季，经叶先生与资源委员会矿产测勘处[①]处长谢家荣先生联系，筹得一笔调查费。我和比我高一年级的杨怀仁同学结伴，用了三个多月的时间调查遵义、金沙、黔西、修文四县的地质矿产。那时天气阴湿，道路泥泞，我们穿着球鞋外加草鞋走路，登上了金沙境内海拔 1 700 米左右的白云山。调查结束后，杨怀仁撰写地质部分，我撰写矿产部分，提出："遵义附近的矿产以煤矿为主，产于二叠纪煤系地层中。在遵义至鸭溪向斜层的北翼，煤田延长 100 多公里，储煤量约 6 000 万吨，在遵义至刀靶水平行褶皱带几个背斜轴部的煤田，储量约 9 000 吨，但煤层较薄，最厚的没有超过一米，除供当地人燃料所需外，难做大规模开采。此外遵义附近还有硫磺、硅砂、陶土等资源，但均不够丰富。"我们写的报告交给了资源委员会矿产测勘处，并被编为《临时报告 36 号》，油印分发参考。资源委员会在重庆举办的一次展览会上，我曾经看到有一幅矿产测勘处编的《西南矿产分布图》，图上有关遵义、金沙、黔西、修文的矿点矿带，

① 资源委员会矿产测勘处，1940 年成立，处长谢家荣。该机构是 1949 年以前中国三大地质机构之一。成立初期，其工作人员主要在中国西南地区开展了大规模的矿产勘探事业。

就是应用我们提供的资料。这表明我们微薄的工作还是起到了一点填补空白的作用。

我读研究生期间，经常要写一些读书报告。有些写得比较好的报告后来还发表了。比如，1942 年我在谭其骧先生指导下读了古代地理名著《禹贡》，并对书中关于中国土壤地理分布的描述很感兴趣，就写了一篇读书报告。谭先生看了很满意，鼓励我投稿，我就把《中国古代土壤地理》一文投到了《东方杂志》。这篇文章直到 1945 年才发表。

大学毕业后的那个暑假，我就搬到了老城体育场史地研究所研究生宿舍的小楼居住。那里不用付房租，虽然还是点桐油灯，但读书环境好多了。第一年研究生津贴除了用于吃饭外还有钱零用，比较好过。但第二年物价飞涨，情况就不同了。我原来是想继续在叶先生的指导下，以地貌学为研究方向深入搞下去。不料那时物价飞涨，原有的研究生津贴不足以维持生活了，叶先生对此也无能为力。为了解决生活上的困难，我写信给曾经教我们自然地理学的黄秉维先生，请他帮忙。他那时已经到资源委员会经济研究所工作了。

到重庆做水文学研究

当时重庆有一个半官半民团体办的华中经济研究所。这个研究所只有名义，甚至没有一个正式挂牌的地方，但是有些经费，研究人员都是兼职。当时这个研究所正委托黄先生组织华中区自然资源评价的研究课题，准备抗战胜利后建设应用，其中有一个华中水文的课题。黄先生让我用一年的时间，搜集整理华中区水文资料，撰写报告，这报告也可以当做浙大研究生论文。如果承担这项工作，经济研究所可以给予我助理研究员的名义，拿一年的工资，所需要的搜集资料的差旅费用还可以实报实销。

接受这项工作就意味着我从地貌学转向水文学研究。从头学起有些困难，但有了这份助理研究员的工资，我就能完全自立了。我征得叶先生的同意，就去重庆工作了近一年的时间。在那里黄先生指导我工作，那时我哥哥在水利委员会工作，他也给了我很大的帮助。我在那里学习了河流水文的基本知识，去有关单位抄录资料、统计分析，撰写了一篇接近四万字的论文，原名是《华中水理概要》。这篇论文系统论述了长江中游干支流的流量、泥沙、水位涨落和季节的变化。黄先生对这一篇从原始资料统计分析和总结性的研究成果比较满意，推荐到重庆出版的《经济建设季刊》分两期发表。可惜当时印刷条件太差，所有的附图都被删去了。

史地分合之争

在多数高校中，历史和地理两科分别属于文学院和理学院，不合在一起。张其昀先生在 1936 年到浙大以后，创办了史地联合的史地系，而且他对史地两方面都很重视。他多次讲史地联合、时间与空间结为一体发展的优越性。系里规定，地理组的学生要学习多门历史学课程，历史组的学生也要学习多门地理学课程。我在浙大时，地理专业比较好找工作，所以有历史专业的学生转到地理专业来。

两个专业合在一起，可以拓宽学生的认识视野。我曾经学习过中国古代史、中国近代史、西洋通史等课程，在以后的地学研究中，注意到要认识研究对象的发展过程，要以史学精神贯穿于地学研究当中。我后来做的一些研究工作，就是从地学资料中，集成重建了自然历史的某些环节，拓宽了对地理环境的成因认识，体现和发展了史地联合、时空一体的精神。

当然两门学科一个是理科，一个为文科，差得比较远，合在一起也存在一些问题。比如地理专业的学生，数学、物理学方面的知识要差一些。我在这些方面就比较弱，后来工作中遇到了不少困难。我离开浙大以后，开始有人主张史地两个专业应该分开，后来还引起了一些争论①。

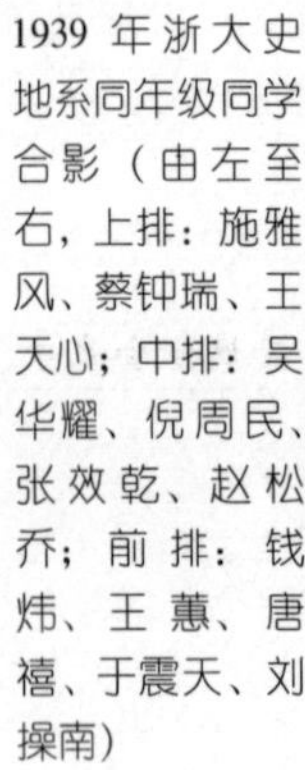

1939 年浙大史地系同年级同学合影（由左至右，上排：施雅风、蔡钟瑞、王天心；中排：吴华耀、倪周民、张效乾、赵松乔；前排：钱炜、王蕙、唐禧、于震天、刘操南）

有过抗战时期经历的浙大学生都非常留恋遵义的读书生活，在竺校长的领导下，浙江大学在千难万苦中崛起而成为一所全国的名校，确实有许多经验可以总结。1944 年 10 月，

① 据曾经在浙大史地系讲授气象学的教师幺枕生的回忆：那时候很多人主张史地分家，但系主任张其昀不同意。幺枕生刚到浙大，不知道这个背景。有一次张其昀出差回到浙大，史地系开欢迎会，幺枕生在会上提出史地应该分家，结果得到很多师生的响应。张其昀听后很不高兴，就说："地理学要发展，就不能把史地分开。谁要想发展气象学，就去独立建系。"（幺枕生：《对遵义浙大史地系的教学回忆》，贵州省遵义地区地方志编纂委员会，《浙江大学在遵义》。杭州：浙江大学出版社，1990 年）

英国剑桥大学生物化学家、皇家科学院院士李约瑟博士[1]应竺可桢校长之邀，到遵义湄潭访问浙大。他在那里做了《中国之科学与文化》的演讲。我那时已经毕业离校，没有听到他的报告。李约瑟访问浙大的细节，我是后来读《竺可桢日记》[2] 才知道的。李约瑟在湄潭住了一个多星期。当时用中国科学社的名义组织了学术报告，浙大的几位著名教授都作了报告。李约瑟一听，这些教授的水平很高。他还审阅了论文，参观农学院农场和史地系的设施。因此他回英国后讲，浙大是东方的剑桥。

李约瑟访问浙大

1944 年 10 月，英国剑桥大学生物学家、皇家科学院院士、时任中英科学合作馆馆长的李约瑟博士，应竺可桢校长之邀，到遵义湄潭访问浙大。他在参观中，惊叹于浙大教学、科研所取得的惊人成就。回国后，在《自然》周刊上著文说："在重庆与贵阳之间叫遵义的小城里可以找到浙江大学，是中国最好的四所大学之一……在那里，不仅有世界第一流的气象学家和地理学家竺可桢教授，还有世界上第一流的数学家陈建功、苏步青教授，还有世界第一流的原子物理学家卢鹤绂、王淦昌教授。他们是中国科学事业发展的希望。……这里是'东方剑桥'。"

---

① 李约瑟（Joseph Needham，1900—1995），英国学者，中国科学技术史专家，以多卷本《中国的科学与文明》（*Science and Civilization in China*）著称于世。1944 年在中国担任中英科学合作馆馆长。

②《竺可桢日记》第 2 卷。北京：人民出版社，1984 年，第 788 ~ 791 页。

拜访李约瑟

1978 年，我有机会参观英国的剑桥大学，到了李约瑟主持的科学史研究所参观，与李约瑟教授谈话。他询问了竺校长的情况，我向他介绍了《竺可桢文集》的编撰情况。我认为，剑桥大学的物质条件比我们现在的大学都要好很多，更不用说与抗战时期遵义的浙大比了。我想李约瑟对浙大的赞誉，是针对当时浙大的学术空气和科研成果说的。

几位师长

史地系是竺校长到浙大以后，在 1936 年新建的一个系。虽说是新建，但是以竺校长为中心，汇集了一大批学识渊博的优秀教授。史地系著名的教授不少，系主任是张其昀教授，此外还有地质学教授叶良辅、气象学教授涂长望、中国史教授张荫麟①、地貌学教授任美锷、自然地理学教授黄秉维、历史地理学教授谭其骧②等，他们都是驰名中国地学界、史学界的一流学者。在浙大史地系学习的几年中，除了我的导师叶良辅先生外，还有一些师长给我留下了深刻的印象，从他们那里受到的教益也对我后来的人生道路有相当大的影响。

---

① 张荫麟（1905—1942），历史学家。1929 年毕业于清华大学，是年获公费留学资格，赴美国斯坦福大学攻读西洋哲学史和社会学，1934 年回国。1940 年初，到浙江大学任教。曾任国防设计委员会研究员、中央研究院社会科学研究所《中国社会经济史集刊》主编。

② 谭其骧（1911—1992），历史地理学家，中国科学院院士。1930 年毕业于暨南大学历史系，1932 年毕业于燕京大学研究生院。1950 年起在复旦大学任教。

气象学教授涂长望

在浙大读书期间，对我影响最大的老师是叶良辅[1]和涂长望[2]。很遗憾，他们两人都过早去世了。

1939 年，涂先生应竺校长的邀请任浙江大学教授。他开设了气象学、气候学、中国气候、天气预报、大气物理学等五门课程，我听过除天气预报以外的四门课。他在课上，全面地介绍了近代中国气候研究的新成果。

涂先生的课讲得很好，他非常重视学生是否认真听讲和学生的理解能力。上课时谁要是不认真听课，他马上叫起来提问。如果这个学生答不上来，他就说："这个问题我刚刚讲过，你没好好听吧?"所以我们听课都不敢马虎。他还经常带我们到教室外面上课，看天气，看云。我现在还记得他在课堂外面教我们看云的情景。他讲大气物理时选课的学生只有两个人，他就把英文版的《大气物理学》交给我们，指出本学期要弄懂哪些章节，期末考试前有不懂的地方就到他家中请他讲解。

涂先生不但学问好，而且是一位思想进步的学者，在"九一八"事变时就参加了进步学生组织的"反帝救国大同盟"。他还曾经到苏联参加五一国际劳动节活动，接受了走社会主义道路救国的思想。1934 年，他加入了英国共产党华

---

① 叶良辅（1894—1949），地质学家。1916 年毕业于农商部地质研究所，毕业后在中央地质调查所工作。1920 年留学美国，获理学硕士学位。1922 年回国后，先后任中央地质调查所技正兼北京大学地质系教授、中山大学地质系教授兼系主任，中央研究院地质研究所研究员。1939 年开始，担任浙江大学教授。

② 涂长望（1906—1962），气象学家。1929 年毕业于上海沪江大学，次年留学英国，1932 年获硕士学位，1933 年在利物浦大学攻读博士学位，尚未完成学业就于 1934 年回国，任中央研究院气象研究所研究员，后任清华大学、浙江大学、中央大学教授。1949 年后任中央气象局局长。

语支部的活动。1935 年在清华大学教书时，他极力支持“一二·九”学生运动，是当时最受学生欢迎的著名教授之一，还当选为北平文化界救国会的常务理事。

1942 年初，浙大发生了“倒孔”学生运动。事后国民党政府逮捕迫害了一批学生，还将参与游行的原三青团书记撤职审查。当时，亲国民党的史地系主任张其昀先生要涂先生的一位助教兼研究生担任三青团书记，涂先生就劝阻他的助手不要接受这个职务。可这个学生不听，涂先生对此事十分气愤，并因此和张先生发生了冲突，愤然提出辞职。张先生想挽留他，但自己又不好意思去讲，于是让张师母把聘书送到了涂先生家中。送聘书时涂先生不在家，是涂师母接的。聘书中给了涂先生最高的教授待遇，月薪 450 元。虽然涂家在经济上相当困难，但他坚定地说，“绝不为五斗米折腰”，拒绝了系主任的聘请。

自然地理学讲师黄秉维

给我印象深刻的另一位老师是黄秉维。1938 年秋，黄秉维①先生从地质调查所调到浙大，担任史地系讲师。黄先生初到浙大时非常年轻，只有 25 岁，浙大就给他以最高级讲师待遇，超过了许多老讲师。我们那时都猜想，可能是由于他的老领导是当时担任经济部长的翁文灏先生向竺校长推荐的关系，但那时也没有听到过任何非议。后来我们对黄先生了解多了，才知道他在大学读书时成绩十分优异。他在地质调查所工作的三年中，编著了《中国地理长编》，这部著作整理了抗战以前绝大部分科学价值较高的自然地理资料。但

① 黄秉维（1913—2000），地理学家。1935 年毕业于广州中山大学地理系，1949 年以前曾在中央地质调查所、浙江大学史地系和资源委员会等机构任职。

是这本书没能公开出版，十分可惜。

黄先生来浙大后主讲基础课《自然地理学》，我就成为他的第一批学生。他没给我们指定教科书，完全凭口述和笔记。气候、地形、土壤、植物等内容，黄先生都滔滔不绝地讲下来。他讲得快，我们在课上不能完全记录下来。我记笔记的速度虽然很快，也只记到十之六七，稍后黄先生补发讲义，学生听一遍，再就讲义学一遍，对自然地理学的了解就比较深入了。黄先生还定题目做课堂与野外实习。记得第一堂实习课，是教我们在印有许多温度数字的纸上，正确画出等温线来，黄先生随后对每个学生检查改正。在自然地理课以后，我还选修了黄先生开设的亚洲地理与植物地理课。

那时黄先生很年轻，也乐于和我们交谈，我就经常去他的寓所，有问题就向他请教，他也是有问必答，而且答得中肯。记得有一段时间，我对海外华侨问题产生了兴趣，但不知道应该找些什么样的书看，就请他指点。他建议我阅读一本在学校图书馆就可以借到的英文版《中国华侨》专著。

他对黄河流域规划作出了很大的贡献

南京解放后不久，黄先生被调去上海，在华东大区工业部主持华东工矿普查工作，后来又转任基本建设处处长。1953 年春天，华东大区撤销，他才转到北京地理所工作。那时他还没有安家，和我住在一个宿舍。黄先生一到北京就参加了黄河中游水土保持考察团，去陕北、陇东一带考察。他对黄河流域规划作出了很大的贡献。有一次，我见到水利电力部主持黄河规划工作的张铁铮总工程师，张先生说："秉维多识博学，几乎无所不知，对规划中许多问题，都提出了好意见。他是极好的顾问人才，在规划编制中起了重要作用。"

我最佩服他博学深研的精神。他一贯勤奋学习，积累了超过常人的宽厚学术功底。他对学术界流行但是有相当影响的片面、浅薄的观点，不怕得罪人，敢于列举理由，直言批驳，我印象深刻的有两件事。

森林不是万能的

第一件，那时社会上，主要在林学界有些流行观点：认为森林能增加降水，增加河川径流。在甘肃河西就有人说："山上一棵树，山下一口泉。"现在泉枯了，主要是山上砍树的结果。对于这种流行观念，没有人敢指出它的错误。当然森林很重要，很宝贵，但是森林不是万能的。黄先生看不过去，就在《地理知识》上发表《确切的估价森林的作用》[①]一文，引证许多国外实验研究成果，说明森林不能使林区及邻近地区降水量增加，各地区降水量的差别也不是森林有无的结果。这篇文章引发了一场争论，有许多反对意见[②]，也有不少人赞成。为此黄先生又写了《再谈森林的作用》[③]，针对反对意见引述更多的科学研究成果，说明森林气候与水文特征对能量平衡影响很大，对保持土壤作用很大，对调蓄径流也有一定作用，但对增加降水确实没有科学根据。黄先生这两篇文章在科技界影响很大。

为国负责，知无不言，言必有据

另外一件事，就是1983年初黄先生在黄河小浪底水库论证会上的发言。这个发言后来收入到黄先生的文集中。黄先生尖锐地批评了大会上的一个报告《大力进行黄河上中游水土保持工作，为发展当地农牧业生产和减少泥沙服务》。这个报告看似充满信心、干劲十足，但具体内容给人的印象

① 黄秉维，《确切的估价森林的作用》，《地理知识》，1981年1期。

②《地理知识》从1981年8期《确切的认识森林的作用——与黄秉维先生商榷》开始，直到1982年1期，发表了多篇反对文章。

③《地理知识》1982年2、3、4期。

却是过去多年的水土保持收效甚微，没有好的办法，因此也提不出明确的方针和建议。在论证会上能针对大会报告直言批评，可见黄先生的勇气。他在批评以后，讲述了黄土高原土壤保持的三个有利自然条件，并以此为起点对重点水土保持区的工作提出了具体建议。黄先生这篇发言长达一万字以上，我不知道这次发言的具体效果怎么样，但黄先生为国负责，知无不言，言必有据，这种精神是很难得的。

黄先生培养了很多学生，也十分爱护学生。他对学生从不厉声训斥，无论学生有什么疑问，总是详细解答引导，从不推辞。同时，他对学得好、感情深的学生也不护短。90 年代，在院士评选会议讨论新院士人选时，一般与会者都是对本人所在单位推出的候选人只讲优点，不讲缺点，争取多票选上。只有黄先生介绍本单位的人选时，在讲述优点之后，还指出不足之处，真正做到一视同仁。

黄先生在《自述》中，说他自己虽然“好学多思，勤奋不懈，寻求真理，锲而不舍”，但“劳而无功”。我猜测他指的是出版的学术著作，不能与他的辛勤劳动成正比。他把这归结为少年读书时形成的“不慕名利”的隐逸者的消极思想。我想，这也和他在青年时代形成的癖好或偏见有关。他具有追求“详尽、彻底、系统、深入”的思想，这种思想一直在潜意识中影响着他。这种思想一方面是黄先生的突出优点，博学深研，特别能够在博览群书中构筑自己的学术思想体系。但是学无止境，一个问题能够钻深到什么程度，也受客观条件限制，要求“彻底”不大可能。如果不能把握适当火候，不失时机地将有创新进展、可以应用或可为别人所用的成果及时撰写出版，那就是浪费了精神财富。这是黄先生的终身憾事，也是中国地理学的重要损失。

史地系主任张其昀

张其昀先生是一位著名学者，但由于他的政治背景，大陆青年人对他的了解比较少。我在高中时就知道张先生了，因为那时的中学地理课本是他编的。那时还读过他发表在《地理学报》上的一篇很长的文章：《近二十年来中国地理学之进步》①，才知道地理学有那么宽广的内容和快速的发展。

那时张先生身兼很多职务，工作非常繁重。除了校内的多种职务外，他还是国民参政会的参政员，经常去重庆开会。他还常应报纸、杂志的约请撰写文章，所以给学生开的课不多，我记忆中只听过他讲的《本国地理》一门。大概是因为他的主要精力用在了社会活动上，而不是放在讲课上，所以我觉得他讲课的内容不够深入，听着也就觉得平淡了。但他写的文章很多，我那时读过不少。

张先生平时细密地积累资料的功夫非常深，在我接触过的前辈学者中，他是最突出的一位。浙大搬迁的时候，他携带的资料就有 30 箱。到了遵义后，除了他常用的资料放在史地系办公室外，他把从杭州运来的书籍资料放在老城洗马滩后的一所民房中，向学生开放。我曾经多次去看张先生带来的资料，发现那些资料非常丰富，涉及范围也相当广泛。

为了让史地系更好地发展，张先生舍得请好老师。而且

① 张其昀：《近二十年来中国地理学之进步》。此文分为地图学、地球物理学、地文学、气候学、水理学、海洋学、生物地理学、人类地理学、经济地理学、政治地理学、历史地理学、方志学和地理学史等部分，分别发表在1935—1936 年的《地理学报》和《科学》杂志上。《地理学报》分 4 期刊出，《科学》分 9 期刊出。

他的度量比较大，和他观点不一样的老师，只要学问好他也会聘请。

1940 年浙大史地系欢送第一届毕业生合影（前排左一任美锷，左四张其昀，左五叶良辅，左六费巩，左八涂长望；二排左二王蕙，左六王知伊；三排左五施雅风）

地貌学教授任美锷

任美锷[1]先生给我的印象也比较深刻。他讲课最大的特点就是条理清晰，不快不慢，下课铃响了，我们刚好记完笔记。当时教材印刷困难，讲义较少，大多要靠学生听讲时记笔记。但是任美锷先生还是尽量给我们印讲义，他的课程《地形学》就有油印讲义。

抗战时浙大的经费很困难，又交通不便，新书很少，但是学校读书空气浓厚，图书馆书刊明显供不应求。于是，从老师那里借书就成为学生读书的重要来源。那时任先生刚从英国学习回国，所以他的新书比较多。我们经常找他借些新书来看。我就在他那里借过《地形与战略》、《英国风景的

① 任美锷（1913—2008），地理学家，中国科学院院士。1934 年毕业于中央大学地理系。1939 年毕业于英国格拉斯哥大学地理系，获哲学博士学位。毕业后先后在国家资源委员会、浙江大学史地系、南京大学地理系等机构任职。

物理基础》等书。

毕业后的选择

1944 年 6 月毕业后，我曾经想到地质调查所工作。经过在大学期间的野外考察和训练，我体会到，地理知识的广博与地理研究的创新不是一回事。后者高于前者，但两者相辅相成。作为地理学家，不仅要有广博的地理知识基础，更要有创新开拓、不断前进的能力。毕业以后，我就争取进入研究所，以开拓创新作为我的职责。我的专业是地理学，但我对地貌学特别感兴趣，所以希望到中央地质调查所去工作。因为它是个很有成绩的学术机构，许多重大的地质发现、矿产调查、土壤和地球物理研究，都是由地质调查所组织的。我从导师叶良辅先生那里也听到了很多地质调查所的优良传统。

地质调查所印象

我写研究生毕业论文时，常到地质调查所搜集资料。我在地质调查所位于鱼塘湾的一间集体宿舍里住了两三个月，同房间有宋达泉、卢衍豪、陆发熹等几位所中的单身学者。我在地质调查所图书馆大开眼界，看到了许多向往已久或前所未见的图书。有一次我在图书馆里看书，听到黄汲清先生对管理人员说：收藏图书资料的面应当宽一些，不要仅限于地质方面，有时标名为地理的书，也有地质内容。地质调查所的藏书十分丰富，它为现在的中国地质图书馆奠定了雄厚的基础。地质调查所学术空气浓厚，每星期一上午的总理纪念周都召开学术讨论会，我常去旁听。记得一次纪念周上，叶连俊[①]先生讲西秦岭地质。叶先生讲后，听众提问讨论，特别是黄汲清先生以其渊博的知识，指点评述，作了较长的发言。我在地质调查所查阅资料期间，就和地质调查所的学者接触较多。我在食堂吃饭，经常与所中的学者聊天。还记得当时常在一起吃饭的陈康和马以思，他们待人诚恳热情。后来，他们在驼背的著名古生物学家许德佑的带领下，去贵州西部作地质调查，惨遭土匪抢劫杀害。这事让我非常难过。

黄汲清

地质调查所的工作环境很合乎我的理想，因此，我找到副所长尹赞勋[②]先生，向他提出了想到地质调查所工作的愿望。尹先生婉言谢绝了。他说，地质调查所经费困难，不计划添人，无法帮助我。后来我知道，这年地质调查所还是新进了几个大学毕业生。我心里感到有些不平。叶良辅先生对我说："你不是大学地质系毕业，地质调查所是不会要你的。"后来我也想这个问题：我虽然因为爱好地貌而对地质学有兴趣，但是地质系很多课程我都没学过，地质调查所不要我是理所当然的。

尽管我没有去成地质调查所，但我始终对它有深厚的感情，在不同历史时期都与该所的学者保持着密切的交往。抗战胜利后，地理所和地质调查所都搬到了南京，那时学术界的进步团体科学时代社南京分社有时在珠江路的地质调查所

① 叶连俊（1913—2007），地质学家。1937 年毕业于北京大学地质系，毕业后入地质调查所工作。1949 年后在中国科学院地质研究所工作，1980 年当选为中国科学院学部委员。

② 尹赞勋（1902—1984），地质学家。1919 年毕业于北京大学，留学法国。时任地质调查所副所长。后任中科院地学部主任。

举办座谈会，所中学者顾知微、李毓英、黄孝夔负责组织会议。我在90年代初参加地学部院士会议时，向程裕淇等先生建议，应该组织力量，好好写一本纪念地质调查所的书。1996年，地质调查所学者编撰的八十周年回忆性文集《前地质调查所的历史回顾》[①] 中，我也写了回忆纪念文章。

被中国地理研究所录用

还是把话题拉回来，说我找工作的事儿。快毕业时，我给黄秉维先生写了封信，请他帮忙。他建议我到资源委员会去工作。我正准备去的时候，突然接到黄先生的来信，告诉我资源委员会不招人了。我就到了重庆，与中国地理研究所联系，想到那里去工作。我在哥哥家住了三个月，等地理所的消息。有一天，我在北碚遇到了竺可桢校长，他问我毕业后的去向。我告诉他已经和地理所联系过了，但是还没有消息，他说他会和地理所的所长讲讲。我后来收到了地理所的录用通知，我想一定是竺校长推荐的。解放以后，有一次林超先生同我讲，是叶良辅写了信给林先生，推荐我到地理所工作。不过我想，竺校长在重庆时会口头上与林先生打过招呼的。1944年9月，我就到地理所报到了。

① 程裕淇、陈梦熊主编：《前地质调查所（1916—1950）的历史回顾——历史评述与主要贡献》。北京：地质出版社，1996年。

我在地理所参加的比较重要的考察，就是第二次的三峡大坝水库区淹没损失的调查。

我在野外考察时十分重视区域性研究，这也是地理所的传统。

第四章 中国地理研究所

CHAPTER FOUR

中国地理研究所

1940年8月，中英庚款董事会在重庆北碚设立了中国地理研究所。该所下设自然地理、人生地理、大地测量、海洋4个组。1947年，该所改属中华民国政府教育部，迁往南京。新中国成立后，在其基础上成立中国科学院地理研究所。

早在1937年抗日战争爆发以前，中央研究院就准备建立地理研究所，并委托李四光[①]先生筹办。当时已经开始在庐山修建办公房屋，请丁骕[②]先生在那里监修。后来因为抗日战争的影响，中央研究院各所内迁到重庆、桂林等地，地理所的筹建工作就停顿下来了。1939年，李先生辞去筹建地

① 李四光（1889—1971），地质学家，曾留学日本、英国。中央研究院院士（1948），中国科学院院士（1955）。1949年以前担任过北京大学地质系教授、中央研究院地质研究所所长。新中国成立后任中国科学院副院长、地质部部长、全国科协主席等职。

② 丁骕（William S. Ting），地理学家，中央大学地理系教授，后移居美国。

理所的任务，丁先生也转到重庆沙坪坝中央大学地理系任教。

地理研究所的创立

1940年，中英庚款董事会的经济情况比较好，就支持创办了三个研究所：地理所、桑蚕所（设在遵义）和另外一个所，所名我忘记了①。地理研究所是1940年8月正式建立的，当时是我国唯一的地理研究机构。它既不属于中央研究院，也不属于大学。那时朱家骅②正在担任中英庚款董事会的董事长，是他支持创立的。朱家骅是国民党政府的重要人物，是留学德国的地质学者，他对地理学一直倡导重视。中山大学的地质系和地理系都是在他的支持下建立起来的，地理所内的高级研究人员都和他有关系，所长也是由他任命的。但我到这个所以后，没见他到所里视察过，也不知道他对所里研究工作有什么意见。

---

① 英国于1922年宣布准备退还庚子赔款。1930年，中英两国政府才正式换文。1931年，中英庚款董事会（后改称中英文教基金董事会）在南京成立。这笔赔款主要用于交通运输、水利工程、电气事业和文化教育事业。对文化教育事业的补助费中，有一部分用于支持创建科研教育机构。董事会先后在遵义设立中国桑蚕研究所，北碚设立中国地理研究所，兰州设立甘肃科学教育馆，肃州设立河西中学，西宁设立湟川中学，安顺设立黔江中学。

② 朱家骅（1893—1963），早年留学德国、瑞士，1924年获博士学位。曾任北京大学教授、广东大学教授、中山大学校长等职务。自20世纪30年代开始从政后，历任国民党政府教育部部长、交通部长、中央研究院总干事、中央研究院代理院长、浙江省政府主席和国民党中央党部组织部部长等职。1948年当选为中央研究院院士。朱家骅曾积极参与中国近代地质学、地理学的学科建设工作。他认为："地理教育格于课程之分配，对于实际工作方面，未克集中力量多所表现，以引起社会人士之重视，是以设立一纯粹研究地理之机构，举办区域考察着重研究工作，实属刻不容缓。"〔朱家骅：中国地理研究之重要，《地理》，1942，2（1~2）：1~2〕于是在中英庚款董事会担任董事长期间，积极推动成立了中国地理研究所。所以有学者认为，地理研究所是"因人办学，因人设所"。（周立三：地理研究所史话，屠清瑛主编，《建所五十周年纪念文集》，中国科学院地理与湖泊研究所印，1990年，南京。）

初到地理所

1944 年 9 月，我和黄秉成到重庆北碚中国地理研究所工作。黄秉成是黄秉维的堂弟，他毕业于中山大学。我们刚到地理所时正赶上物价猛涨，地理所的经费却没有增加，所中经费已经困难到了极点，只能勉强发工资，研究人员没有经费外出考察，只能坐在办公室看书学习，或者整理加工先前搜集的资料。我们报到时，所里还专门召开了“迎新会”，但因为经费困难，只买了两把蚕豆招待大家。

两把蚕豆迎新

为了节约房租开支，也为了避免日机轰炸，我们报到的时候地理所已经从北碚迁到了北碚南面十公里的状元碑蔡家湾民房内办公。那是个独家院落，四面没有邻居，离公路步行需要十五六分钟。所里的研究员一人一间办公室，助研以下三四人一间。那里没有电灯、自来水，晚上用煤油灯，用水都由小伙房供给。这个地方交通虽然不方便，但是很清静。我们休息的时候，可以去田间散步，或是玩桥牌、打羽毛球。星期天就乘公共汽车到北碚街上玩，或是到北碚温泉游泳。

中国地理研究所蔡家湾所址

施雅风与地理所同仁于 1946 年在北碚温泉游泳（前排左起吕东明，陈泗桥，施雅风；后排左起蔡钟瑞，黄秉成）

最初地理所有员工五六十人，这在那个时候算是个大所了。但是因为所里经常拖欠工资，有不少人先后离开了地理所，到其他单位工作了，所中人员就减少到四十人左右。

地理所分为自然地理、人生地理、大地测量和海洋四个组，但我们入所时没有见到海洋组的人员。海洋组的人员常驻厦门，主要依托厦门大学工作。大地测量组最初也在北碚，后来因为一些人员离所，余下的人太少，就迁到宜宾和同济大学测量系一道工作去了。所以那时候所中只有自然地理和人生地理两个组在北碚。自然地理组主要从事地貌、土壤、气候、地质和综合自然地理等方面的研究工作，但专业分工并不明显。

黄秉成和我入所以后都分到了人生组。那时候我对自然地理学兴趣很大，所里也很自由，可以自由换组，于是我就搬到了自然组，和周廷儒[1]、郭令智[2]等先生同在一个办公室。

黄国璋

刚到所时，我不知道应该做些什么研究工作，就去问黄国璋[3]所长。他也想不出来，就建议我研究长江的航运问题。他找到一本法文书要我看。我在大学里主要学的是英文。一年级时，我和文学系的学生一起学英语。到了二年级，我花了很多时间去看英文专著，所以我看英文书还比较顺利。我虽然在大学里也学了一年法文和一年德文，但看书还比较费劲。所以我花了很大的力气读了黄所长给我的法文书。那本书是一个中国留法学生写的，看完以后，我觉得材料太老了，而且也不多，仅依靠书中提供的材料写不出研究论文。

那时所中虽然条件比较差，但学习空气仍然很浓厚，每个人都在认真地工作，主要是整理前几年的野外考察报告。所里也有学术报告会，有时请外面的人来讲，但更多的时候是所里的人讲。我印象最深的是尹赞勋先生曾经到所里作过报告，讲“如何写论文”。他说从搜集资料开始，到完全成文，要经过七道手续。具体是哪七道我已经记不全了，但我现在写论文也只能做到三道：（1）搜集资料；（2）写初稿；（3）初稿完成以后我会放一段时间，以后再修改、定稿。

---

① 周廷儒（1909—1989），地理学家，中国科学院院士。1933 年毕业于中山大学地理系。1946 年获“庚子赔款”名额赴美国加利福尼亚大学伯克利分校学习，1948 年获硕士学位。1950 年回国后在北京师范大学地理系任教。

② 郭令智（1915— ），地质学家，中国科学院院士。1938 年毕业于中央大学地质系。先后在中央大学、云南大学、中国地理研究所、台湾大学、台湾省海洋研究所、南京大学等机构工作。

③ 黄国璋（1896—1966），地理学家。1919 年毕业于长沙雅礼大学。1928 年美国芝加哥大学地理系研究生毕业。先后在中央大学地理系、北平师范大学地理系、西北联大地理系、中国地理研究所、陕西师范大学地理系工作。

1945 年我看到了 R. 哈特向的《地理学的性质》①，很有兴趣。我把它当做一本经典读物仔细看，并做了笔记。这本书也是促成我写遵义区域地理的动机之一。

为《遵义新志》撰长文

我在浙大读书时，搞过几次野外考察，这使我对遵义的认识从自然、历史到经济，就比较全面了。当时国内国际的地理学者都很重视区域研究，于是我有心写一篇区域地理论文，把我所认识的自然与人文现象结合在一起。1945 年浙大准备搬回杭州。那时陈述彭在系里当助教，他写信给我，告诉我史地研究所准备编撰《遵义新志》，要用我的毕业论文《遵义南部地形》，并告诉我《遵义新志》还缺少综合性的文章。我就自告奋勇，撰写遵义区域地理，大概写了 3 万多字，寄给了陈述彭。《遵义新志》后来在杭州出版了。

成都平原和岷江峡谷考察

我到地理所后，只是在 1946 年参加过两次野外考察：一次是 1946 年春季的川西水力经济调查，另一次就是三峡大坝水库区淹没损失的调查。这两次考察都得到了黄秉维先生的帮助。他那时为了资源委员会水力发电工程处工作的需要，正在组织野外调查。这两次调查就是这项工作的组成部分。

资源委员会水力发电工程处

① 1939 年，美国地理学家协会出版了 R. 哈特向的《地理学的性质》。书中认为，地理学的焦点是区域差异。地理学的任务，就是对已发现的世界的区域差异的事实作出解释。这本书的观点很快被视为关于当代地理学原则的定论。（［英］R. J. 约翰斯顿：《地理学与地理学家》，唐晓峰等译。北京：商务印书馆，1999 年，第 54 ~ 61 页。）

先谈谈第一次考察。1946年春季黄先生组织的川西水力经济调查，是为了给计划中的岷江水电站提供成都平原灌溉区的社会经济情况。我们先考察了成都平原，后来又考察了灌县至汶川县峡谷段的自然和经济情况，因为要在那里建个电站。参加调查的有杨利普[①]、黄秉成、毛汉礼和我四个人。我们从2月中旬至5月中旬，在野外工作了三个月。随后的半个多月，我还单独南下考察。到了五通桥盐场，上了峨眉山，经过宜宾、泸州回到重庆。

《川西地理考察记》

回到重庆后，我们就开始分头写报告，我负责写成都平原的灌溉部分。我们一到重庆，就得知黄先生正在组织第二项调查，即三峡大坝水库区淹没损失调查。他指定黄秉成、蔡钟瑞[②]、吕东明[③]、钟功甫[④]和我，一共五个人参加，要求6月份就开始工作。因为要写报告，我请求稍晚一个月参加工作。虽然得到了允许，但是整理川西考察资料的时间仍然太短。我只写了一篇《川西地理考察记》，也就是初步整理的材料稿上交地理所。

那时李承三[⑤]先生是代所长，经他审定以后，就放在所内编辑、公开发行的《地理》杂志上刊出。由于时间的限制，我没能把单独考察那段行程写出来。整个川西考察报告

---

① 杨利普（1917—2001），地理学家，1942年毕业于浙江大学史地系。中科院新疆生态与地理研究所研究员。

② 蔡钟瑞，工程地质专家，1942年毕业于浙江大学史地系。

③ 吕东明（1919—1993），气象学家。1946年毕业于浙江大学史地系。先后在资源委员会水力发电工程处、中央气象局工作。1949年以后，曾担任空军气象部副部长，大百科全书出版社编辑。

④ 钟功甫（1917— ），地理学家，曾在广州地理研究所工作。

⑤ 李承三（1900—1966），地质学家。曾留学德国，曾任中国地理研究所代所长，后在中央研究院地质研究所工作。1949年后长期在高校任教。

大约是由杨利普完成的。后来《地理学报》的主编任美锷教授向我们约稿，由杨利普为主撰写了《成都平原之土地利用》、《岷江峡谷之土地利用》两篇文章，发表在1948年的《地理学报》上。

长江三峡水库淹没损失调查

建设三峡大坝是萨凡奇倡议的

我在地理所参加的比较重要的考察，就是第二次的三峡大坝水库区淹没损失的调查。建设三峡大坝是美国著名工程师萨凡奇①倡议的。他在抗战期间和抗战胜利以后亲自到三峡考察，提出了建立相对高200米或150米的拦江高坝，主要用于发电，同时具有蓄洪、航运等功能。国民党政府采纳了他的意见，决定进行为大坝设计所需要的前期准备工作。工作之一，就是以调查水库淹没损失为主要内容的库区经济调查。

1946年，由资源委员会全国水力发电工程总处②牵头，黄秉维先生负责，成立了库区经济调查队，负责三峡水库区的经济调查工作，我也参加了这项工作。下半年，我就投入到川东鄂西三峡水库区的经济调查工作。和我一起工作的还有蔡钟瑞、吕东明、钟功甫、黄秉成等人。我们当中，有两人是研究生毕业，三人是大学毕业，而且大多都有野外考察

① 萨凡奇（1879—?），美国坝工专家。毕业于威斯康星大学工程系，毕业后一直在美国内务部垦务局工作。在世界各地设计过60多座水坝。曾于1944年和1946年来华，考察三峡地区水坝建设问题。

② 全国水力发电工程总处于1945年7月在四川长寿县正式成立，负责全国水力资源开发的规划、设计与施工。总处下面先后成立了2个工程处、4个勘测处、5个勘测队。三峡勘测队于同年成立，第二年扩编为勘测处。

的实际工作经验。应该说还是实力比较强的一支考察队。

三峡水利发电计划研究委员会

1944年，国民党政府资源委员会成立了由委员会副主任钱昌照牵头的“三峡水利发电计划研究委员会”，为抗战胜利后建设三峡工程作准备。这是一个相当庞大的计划，包括三峡地区的航运、灌溉、库区淹没、人口迁移、肥料制造、库区测量等问题 。这项工作被当代学者誉为“地理工作与经济建设结合的先例”。

出发前，我们和黄秉维先生详细讨论了调查要求和调查方法。黄先生要求我们在200米高坝淹没范围内，分段调查各种土地、人口、房屋的数量，以及工商业、交通道路的损失，并估算这些损失的大致价值。我们沿途访问，对沿江可能淹没地区的长江干、支流步行测算，在五万分之一的军用地图上，用彩色笔标注水田、旱地、菜地、杂林、果林、草地等内容。

向张光斗汇报

6月份，蔡钟瑞和吕东明先去水库尾端合江至重庆之间调查。7月份，黄秉成、钟功甫和我与他们两人会合，离开重庆，顺江东下。我们先到长寿龙溪河小水电站，找到水力发电处总工程师张光斗①先生汇报。他除了提出一些具体要

① 张光斗（1912— ），水利水电专家，中国科学院院士。1934年上海交通大学土木系毕业。1937年获哈佛大学土木工程硕士学位并攻读博士。1943—1945年在美国坦河流域局和垦务局任工程师。回国后任资源委员会水利发电处总工程师。1949年起历任清华大学水利系主任、水利水电研究院院长，国务院学位委员会副主任。

求外，还亲自带我们参观并介绍这个中国人自己设计、施工的小水电站情况，使我们增长了水电知识。

每到一处位于库区内的乡村，我们就逐户统计房屋数量，约请乡、保长和其他了解情况比较多的人开座谈会，询问农村经济、租佃制度等情况。对于城市的调查要复杂一些。房屋是依靠城市管理部门的统计数据，对各县市的农、工、商、交通情况尽量搜集可以得到的文字资料，估算水库淹没损失。

参考毛泽东农村调查的方法

我们在乡村开调查会，是参考了毛泽东农村调查的办法。我和吕东明还特别注意农村的社会经济情况，实际了解了中国半封建半殖民地社会结构，加深了我们对中国革命实践的认识。在调查中我们了解到，川东地区开通长江航运并在重庆、万县开商埠后，半殖民地式的商品经济有所发展。抗战时期征兵、征粮等给农民增加了沉重的负担。那些贫苦的农民，都热切盼望着有朝一日能够减少地租。

吕东明的影响

我们一路考察，一路议论着中国的政治问题。我们当中，吕东明是共产党员，他的观点给了我们很大的启发。走到湖北兴山县时，那里已经离解放军的游击区很近了，我们开始对去那里有些担心，不知道解放军游击队对我们这样的调查队采取什么态度，怕发生误会。东明就向我们解释，解放军是讲道理的，万一碰上，我们把情况说清楚，他们是不会阻碍我们工作的。这样我们就放心地去了。在议论中国能否实行民主政治这个问题上，我们中有些人认为：中国受过高等教育的人太少，群众文化程度低，所以民主行不通。东明不同意这种观点，他说：能否实行民主要看执政者的态度，不是决定于群众的文化水平。有些解放区搞民主选举不是也蛮好的吗。

在野外工作的半年，我们只带了简单的行李，还有高度表、罗盘、地质锤等工具，最可惜的是当时没有照相机。我们几个人还是到了南京以后，在照相馆里照了一张合影。

1947 年初考察队员到南京后的合影，（一排左起：黄秉成、蔡钟瑞、施雅风；二排左起：吕东明、钟功甫）

野外考察全靠步行，我们每天要走四五十里路，边走、边观察、边访问。为了工作方便，考察队还雇了两个挑夫。每到一个地方，他们就先去找好住处和吃饭的人家，烧好热水等着我们。出发的时候正是夏天，骄阳似火。白天我们大汗淋漓，衣服湿透后又干了，干了又湿。一天步行很累，晚上又有蚊虫叮咬，睡不好觉。

野外生活不但艰苦，而且有危险。长江三峡一带险滩很多，我们有时需要乘木船过江。一次我们乘船过一个河滩，遇到从上游向下行驶的一条军用登陆艇同时过滩。国民党军官根本不管人民的安全，过滩时船也不减速，激起的水浪和滩头的水浪互相激荡，把我们坐的船高高抛了起来，就连老船工都惊慌失色，我们更是紧张。幸亏船下落浪谷时，离漩涡比较远，没被卷进去。

当然一路上尽情欣赏三峡美景，也算是苦中有乐。记得在经过奉节城进入瞿塘峡时，那里奇峰陡立、峭壁对峙，景色宜人。我们从峭壁上凿出的小路穿过，往下看，江水浩荡，深不可测。尽管那条路不算长，但我们却用了多半天的时间才走出峡谷。

我们要调查的水库淹没区，不仅在长江主流，也顺着支流伸展。为此，我们还到过开县附近的开江流域、巫山北的大宁河流域、秭归至兴山的香溪流域等地考察。

库区损失估算

我们用了半年时间在野外考察，走了 5 000 多里，调查了土地、房屋、农工商可能遭受的淹没损失，填绘了沿江土地利用图。按照规划，还做了比较详细的分类分区调查。到宜昌以后，我们改乘船去南京。我还清楚地记得，是在 1946 年 12 月 31 日到达南京的。

在南京，我们用了近四个月的时间，对水库淹没损失作了比较详细的分类和分区统计。通过调查发现，三峡水库直接淹没损失以土地为最大，占损失总值的一半以上；其次是房屋损失。我们共同编写了《川东鄂西三峡水库经济调查报告》。这个报告大约五万字，并且附有大量统计表。当时因为人手不够，还专门请了一个临时工抄写。报告复写了三份，全部交给了黄秉维先生。黄先生为这份调查报告写了一个比较长的序言，并把报告交给了委托单位——水力发电工程处。50 年代，中央人民政府认真研究了三峡大坝的修建问题，组织了比较大的力量详细测量水库区情况。这时，蔡钟瑞已经在水电部水力发电局担任工程地质总工程师，我听他

说，50 年代的详细调查和我们先前粗略调查结果大体相符，这证明我们先前调查还是比较准确的。

提交这份报告的时候，内战爆发了，国民党统治区的经济情况日趋恶化。1947 年 4 月，国民政府批准暂停三峡工程国内外的一切工作。我们提交的报告原来保存在资源委员会全国水力发电工程处。1948 年秋季的解放战争中，为了抵制国民党政府要求各机构南迁或撤往台湾的命令、保护重要资料，水力发电工程处的工作人员，把过去 20 年水力资源普查资料和与三峡工程有关的水文地质等重要资料，装箱运送到上海，保存在苏州河边的一个地下仓库里，后来就不知道这个报告的下落了。

2004 年我托长江水利委员会的同志，在他们的档案室帮我找到了当年报告的一部分，他们复印了寄给我，我才了解到这个报告交上去后，又经过加工，提出了用美元折算的水库淹没损失。

提出了与李四光先生观点不同的解释

除了完成上面交给我们的任务以外，我还根据这次野外考察收集的资料，撰写了《关于三峡工程的评论》，发表在 1947 年上海出版的《科学时代》杂志上。我在这项工作中还有一个“副产品”：在 1948 年的《地理》杂志上发表了《三峡区鹞子砾岩成因的探讨》，提出了与李四光先生观点不同的解释。

情况是这样的——在调查的路上，我们路过湖北秭归县新滩东面，龙马溪口西面，长江北岸的一个叫鹞子的地方。那里有一处砾岩，依附在一个阶地的边缘。1924 年，李四光先生曾在三峡地区调查地质，第一个研究了这个地方的砾岩，并称它为鹞子砾岩。我在大学时读过李先生的文章[1]，他认为那里的砾岩是由于这一段长江是从东向西流，和今天的流向相反，所以把东面的岩层所产生的岩砾带到西面沉积了。虽然那里的砾岩分布并不广泛，它本身也不构成重要地形，但是对它成因问题的探讨，引出了古代长江是否反流的大问题。所以当时就引起了争论。我在那里考察以后，认为砾岩中的变质砾石来源于香溪支流，这个支流伸入鹞子岭以东黄陵庙背斜层变质岩区，是三峡形成以后的第四纪沉积，而不是李先生设想的第三纪初期长江上游反向西流时的堆积。

侧重区域研究

地理所的传统

我在野外考察时十分重视区域性研究，这也是地理所的传统。这个所从建所一开始，就积极开展区域调查与研究，并很快出版了一批高水平的区域地理考察与研究报告。早期，所中学者主要是在四川开创了区域考察和研究的传统。

在建所初期的 1941、1942 年间，经费还算宽裕。地理所就比较广泛地组织区域考察，较大规模的有嘉陵江流域地理考察、汉中盆地区域地理调查、川东地区考察和大巴山区考察。这四次考察结论部分，发表在《地理》上。最终的考察报告是以专刊形式，在 1946 年由李承三先生主持所务时督促印出。

---

① 李四光：《长江峡东地质及峡之历史》。《中国地质学会会志》，1924，3（3～4）：351～391。

除了这四次较大规模的考察外，小型或分散的区域考察也不少，但主要是依靠所外提供经费。像李承三、林超、周立三对新疆的考察，李承三、周廷儒对青海祁连山区至河西的调查①，周立三对成都平原东北部的调查，杨曾威、王成敬等对涪江流域的经济地理调查，陈恩凤、冯秀藻对青海大河坝的土壤调查……他们的考察报告多发表在《地理》杂志上。

抗战胜利以后，各单位纷纷复员东还，地理所的人员也有了比较大的变动。所长黄国璋先生长期在重庆市国民党政府中央设计局兼设计委员，领导那里的区域计划组。他从所中借调了一些青年学者过去。他在外面兼职和社会活动比较多，对地理所的领导比较弱，这就引起了所里部分高级研究人员的不满。黄先生和张其昀、胡焕庸是同学，但黄先生没有那两位先生勤奋，学术成果也没他们多。我觉得大家反对黄先生是有理由的，黄先生本人有一定的责任，他多一半的时间不在所里，没有很好地推动这个所的发展。

1946 年初黄国璋辞去所长职务，到北京师范大学担任地

① 1942—1943 年间，中央研究院历史语言研究所、中央博物院筹备处和中国地理研究所联合组建了“西北史地考察团”，以甘肃、青海、宁夏、新疆等地为中心开展工作。团长为西北农学院院长辛树帜，总干事为中国地理研究所研究员李承三。考察队按照专业分组：地理组组长李承三，组员有林超、周廷儒、戈定邦、丁道衡等；历史组组长向达（西南联大教授），副组长夏鼐（中央研究院历史语言研究所），组员有劳干、石璋如、阎文儒等；植物组组长吴静禅（同济大学教授）。考察团文书劳干（中央研究院历史语言研究所）、会计石璋如（中央研究院历史语言研究所），事务周廷儒（中国地理研究所）。考察团于 1942 年 4 月 21 日由重庆歌乐山乘油矿局的专车出发，5 月 4 日到达兰州，之后各组分头行动。1943 年考察团规模扩大，北大文科研究所正式加入考察团，名称也改为“西北科学考察团”。考察团新增地质、矿产、动植物等组，划拨总经费 50 万元。（刘诗平、孟宪实著：《敦煌百年：一个民族的心灵历程》。广州：广东教育出版社，2000 年。）

理系主任。李承三先生开始代理所长。在高级人员中，李先生的野外考察和研究著作可能是最多的。他任所长以后，把地理所迁回交通方便、有电灯的北碚市办公，并大力抓出版工作，将所内积压多年的考察报告和《四川经济地图集》全部刊印出版，《地理》的出版也逐步正常。

黄国璋所长辞职

考察报告和专刊，都是用土纸和石印图件形式出版。《地理》在当时以中级刊物的面貌出现，到了1949年，先后共出6卷，刊载了100多篇文章。其中给我印象最深的是李承三、周廷儒、郭令智、高泳源等人合作，对嘉陵江在四川盆地丘陵区曲流发育先后形成九级阶地过程的论述文章，以及对嘉陵江溯源侵蚀劫夺汉水上游的发现。王德基、薛贻源等对汉中盆地自然与人生关系区域地理的研究也很有特色。

《地理》杂志

到了南京以后，所中人员变动很大，一些人到其他机构工作了。我因为参加三峡工程水库调查，离所有半年多的时间。1947年初，我到南京苏州路1号地理所临时租赁的办公地址报到，才知道所领导又有变动。李承三先生已经到中央研究院地质研究所工作，林超①先生担任了所长。这时朱家骅担任了教育部长，地理所的经费也改由教育部拨给。

1946年所里还有40多名职工，1947年时只有20多人了。1948年，地理所从苏州路迁到山西路中英庚款董事会旁边的一栋楼房内，也就是现在的鼓楼区政府所在地，办公条

地理所南京新址

① 林超（1909—1991），地理学家。1930年中山大学毕业后留校任教。1938年获英国利物浦大学博士学位。回国后历任中山大学地理系教授兼系主任，中国地理研究所研究员、所长。1950年起，先后任清华大学和北京大学教授。

件远比苏州路好，房间宽敞多了。办公楼后加盖了简易平房，单身汉就住在那里。

到南京以后所里的经费仍然十分困难，没有一点调查费用，没有一个像样课题，每个人自己选择一些收集资料编写性质的工作做做。因为没有经费，只能做一些室内研究。1947 年，中国地理学会和其他几个学会在上海联合召开年会①，我参加了这次会议，并在会上宣读了论文。我来往的路费都是自己掏的，在上海也是借住在朋友处，不能报销。

但是所中区域研究的传统并没有丢。记得有一次林所长召集大家开会，说："抗战时期地理所在四川工作了很多年，资料积累比较多，应该集体分工，写一本《四川地理》。"当时指定我写四川西南部的区域地理，但我那时正在三峡调查结束后，赶写有关三峡地区的文章，对写四川西南地区的区域地理兴趣不大，所以一直没有动手，其他人员承担的工作也没见完成。

唯物史观指导下的历史地理研究

通过对川西和三峡区的两次野外调查，我深入农村实

① 1947 年 8 月，中国科学社联合中华自然科学社、中国地理学会、中国天文学会、中国气象学会、中国动物学会、中国解剖学会等 7 个学术团体召开联合年会。会议在中央研究院上海办事处、上海医学院和中国科学社等 3 个地点举行。会议收到论文 185 篇，与会成员 400 余人。会议分物理科学、生物科学和天文气象地理 3 组。这次会议，也是地理学会第 6 届年会。

际，真切体会到封建制度下地主对农民的残酷剥削和国民党统治的专制腐败。我在重庆工作的时候，常有机会阅读共产党出版的《新华日报》、《群众》等进步报刊，还读过毛泽东的《新民主主义论》、《论联合政府》等著作。也学习了恩格斯的《自然辩证法》、毛泽东的《实践论》和《矛盾论》。“实践、认识，再实践、再认识，循环往复以至无穷”，“研究问题忌带主观性、片面性和表面性”等名言常在我脑际回旋，这对我的学术思维也有重大影响。

我在三峡调查工作结束以后，开始在南京收集、补充了这个地区的很多历史资料。那时候我很重视学习唯物史观，并尝试着用唯物史观去研究历史发展的区域变化。《川东鄂西区域发展史》这篇文章，就是根据历史唯物论和社会发展史观点写成的[①]。我认为这是我早期较有创新的一篇历史地理性质的文章。这篇文章是在 1948 年完成的，但解放以后才在《地理》上发表。

---

①《川东鄂西区域发展史》（《地理》，1949 年 2、3、4 合期）一文近 4 万字，分为 5 个部分：一、引言；二、部落时代；三、封建时代；四、半封建半殖民地时代；五、结论。文章认为，一般地理学在解释社会现象时，过分强调了自然环境的作用。在这篇文章里，作者重点就生产、交通、聚落、人口等基本地理事实的发展，阐明社会内部关联的重要性。文章通过对大量历史资料的分析，发现在有人类历史的阶段，川东鄂西地区的自然环境没有多大变化。但是这个区域内的人口、聚落、农业、盐业等方面却呈现出四次循环和三期生产力特别发展的现象。这些循环，是整个社会循环发展在各个方面的表现。在讨论其中的原因时，作者指出：中国从秦代到清代，政治经济制度并没有根本性的变革，这就是中国社会循环发展的基本原因。作者认为，马克思列宁主义理论，关于地理环境对社会发展所起的作用，估量是正确的。地理环境是社会物质生活所必要的和经常的条件之一，而且肯定会影响到社会的发展，加速或者延缓社会发展的进程。但是地理环境的影响并不是决定性的，因为社会的变更和发展要比地理环境的变更和发展快得多。作者在“结论”中指出，“上述的历史教训，再一次证明了马克思列宁主义的社会发展学说的正确”，并认为：“社会发展的循环性，只能从社会内部关系中去搜求。”

越来越多的知识分子从对国民党的不满，转到接受共产党的新民主主义主张。尤其是经过“科学时代社”和“中国科协工作者协会”一段活动以后，我的政治热情高涨，渴望着直接在共产党的领导下活动。所以就产生了入党的愿望。

第五章 参加革命

CHAPTER FIVE

“中国科学工作者协会”

“科学时代社”

我到南京以后，加入了科学界的一些进步团体，最先加入的就是“科学时代社”[①]。《科学时代》创刊号在重庆出版时，我还特地写了一篇介绍科学时代社的短文，由黄宗甄[②]社长介绍到《新华日报》发表。这个杂志是吴作和[③]向中央南方局青委请示，得到了共产党的支持。

1947 年初我到南京以后，联系了早些到那里的科学时代社成员。陈志德[④]、吕东明、张长高和我四个人商量，决定

---

① 1946 年 1 月，《科学时代》在重庆创刊，呼吁科技工作者要为社会进步、推动社会改革，为建设一个和平、民主、独立的新中国贡献力量。同年夏季，杂志社迁到上海。同时，各地支持者在重庆、成都、昆明、杭州、北平、天津、台北和南京等地陆续建立了分社。

② 黄宗甄（1915—2007），植物生理学家。1941 年毕业于浙江大学，先后任浙江大学助教、中央研究院植物研究所助理研究员。参与创办《科学时代》，1949 年后曾担任中国科学院办公厅秘书处处长，后在科学出版社工作。

③ 吴作和，到解放区后改名赵江，1949 年后曾任南京汽车制造厂厂长。

④ 陈志德，高级工程师。1940 年毕业于上海同济大学土木工程系。曾在中央水利实验处工作。1949 年获美国伊利诺伊州立大学硕士学位。1950 年回国后在北京市建设局、北京市规划局地质地形勘察处、北京市规划局勘察处工作。参与主持天安门广场人民英雄纪念碑的施工。

开展南京分社活动。后来我才知道，他们三个人都是早我入党的地下党员。社员中有三分之一以上的成员在解放前加入了共产党，但都是与党组织单线联系，社内没有组织过党组织的活动。其余的多数成员在解放后也陆续入了党。

我被推选为南京分社负责人

早期，我们推定陈志德担任南京分社的负责人。1947 年秋，经过党组织的同意，他去美国留学，我被推选为南京分社负责人。那个时候，我们的主要任务就是为《科学时代》杂志写稿、发行和募集出版经费。记得有一次上海编辑部寄来一份急函，要我设法和苏联驻南京的机构联系，要一张苏联著名科学家季米里亚捷夫的照片做杂志的封面用，我在苏联新闻处办事人员的热情帮助下，找到了照片。

这个组织在 1947 年春夏间，每两周搞一次不公开但也不秘密的学习座谈会，学习和讨论当时的时事政治。1948 年起，这种形式的座谈会就不便举行了，改为分散的联系活动。我那时已经加入共产党，搞情报工作，改推吴磊伯①为南京分社的负责人。

科学工作者协会是在 1945 年春夏间，在周恩来同志的授意下组建的，主要由重庆的一批知名教授组成。竺可桢为理事长，梁希为副理事长，李四光为监事长，涂长望为总干事。1946 年，中国科协的主要负责人到了南京，科协也就转到南京开展活动。涂长望先生是我在浙大读书时的老师。1945 年在重庆时，涂老师就介绍吕东明和我参加了科协。但那时我没有参加过科协的活动。

---

① 吴磊伯（1914—1984），地质学家。1938 年毕业于西南联大地质系，毕业后在中央研究院地质研究所、中央地质调查所工作。1949 年以后曾在地质部地质力学研究所工作。

中国科学工作者协会

中国科学工作者协会（简称“中国科协”），于1945年7月1日在重庆正式成立。1946年迁到南京，在各地建立分会。中国科协是以英国进步科学家贝尔纳等人组织的英国科学工作者协会为模式。协会声明不是“学会”那样单纯的学术团体，要求会员积极参加社会进步活动，促进科学技术的正确发展，并以集体的力量保障科学工作者自己的利益。中国科协成立以后，和英、法、美、加拿大等国科协共同发起成立世界科协，选举法国著名原子能科学家、法国共产党员约里奥－居里为会长，英国贝尔纳为秘书长，涂长望当选为远东区理事。1950年8月，在北京召开的“中华全国科学工作者代表会议”上成立了“中华自然科学专门学会联合会”和“中华全国科学技术普及协会”，中国科协随即宣告解散。

1947年春，国民党已经不允许进步的政治性社团公开活动了。中国科协有许多上层知名学者，还能进行一些表面上非政治性的活动。这个组织中青年科技人员比较少，基层力量薄弱，所以科协特别希望吸收进步、肯干的青年科技人员参加。

在梁希家中的决定

这年夏天，科协的代表和我们科学时代社的代表在梁希教授家里商议，决定由我们促成科学时代社南京分社成员全部参加科协。另外还通知上海、杭州等地科学时代社负责人，希望那里的社员也都参加科协。那时候《科学时代》杂志已经在国民党政府登记立案，属于合法公开的出版物。但是科学时代社并没有在国民党政府登记，活动是不合法的，集体活动受到许多限制，不便公开进行。

1947 年 7 月，科学时代社南京分社全体成员参加了中国科学工作者协会，成立了科协南京分会，梁希为会长，许杰[①]为副会长，我和另外八位年轻会员被选为干事。我们加入以后，协会开始活跃起来。举行南京分会成立大会时，有 100 多人参加。分会下面先后组织了好几个学科组，分头活动。到 1948 年夏季，中国科协已经发展到 1 200 名会员，在南京、上海、杭州、北京、重庆等九个城市建立了分会。

南京分会的秘密活动

那时候，科协总会和南京分会的核心成员不定期地开秘密座谈会，互通信息、传阅共产党的书报刊物、商定科协的某些重要活动。我记得在成立初期，科协主要开展了三个方面的工作：

一方面是组织公开讲演，宣传科学家要关心政治、关心社会、促进社会进步。记得有一次，64 岁的梁希老教授讲《科学与政治》，会场就设在距新街口北不远的中山北路的一个礼堂内。我们预先分头通知南京市各方面的科技工作者参加。梁教授德高望重，有很大的号召力，再加上我们预先的工作做得好，开会时整个礼堂座无虚席。梁教授在演讲中分析了科学与政治密不可分的关系，大声疾呼："科学离不开政治，科学好比植物，政治好比土壤，植物得土壤才生长，科学得政治之力才发扬。"

第二方面就是经过涂长望联系，在当时南京读者最多的

① 许杰（1901—1989），地质学家，中国科学院院士。1925 年毕业于北京大学地质系。曾参加北伐革命运动。先后在中央研究院地质研究所、云南大学、安徽大学等机构工作。1954 年开始任地质部副部长、中国地质科学院院长。

民办报纸《新民报》上开设《科学》副刊，刊登短文，普及科学知识。副刊的编辑部设在大石桥附近的伍学勤家中，我们每周三晚上聚会一次，为这一周的稿件定稿，并商议下两周的稿件。我在这个副刊上，以笔名“蒲良”发表过一些文章[1]。1948 年夏季，《新民报》因为多次发表不利于国民党的文章被查封，《科学》副刊也就无法继续办下去了。

调查科技单位及人才分布情况，为迎接解放作准备

第三方面的工作是调查科技单位及人才分布情况，为迎接解放作准备。涂长望以中英科学促进会理事身份，在得到了促进会负责人、教育部次长杭立武同意以后，开展调查科技人才的工作。开始的时候，这项工作由科学时代社成员谷长禄负责。不久因为他离开南京去了解放区，这项工作中断了。科协南京分会成立以后，就由分会接办，印发了一批表格交给各个单位的科协会员填写。表格比较简单，也回收了一批，集中在中央大学心理系龙叔修讲师那里整理。这项调查的结果怎样，我已经记不清了。

到了 1948 年秋，形势越来越紧张，不能举行座谈会了。这年 9 月，科协总会和宁、沪、杭三地的分会代表聚会，详细讨论了当时的形势和工作方针，认为“天亮”的日子已经不远了，商定科协的主要任务是加强联系，团结更多的科学工作者，致力于建设共产党领导的人民民主国家。

总会和南京分会决定共同编辑《科学工作者》会刊，以联络各个分会和会员。这时编印出版物已经有比较大的风险

① 1948 年施雅风在南京《新民报》、《科学》刊上，以“蒲良”为笔名发表的文章主要有：《达尔文的进化论的时代基础》、《科学、技术、工业三界的团结与合作》、《科学与青年》、《战后英国科学研究费用大增》、《过阴历年怀阳历法》等。

了，所以编印的工作主要是在总会干事朱传钧、陆秀兰夫妇家里。他们两个人都是地下党员，但有一段时间失去了和党的联系。朱传钧在南京解放前是第二野战军司令部二处驻宁情报组长。陆秀兰在“文革”中坚持真理，为刘少奇仗义执言，后来又反对“文革”，被判处了死刑。现在她已经被追认为烈士。1949 年春天，主要成员梁希、潘菽、涂长望等人在地下党组织的帮助下，离开南京去解放区了。

朱传钧与陆秀兰

科协在后来迎接解放、动员科学家回国等方面发挥了重要作用。解放后，科协成了科技界最著名的、靠近共产党的进步团体。

南京解放以后，中国科学工作者协会南京分会扩大吸收会员，会员增加到好几百人，并召开过一次全体会员大会。地理所的科研人员都参加了这个组织，并和南京大学地理系等地学单位的会员联合组成科协地理组，创办了《地理知识》月刊。由于 1949 年八九月间，北京举行了全国科技界代表会议，决定全国性科学团体的合并改组，科协也在 1950 年底宣告结束了。

加入中国共产党

初识吕东明

我是在浙大，“倒孔”运动后不久认识的吕东明。那时候我是史地系四年级的学生，他是新进史地系的职员。东明在浙大一年级的所在地永兴场，协助谭其骧先生编绘中国历史地图。一天，他从湄潭永兴场来到遵义，以王天心同乡的身份找我，了解王离开遵义以后的情况。聊天时我发现他体温很高，正患着重感冒。当时他还没找到住处，我就留他在宿舍里住下了。我到校医那里给他抓了些感冒药，并到食堂为他打了些简单的饭菜。他睡了一个星期，病好了。经过这段时间的朝夕相处，我们很谈得来，逐渐成了好朋友。

1942 年夏季，我在史地系当研究生，东明考上了浙大史地系。他学习勤奋努力，考入史地系后仍然勤工俭学，利用课余时间帮助谭先生编图，就靠这点微薄的收入和战区学生贷金维持生活。他很乐于助人，办事细心周到，很快认识了许多朋友。那时候经常有朋友找他想办法搭乘去重庆或贵阳的便车，他总是不厌其烦地奔走效劳。我们经常在一起聊天，谈野外调查中看到的农村情况，谈国民党政府的专制腐败，谈人民生活的困苦。他也经常向我解释国共两党矛盾的情况，指出国民党报纸所作的歪曲宣传。1941 年皖南事变发生后，他仔细地向我说明了真相。与他的多次交谈，使我茅塞顿开。

我离开浙大以后，仍然和东明有来往。他一般每年寒暑假都要到重庆，并且都会去看我。我也曾陪他去沙坪坝中央大学看沈容①同志。他们在一起交谈了中大、浙大学生运动的经验。还有两次，我陪他到红岩村十八集团军办事处和《新华日报》编辑部去看他的朋友。

东明早在 1938 年就成了共产党的地下党员。我当时并不知道他的具体政治身份，但我相信他和共产党有密切关系。可能当时有许多事情不便让我知道，我也从不问他要去

① 沈容（1922—2005），1945 年毕业于中央大学。曾任重庆八路军办事处外事组和北平军事调处执行部翻译。建国后曾任文化部电影局制片处副处长、珠江电影厂副厂长、中共中央中南局文艺处副处长等职。

看什么人，要去做什么事。

李普的意见

在重庆，我从《新华日报》看到毛泽东的《新民主主义论》、《论联合政府》，完全赞成共产党的政治主张。后来经东明介绍，我认识了《新华日报》社的记者李普①。1946年初，我曾经和李普长谈了一次，和他讲了我想去解放区的想法。他说："去解放区固然是革命工作，在国统区也有很多工作要做，你所在的科技界就是薄弱环节，应该留下来在科技界的民主进步运动中起点作用。"我就接受了他的意见。

我到南京以后，看到国民党政府更加腐败，人民生活极其艰苦。内战规模越打越大，通货膨胀非常快。我每月领到工资以后，就赶紧上街购买黑市银元储存。那时候我是助理研究员，一个月的工资可以买到10～11个银元。国民党不但在战场上节节败退，而且在经济上严重伤害了工商业和劳动者的利益，像发行金圆券、胁迫和骗取人民兑换银元。越来越多的知识分子从对国民党的不满，转到接受共产党的新民主主义主张。尤其是经过"科学时代社"和"中国科学工作者协会"一段活动以后，我的政治热情高涨，渴望着直接在共产党的领导下活动。所以就产生了入党的愿望。

形势严峻，免去了向党旗宣誓等仪式

1947年夏天，我向东明和几位比较信赖的朋友表达了入党的愿望。我和东明结交时间比较长，于是就在他那里学习党章，递交了我的自传，表明我愿意为实现党的纲领，执行党的决定，不怕牺牲，艰苦奋斗。东明严肃地对我说："在

① 李普（1918—），抗战时期任重庆《新华日报》记者。解放战争中随刘邓大军采访。建国后，历任新华社特派记者，中共中央宣传部宣传处副处长、北京大学政治系主任、中共中央中南局政策研究室主任、新华社国内部主任和副社长等职。

科学时代社和科学工作者协会的活动虽然对革命有利，但还只是革命的同情者。如果你的申请得到党的批准，你就是一个职业革命家了，要一切服从党安排，赴汤蹈火，在所不辞，你能做到吗?”我表示：“能做到!”那年10月，他通知我：“党组织已批准你入党，候补期为半年。”因为形势严峻，所以就免去了向党旗宣誓等入党仪式。

入党以后，我和东明既是朋友，又是同志，在政治上他是我的领路人。我们从在浙大认识以后，一直保持着密切的联系。1946年他大学毕业，我们一起参加过三峡库区的野外调查。1947年，他转到中央气象局工作，我们仍然经常来往。我入党后不久，大概是在1948年初，他调到上海工作。在以后很长时间里，我们各自在不同系统的党组织领导下工作，相互联系少了。

与沈健结婚

南京、上海解放不久，1950年春节大年初二，我和沈健结婚了，住在南京鼓楼二条巷宿舍。那天傍晚东明和他的女友匡介人突然来了，说他们俩那天旅行结婚，当晚就住在我家。这真是一个巧合，我们都非常高兴。那时东明已经在部队的气象部门工作，后来他参加了抗美援朝，很艰苦。再后来，他担任了空军气象部副部长。这样一位好同志在“文革”中竟然被长期隔离审查，接受监督劳动，吃尽了苦头。

吕东明真是完全彻底为人民的共产主义战士

粉碎“四人帮”以后的1977年，我们又见面了。他依然身穿军服，在北京空军招待所的一间临时房屋中居住，没有恢复原职，也没有安排工作。1979年他去了大百科全书出版社，负责组织自然科学方面各卷百科全书的编辑工作。后来和他的多次交谈中，他仍然十分关心国家大事，尤其关注腐败现象蔓延，政治与经济改革不同步，缺乏有力的人民监督，使领导腐败现象不能有效地制止等问题。他特别担心反腐败斗争如果不能够深入进行，会危及国家的前途。1993 年底他重病住院，提出将他的遗体捐献给医院解剖，不举行告别仪式。他真是完全彻底为人民的共产主义战士。

地下党的情报工作

入党后东明告诉我，我们是在党的情报系统工作。他要求我以中国地理研究所助理研究员的公开身份，搜集与军事有关的国民党内部情报。他和我商量，在熟悉的、政治上可靠的、愿意为革命出力的朋友中，主要是科学时代社的进步青年中挑选一批人，让我向他们表明我和地下党有联系，党需要他们提供所了解的内部情况，由我汇总报告上级联系人。我每两周看望他们一次，紧急时增加碰头次数。这是机密事情，为了避免引起别人的注意，要求他们尽量不参加本单位内部的革命群众运动。虽然这些人都不是共产党员，但是听到有共产党交给的任务，他们都愉快地接受了。我联系的第一批同志共有 6 人。

我在搜集情报的同时，也把我了解的解放战争进展情况、国内政治斗争形势讲给提供情报的同志们听。在党组织许可的范围内，带一些党的文件给他们学习。这些文件多半用薄纸小字复写或者油印。我印象中有 1947 年底毛泽东发表的《目前的形势和我们的任务》、《中国人民解放军宣言》等。

我还从在国防部史政局工作的邹树民那里，在国防部二学习“共匪文件汇编”

厅工作的竺可桢的长子竺津那里搞到两套同一内容的丛书，里面翻印了共产党的《整风文献》、《论联合政府》、《论党》和对解放区情况的报道等。这个文献是供国民党将领阅读的，书的封面上有“共匪文件汇编”、“国防部印行”字样，这就方便了我们安全地传递和学习。这套书使我们可以系统地学习党内知识，大家喜出望外。经过学习，许多同志的政治觉悟都有提高。解放前后，不少同志成为共产党员。其中有个别同志，像邹树民和竺津，在反右运动中被错划为右派，没等到平反就含冤去世了。

搜集军事情报，提供气象情报

在大家的共同努力下，我们曾经搜集到下关车站的军车过往数量和开赴地点，国防部内的人事变动和派系矛盾等情况。下关电厂的吴士宣写的一份关于下关电厂内人事、设备、生产、发电和职工思想情况的系统调查报告，很详细。上级组织看了以后，还传话给予了表扬。另外，根据上级组织的要求，国防部兵工署应用化学所的何惧，把自己一台灵敏度较高的收音机交给了党组织，供收听、记录解放军电台用。淮海战役以后，为了能够让解放军顺利渡江，中央气象局的冯秀藻①和束家鑫②利用在气象台工作的有利条件，每3天提供一次有关长江上的天气和风向、风力的预报，连续3个月没有间断。

在东明的具体策划和指导下，我认真细致地做好党外情

---

① 冯秀藻（1916— ），1941年毕业于中央大学地理系。1946年留学美国。曾在中央气象局工作。新中国成立后在中央气象局、中国农业科学院、南京气象学院等单位工作。

② 束家鑫（1920— ），大气物理学家。1945年毕业于浙江大学史地系，后留校任教。1949年后曾在南京气象台、上海市气象局等单位工作。

报对象的工作，传递了一些很有价值的情报，为解放军顺利渡过长江，为全中国的解放作了一点微薄的贡献。

请顾知微搞一套南京大比例地图

1949年初，解放军准备渡江南下。当时大家都估计国民党要困守南京，解放军渡江要有较长、较大的战斗。中共地下党情报部门领导，要我设法搞到一套南京附近地区大比例尺地形图供解放军过江使用。我知道中央地质调查所收藏的地图比较全，就找到在那里工作的顾知微①，请他搞一套。他冒着被发现的危险，悄悄地借出地图，自备药水，蓝晒了好几十张放在我家里，等着地下党领导的通知。哪知道解放军进展迅速，国民党不战而退，南京在4月23日解放了，晒制的地图没能用上。另外，组织上还让我从上海外国人出版的英文报刊，像《字林西报》、《密勒氏评论周报》摘译中文报纸上没有的国内军政动态消息，供领导分析形势参考。

截获宋子文发给蒋介石的密电

我们有时候还会意外得到一些重要情报。1948年春天，东明已经调到上海，他的一位老战友耿一民那时在中国银行任文书科长。一天他急急忙忙来找我，说他在银行电台截获了一份银行董事长宋子文发给蒋介石的密电，要我迅速将密封电文交给党组织。我上交以后不久，组织上传话："电文已转党中央，得到党中央的表扬，耿一民处已另派同志直接联系。"

我入党后的上级组织领导人，第一个是吕东明。他调往上海工作时，和我商定了新领导人和我接头的暗号。我用的

① 顾知微（1918— ），地质学家，中国科学院院士。1942年毕业于西南联合大学地质系，先后在云南地质矿产调查所、中央地质调查所、华北地质局、中国科学院古生物研究所等机构工作。

暗号是："刘树百介绍我来看望你。"刘树百是我的表姐，她已经去世了，用这个暗号不会出错。

两个星期以后，一个穿着旧西装的文弱男子就到地理所用这个暗号和我联系，他就是我的第二位领导人王荣元，当时化名王隐斋，解放后曾经担任过南京市监委副书记。他显然是经过多年革命锻炼、有高度觉悟的同志，他在生活方面十分艰苦朴素，他细致深刻的思想理论修养给我的印象十分深刻。

收取"学费"

他约我每周会面一次，听我汇报、了解我所处的环境、分析解决我思想认识上存在的问题，并交给我一些党内学习文件。他向我收取"学费"，学费即党费的代名词。我当时在地理研究所任助理研究员，月薪换成银元可得 10～11 元，他只要我交 1 元。我看他身体不好，患有肺病和胃病，生活显然不宽裕。他的住处又是保密的，我也没办法照顾他。我几次提出在经济上帮助他增加营养补补身体，他都坚决谢绝了。他作风缜密、爱护同志，这给我的印象极深。记得有一次，我们以看电影的名义在杨公井电影院门口见面。实际上我们并没有进电影院，只是沿街漫步，边走边谈。谈话结束后，他又将那场电影情节讲述一遍，以便被别人问及电影内容的时候回答。

1948 年秋，王荣元去了解放区。我的第三个领导人是尚渊如同志，化名李时珍。当时国民党有可能要大规模搜捕革命人员，为此他对我进行了气节和保密教育。南京解放以后，他担任了文教接管委员会的中小社教部负责人，我也随同转去。原来承担情报工作的联系人，都分别转到有关接管负责人所在的单位。

南京市地下党情报系统的负责人是芦伯明同志，在解放后很长时间，我才有机会和他直接见面。才知道他是党的“七大”代表，是在1946年由延安中央社会部李克农将军派到南京专做情报工作的。他和地下党南京市委书记陈修良有联系，但不归市委安排工作。

南京搞情报工作的不只是芦伯明领导的一个系统。1948年底，我参加中国科协的一个座谈会，当时编辑《科学工作者》会刊的朱传钧问我：是否能搞到一些长江水文资料的图件，供“那边”应用。我心照不宣，从地理所和我哥哥所在的行政院水利委员会，搞到了一批有关长江水流量、流速、航道的资料交给了朱传钧。直到80年代，我和他在南京再次见面，才知道他当时承担着第二野战军的情报工作，要这些资料是为二野渡江使用的。他们和南京市委和芦伯明同志都没关系。

1948年夏天，东明的一位朋友陈震华从重庆来到南京找我。因为重庆的共产党员很多撤离了，他失去了与党的联系，觉得无所适从。他希望通过我找到党组织重接联系。我向组织作了汇报。因为对他后来的情况不了解，无法为他在南京安排生活与工作，劝他仍回重庆，他住了两个月失望地回去了。

黎明前后的南京科学界

淮海战役后，国民党军队扬言要加强长江防务，拼死保卫南京，实行京沪决战。针对这种情况，中共南京市委改变 反搬迁部署，将工作重点转向配合解放军过江，发动群众护厂、护校，反对和阻止搬迁，加强情报工作和策反工作，尽可能争取大多数科学家留下来，以便解放后及早投入新中国的建设事业。根据这一部署，我们的工作也从原先限于少数进步科技人员的情报搜集，扩展到面向广大处于中间甚至落后状态的群众中活动，千方百计组织各单位人员抵制搬迁，妥善保护财产设备，迎接解放。

1948 年底到 1949 年初，是群众思想最动荡的时候。“走”还是“留”，成为每个人面临的选择，也是同事、朋友之间议论最多的话题。共产党员和靠拢党的科技工作者，都作好了留下来迎接解放的思想和生活准备。准备着经受一场类似济南、长春那样，解放大军围城、战火纷飞、生活艰难的考验。少数在政治思想上或利害关系上和国民党政府关系密切的人，自然作好了随国民党政府南迁的打算。对于多数处于中间状态的人来说，处于两难的境地。国民党长期的欺骗宣传，让这些人对共产党来了以后的工作与生活有无保障心存疑虑，国民党员更是多了一层政治上的顾虑。但是跟着国民党走，又觉得没出路。这些群众是我们争取的对象。我们通过科学时代社、中国科学工作者协会和其他渠道，在科技人员中开展工作。我当时主要是和中央气象局、中央地质调查所、资源委员会矿产测勘处、资源委员会水力发电工程总处、中国地理研究所、国民党国防部雷达研究所等机构中的人员联络，积极促成多数的人员、资料、设备保留下来。

地学工作者联谊会

1949 年初，我们串联组织了地学界中愿意留在南京，和去留尚在观望中的人员，组成“地学工作者联谊会”。这些人员都是中央地质调查所，中央研究院地质研究所，资源委员会矿产测勘处，中国地理研究所，中央气象局，中央大学地理系、地质系、气象系的教授、研究员和青年科技人员。我们在一起开过两三次会。会上，大家从自身利害和地学工作者的前途出发，讨论了去留的利弊。发言的人多数认为留为上策。

联谊会的活动对没有打定主意的人影响较大。就是对于已经决定留下来的人员，通过交流，也明确了应该采取的各种措施，包括继续向国民党政府争取预发生活费、购米粮、巡逻护院等。联谊会上还介绍了解放区的情况和共产党的政策，对于稳定人心起了相当大的作用。

“应变委员会”

1949 年 2 月，留与走的分化基本上明确了，准备留南京坚持的单位和人员纷纷组织起来，这些组织名称各种各样：“留守处”、“工作站”、“员工福利会”、“保管委员会”。或者直接称为“应变委员会”，“应变”是当时比较流行的一个名词。虽然名称不同，但各种组织的主要任务是相同的，就是团结所有在南京的职工，保护设备财产，继续向国民党政府索要生活费、维持费，购置粮食和其他生活用品，作长期坚持的打算。

我当时在地理所工作。所里研究人员当中，包括所领导在内，有些是广东籍或在广东有较深关系的人，他们都愿意去广州。经过几天的考虑，每个人的态度都明朗了。所中大约有 10 个人决定去广州，其中有 5 位研究人员。决定留下来的 9 个人中，也有 5 位研究人员，还有几个人决定回老家或者投靠亲友，暂避战火。

周立三与“南京工作站”

周立三[1]先生是国民党员，又和国民党中央党部组织部部长朱家骅有师生关系，他能留下来确实很不容易。我们这些原先就决定不走的人，十分欢迎周先生能够留下来。决定留下的人在一起商量，留下以后怎么办。因为所领导林超和罗开富去广州了，我们首先商议要有个领头人，于是一致推选周立三先生，他也欣然答应。既然留下的研究人员和去广州的人数相当，那就要在南京继续做研究工作。我们要求留下相当的图书、资料和设备，成立南京工作站。要求我们的上级机关，国民党政府教育部留守处，继续给留下的人员发放工资或生活费。这个要求由周先生向林超所长和教育部提出。周先生在教育部上层有老熟人关系，很快得到了同意。

地理所设备不多，所谓分所主要是分图书资料。我们以研究需要为名，将抗日战争期间积累资料最多的四川部分和迁到南京以后收集的长江下游部分资料，以及我们留下人员所需的图书全部留了下来，可惜其他省区的地图和部分图书被运走了。这些资料在解放后也没能收回到地理所，这对地理所是很大的损失。

留下来的人员为了安全和较好度过国共交替的变化阶段，商定采取了几项措施：

一是分工。周立三先生总体负责并与上级机关联系，楼桐茂协助，吴传钧[2]任文书，王吉波管财务，郭传吉负责总

① 周立三（1910—1998），地理学家，中国科学院院士。1933年毕业于中山大学地理系。1946—1947年在美国威斯康星大学地理研究院深造。曾任中国科学院地理研究所副所长，南京地理研究所所长。

② 吴传钧（1918— ），地理学家，中国科学院院士。1941年毕业于中央大学地理系后留校任教，1948年获英国利物浦大学博士学位。回国后在中国地理研究所任职。1949年以后在中国科学院地理研究所工作。

务，高泳源[①]管理图书，我负责对外联系。我们商定：无论是否有事情，大家每天都到办公室碰头，商定突发事件的处理办法。因为有一部分人员离开了南京，所里的空房比较多，我们又重新调整了宿舍。二是购买粮食，防备解放军围城以后断粮，这件事由郭传吉担任。他很努力，不但争取到每人每月配给的3斗米，还跑到中华门外乡下一个地方，买了很多大米，在夜间运回所里，让每家至少有3个月的粮食。另外，各家还买了不少煤球备用。三是沟通情报信息。这个工作我做得多些。我们收听邯郸等地电台广播，了解战事动向。四是经常和教育部留守处联系，争取早发工资和其他应得费用。这件事由周先生负责，他费了很多口舌，找长官、通关系，争取领下了2至4月份的费用，解决了留下人员经济上的困难。

施雅风 1949 年摄于南京

1949年4月的一天，尚渊如向我传达，国民党军警特务有可能在撤退前进行大搜捕，要我紧急通知所有和我联系的同志，销毁或藏妥有关革命的资料文件，提高警惕。4月20日国民党政府拒签国内和平协定，毛泽东主席和朱德总司令发布解放军渡江南进命令，当晚解放军就开始横渡长江，切断了沪宁铁路交通，迅速形成包围南京的态势。国民党军队

---

① 高泳源（1914—?），地理学家。1940年毕业于中央大学地学系，毕业后在中国地理研究所任职。1949年以后在中国科学院地理研究所任职。

大规模仓皇南逃，南京大街上败兵军车塞满了道路，南京出现了一两天的空城局面。幸亏地下党事先作了严密的组织准备，才没有出现混乱的局面。

南京解放

4月23日晚解放军从浦口渡江进城，24日早晨我到鼓楼中山北路一看，大街上很多解放军战士抱枪席地而坐。他们秋毫无犯、绝不扰民的情况，和前天国民党军队撤退时强拉民夫运物的狼狈相形成鲜明的对比。不久，“解放区的天是明朗的天”的歌声就在街头唱起来了。我们盼望已久的局面，出乎意料地很快实现了。大家奔走相告，非常高兴。地理所的同事也迅速集合，周先生和其他同事亲笔书写的“欢迎解放军”、“迎接共产党”等大字标语，在所门口和山西路街道上贴了出来。

解放军和南京地下党员的会师大会

5月1日晚上，我参加了解放军和南京地下党员的会师大会，有3 000多人参加。我在那里看到了很多原来认识，但过去又不便问明的地下共产党员，还有一些是撤退到解放区，又随军回来的同志。大家欢聚一堂，有说不出的高兴。大会上，刘伯承、邓小平、陈毅、宋任穷等领导同志讲了话，最后地下党市委书记陈修良和同志们公开见面了。

南京科学界的著名科学家，大多留在了大陆①。就地学界而言，我粗略估计，当时南京包括地质、地理、气象、土壤等各方面的地学工作者约占全国的三分之二左右。南京解

① 1949年12月—1950年1月，1950年3—4月，中国科学院计划局对全国数学、物理、化学、生物、地学、天文等自然科学界的200多位知名学者作过两次调查，并撰写了《中国科学院1949—1950年全国科学专家调查综合报告》。从报告的统计来看，科学界的著名学者多数留在了大陆。〔《中国科学院1949—1950年全国科学专家调查综合报告》，《中国科技史料》，2004，25（3）：228～249。〕

放后不久，苏联文化代表团到南京访问，他们非常惊讶，南京有那么多著名科学家和高级知识分子留了下来，愉快地和共产党合作共事，而不像苏联十月革命后那样，大批科研人员外逃。他们钦佩中国共产党政策的正确，能够很好地争取和团结知识分子。随着新中国建设事业的开展，许多人员、设备迁往北京，成为中央新建科学机构的基础。很多地质人员前往东北①，组建地质队与地质学院。一些人分散去了西北和其他地方，也有很多人留在了南京。

解放以后，首先成立了以刘伯承为主任、宋任穷为副主任的南京市军事管制委员会。军管会的文教接管委员会派出军代表和联络员到各单位宣布接管，要求各单位清理财务、上报人员名册。对旧中央文教科研单位，除了中央大学改称南京大学，指定负责人外，都维持解放前留在南京的人员组织状况，宣布人员一律留用，发给生活费用。至于将来机构如何变化，就要等待北京中央的指示。

我们的任务就是积极组织同事们参加政治学习，学习共产党中央的各项文件政策和毛泽东主席的著作，学习为人民服务的精神，扬弃旧社会的旧思想。地理所人员都主动热情地参加学习，认为旧社会地理学界存在的脱离实际、不接近

---

① 为了支援东北的工业建设，1950 年 4 月，在政务院财政经济委员会、中国科学院等单位的共同努力下，“中国有史以来第一次有计划、有组织地包括各有关专家开展的大规模的地质矿产调查工作”开始了。由南京的原中央研究院地质研究所、原资源委员会矿产测勘处，南京和北京的原中央地质调查所和东北地质调查所的研究人员，以及技术学校的学生组成了“东北地质矿产调查队”。调查队中有 84 名地质人员、21 名物理探矿人员、45 名测量人员和 80 多名钻探工人，加上学生和工人共 800 余人。当时全国地质学界一半以上的人员，都参加了这次矿产资源考察。参阅武衡：《科技战线五十年》。北京：科学技术文献出版社，1992 年，第 65 ~ 66 页。

人民、门户之见、地理环境决定论等旧意识应当予以扬弃，并讨论、探寻地理学新的发展道路。

被任命为党支部书记

解放后，我的党组织关系先放在南京市委中教支部。因为原来和我联系的党员，是文教接管委员会中小教支部的负责人，所以我被安排到南京第六中学学习。那里党员少，事情也不多。后来，我们研究所的支部转到高等教育处。再后来，在南京的科学院系统、图书馆、博物院、地质调查所的党员成立起一个支部，我被任命为党支部书记。南京一解放，有很多人希望入党。但党组织宣布，暂时停止发展党员，所以科学界党员不多。因为人数少，组织工作比较简单，支部的任务主要是贯彻南京市委对基层党支部的各种要求。

科学院接收地理所后，所中就我一个共产党员。我先是担任了所务秘书，后来又被选为科学院南京地区党支部的支部书记。

第六章 中国科学院的早期岁月

CHAPTER SIX

中国科学院地理研究所①

中国地理研究所的去向

解放以后，原来的中国地理所在南京的人员太少，还不到10人，其中只有一个研究员，两个副研和两个助研，所中的设备也很少。当然，还有另外一个原因。科学院成立以后，在是否有必要成立地理研究所这个问题上，参与筹组科学院的人员意见并不一致。有人对地理学的重要性表示怀疑，对设立地理研究所持有异议。在这个时候，教育出版系统也计划接收中国地理研究所，负责编写地理学教科书。但是我们认为，地理学能够为国家建设服务，这也符合科学院科学研究与生产实际密切配合的方针。我们希望中国地理研究所能够划归科学院领导，所以拒绝了教育出版部门的要求。大家

① 1949年11月1日中国科学院正式成立。科学院成立后开始接收旧有研究机构，安排全国科学人才。在半年左右的时间里，科学院先后在北京、上海和南京建立起第一批15个研究所和3个研究所筹备处。3个筹备处中，包括地理研究所。

商议以后，决定推举周立三先生为首，并联合在南京的一批地理学者，联名给科学院副院长竺可桢先生写了一封信[①]。

地质为工，地理为农

竺老是地理与气象学界的老领导，非常支持在科学院建立地理学研究机构。他认为科学院在地质方面有个地质所，地质所的重点在找矿，是为工业服务。他说，地理所也是地学方面一个所，这个所不是直接搞农业，但应该为农业做工作。所以一个为工，一个为农，地学部分要有这样的两个所。

在机构前途还不明确的时候，我们在想如何开展工作。在周立三先生的主持下，我们讨论商定要开展几个方面的工作：一个是积极参加南京市人民政府组织的城乡经济关系调查。还有就是充实、修改解放前已经基本成形的几篇研究论文。为了使这些成果早日问世，我们专门向军管会申请了一笔不大的出版经费，编辑出版了《地理》第 6 卷的 2、3、4 合期。这期《地理》可能是解放初地理学界唯一的研究出版物。从内容的充实程度和论文的思想性来说，这期的水平是不低的。所以，当时地理所的人员虽然不多，但这几个人还在非常努力地工作。

1949 年 11 月，竺老亲自到南京了解情况，并决定建立科学院地理所筹备委员会。1950 年春天，院办公厅副主任

---

① 信中从 5 个方面强调了地理研究的重要性：（1）地理科学工作为国家建设所需要。（2）人民政府对地理很重视。（3）苏联重视地理学的经验。（4）大学地理系既有独立成系的必要，科学院中自应筹设专所。（5）地理科学具有独特的性质与功能，绝不能与其他科学研究机构并合组织。如果地理界无一中心研究机构，则必将影响地理学的长远发展。在信上签名的主要是在南京的地理学者：周立三、刘恩兰、徐近之、李旭旦、任美锷、李海晨、朱炳海、宋铭奎、杨纫章、楼桐茂、施雅风、程潞、吴传钧、赵松乔、高泳源等。

恽子强[①]、秘书处长黄宗甄等人到了南京，开始接收原来中央研究院的各个单位，也同时接收了中国地理研究所。

4 月份李四光先生回国时经过南京[②]，任美锷先生请他参加地理学界的一个会，并请李先生谈谈地理学工作应该如何深入。李先生讲：他主持中央研究院地质研究所时，重点抓附近地区的地质研究。他认为地理学研究也应该抓一个区域，一个问题，反复深入搞，这样容易培养人，容易深入。李先生的建议是对的，但是现在回过头来看看，在 1958 年以前，地理所没有机会深入工作，那时任务也不稳定，很多工作都是浅尝辄止。

成立地理研究所筹备处

1950 年 5 月，科学院宣布成立地理研究所筹备处，任命竺老为筹备处主任，副主任就请当时在上海华东工业部的黄秉维先生兼任，并聘请了一批筹备委员[③]。竺老本来想调黄秉维到地理所任专职副主任，并且考虑将来成立地理所以后让他出任所长。但那时华东区的领导坚决不放，只同意黄先生兼职，黄先生也对将来当所长一事一再推辞。所以直到 1953 年华东大区撤销了，他才到地理所工作。

第一次筹备会议

6 月中下旬，地理所筹委会在北京举行了第一次会议。会上决定在地理所内设立三个小组：第一组普通地理，由周

① 恽子强，时任中国科学院办公厅副主任，后任中国科学院编译局副局长、中国科学院数理化学部副主任等职。

② 1950 年 4 月 6 日，李四光克服重重障碍，从英国到达香港，并经香港到达广州。4 月 9 日到达上海，4 月 13 日到南京。李四光在南京停留了近 1 个月的时间，接受记者采访、参加学术界举行的各种欢迎会。5 月 6 日到达北京。（马胜云等编著：《李四光年谱》。北京：地质出版社，1999 年，第 186 页。）

③ 17 位筹备委员是：竺可桢、黄秉维、曾世英、黄国璋、李旭旦、徐近之、李春芬、刘恩兰、罗开富、周立三、孙敬之、夏坚白、方俊、周宗俊、王之卓、周廷儒和王成组。

立三先生主持。第二组大地测量，由方俊[①]先生主持。这个组是竺老经过认真考虑，并广泛征求了各方面的意见，特别是考虑了李四光先生的意见，在地理所内设立的。第三组制图，由曾世英先生主持。

第一次地理所筹委会，在明确了新建地理所的业务组织和多项任务以后，就开始按照新的任务工作了。但是所筹备处主任和副主任，都不能经常在南京，具体领导工作就落在周立三先生身上。我被任命为所务秘书，配合周先生工作。

林超未能回所

第一次筹备会以后，所内人员开始增加。首先是原来迁往广州的罗开富、罗来兴，探亲的孙承烈[②]、沈玉昌回来了。同时也新调进了一些研究人员，比如徐近之、赵松乔、陈述彭等人。林超先生在南京没解放的时候，去葡萄牙参加第十六届国际地理联合会大会了，会后又去英国访问。1950 年他才从国外回来，那时他也想回地理所工作。但是因为他在解放前坚持把地理所搬到广州去，让南京的地理所损失了很多资料。我们这些在南京地理所的人员不赞成他回所工作，后来他就到高校去任教了。这时候也分配来了一些刚从大学毕业的研究实习员。另外，为了建立技术系统和行政工作的需要，还调进了少数技术和行政人员。到了 9 月份，地理所人员增加到了 29 人，连同已经聘任但还没有到的人员一共有 34 人。

---

① 方俊（1904—1998），地球物理学家，中国科学院院士。1926 年于唐山交通大学肄业。后就职于中央地质调查所、中央大学、中国地理研究所。1949 年后在中国科学院地理研究所工作。1958 年倡建中国科学院测量制图研究所，并任所长。

② 孙承烈（1912— ），地理学家。1939 年毕业于清华大学地学系，毕业后在中国地理研究所任职。1949 年以后，先后在中国科学院地理研究所、中国科学院成都地理研究所工作。

这一年9月，竺老到南京开第二次筹委会，听取我们汇报已经开展和准备开展的工作。竺老讲，地理所的基本任务是密切结合实际，为人民服务。他还强调要加强地理研究的计划性和集体性。他说："过去中央研究院没设地理研究所，除国民党反动统治障碍外，主要由于地理工作本身的缺憾，只有地理学者努力做出成绩，才能受到社会的重视。地理所现在还处于筹备阶段，将来能否正式建所还要靠工作人员的努力。"他认为过去地理工作者缺乏实际工作的表现，今后的地理学在经济建设工作中，调查资源、发展经济……有许多工作要做。竺老参观了地理所图书馆以后，发现所中图书数量太少，连基本的工具书都不够。他批评所里缺乏管理，并将他收藏的百衲本《二十四史》一共860本送给地理所。以后他又决定把上海王氏所藏方志两千多种两万多册全部买来，放在了地理所。

竺老捐赠《二十四史》、收购地方志

1951年3月，地理所筹委会在北京举行了第三次会议。这时候地理所的工作已经正常开展起来。所中人员思想团结，许多委员认为筹委会的任务已经基本完成，应该正式建所了。为了充实所内业务人员，浙大地理系主任李春芬①先生开列了他认为适宜做研究工作、当时又学非所用的人员名单，像左大康②、丘宝剑③、王明业④等人，建议设法调到地

① 李春芬（1912—1996），地理学家。1939—1943年留学加拿大。后在浙江大学史地系、上海华东师大地理系任教。

② 左大康（1925—1992），地理学家。1949年毕业于浙江大学地理系。1960年苏联莫斯科大学地理系研究生毕业。后任中国科学院地理研究所研究员、所长。

③ 丘宝剑，1949年毕业于浙江大学史地系。后在中国科学院地理研究所工作。

④ 王明业（1925— ），地理学家。1949年毕业于浙江大学史地系。毕业后曾先后在中国科学院地理研究所、成都地理研究所等单位工作。

理所。

第三次会议的中心议题，是讨论所长人选。竺老以个别交谈的方式，逐个征求到会的各位委员的意见。除了一人外，多数人都赞成黄秉维先生当所长，其次是赞成周立三先生。第二天，竺老向大家报告了征求意见的结果，会议决定通过向院部推荐，请黄先生主持地理所工作。但是直到这一年的 9 月，在科学院的第二届院务会议上，才决定地理、数学和心理三所，还有土壤研究所筹备工作基本完成，可以正式成立研究所了。这个时候，华东局的领导仍然不肯放黄秉维先生脱离华东计划局基本建设处工作。

第二年，科学院任命周立三先生为副所长，并代理所长。华东大区撤销以后，经过 1954 年 1 月院务会议通过，才正式任命黄秉维先生为第一副所长，代理所长，周先生为第二副所长。当时，地理所已经成立了北京工作站，黄先生到所以后，负责黄河中游土壤侵蚀研究任务，常年住在北京。而地理所的本部是在南京，实际上所务工作仍然由周立三先生代理负责。

地理所的发展

在竺老直接、具体、周到的领导下，地理所建成了远比解放前强大，人员充实、任务饱满、设备日趋现代化、成果丰富的地理研究机构。正是所里学者的共同努力，到了 1959 年，地理所由建所初期的地理、地图和大地测量三个组，发展成为自然地理、地貌、水文、气候、地图、经济地理、外国地理和历史地理 8 个组。这些年中，全所人员也增加了十多倍。

经过几十年的发展，现在科学院地理所已经成为中国地理科学的研究中心了。现在全国所有的任务，也不是一个研究机构能够全部承担的。

建所初期的工作

50年代，地理所的研究计划基本上是围绕着国家的建设任务，所里70%的任务是国家交给的。我们一方面分别与水利部、铁道部、燃料工业部、水力发电局等机构联系，联合从事为生产建设服务的实地考察工作。例如，受长江水利委员会委托，楼桐茂、沈玉昌等人初步调查了汉水流域自然地理及经济地理。接着，铁道部向科学院提出了九条计划建设铁路、带有工程地质和经济调查性质的勘测任务，每条线要求所中派出两名人员参加，地理所一共派出了十几名研究人员参加考察。按照水利部的要求，地理所的人员主要是负责测量淮河流域的二等三角测量与黄河流域的天文点。

黄河调查

另一方面，地理所针对国家的需要和自身的力量，也适当设立了一些研究性的课题。像1953年，国家开始大规模经济建设之后，根治与开发黄河的任务提到日程上来了。竺老提出，为了查清黄河泥沙的主要来源，应该开展黄河山西、陕西间土壤侵蚀的调查，地理所就派罗开富负责，把有关黄河的调查研究工作作为中心任务来抓，派徐近之等人进行黄泛区的地理调查。

徐近之编撰青藏地理资料

当然，地理所也根据研究人员的特长设置了一些新的工作。徐近之[①]先生编撰西藏文献资料就是一个例子。徐先生早在30年代就从事青藏高原地理研究，那时他还受中央研究院气象研究所所长竺可桢先生的委托，经过青海进入西藏，在拉萨建立起第一个气象台，并在那里工作了三年。以

---

① 徐近之（1908—1982），地理学家。1932年毕业于中央大学地理系。1938年考取中英庚款公费留学生，赴英国爱丁堡大学。1949年后在中国科学院地理研究所工作。

当时的政治和交通条件，徐先生一个人进入西藏很不容易。这个气象台也收集了不少宝贵的资料。只是在进行降雨量观测时出了些问题。那时候徐先生要到野外考察，他把气象观测的任务交给了别人。但是这个人不太会搞，本来每次记录完降雨量后，要把容器中的雨水倒掉，以便下次观测。但这个人每次记录完以后，没倒掉容器中的水，这样降雨量的数值就不断地被累加起来，数值也就偏大了。所以大家看到观测数据后大吃一惊，奇怪拉萨怎么会有这么大的降雨量?!

解放以后徐先生调到地理所工作。开始时他主要从事黄泛区的考察工作。那时地理所虽然还没有条件到西藏考察，但研究青藏高原的呼声越来越高。考察之前，应该对过去西方人的工作有个全面的了解。徐近之先生以前去过西藏，对那里的情况熟悉，他的外文又很好，最适合做这项工作。我当时正在担任地理所的所务秘书，就与主持所务的黄秉维和周立三两位先生商量：应该由徐先生从国外文献中编译西藏地理情况和西藏文献目录。我们的建议也得到了竺老的支持①。

大概从1954年开始，徐先生就全力以赴从事这项工作了。他也真下了工夫，到科学院图书馆、院内相关研究所图书馆、一些高校图书馆，还有徐家汇天主堂大书房等多处查阅、收集资料。前后大概用了六年多的时间，出版了四册青

① 1955年3月29日，科学院学部筹委会召开了地学小组讨论会。会议主要讨论地理所、地球物理所、地质所、古生物所和古脊椎动物所5个所的工作计划。会上有学者认为青康藏自然地理文献的整理工作“目的不明确”。(《竺可桢日记》第3卷。北京：科学出版社，1989年，第546页。)

藏地理资料[①]。这些资料对后来的西藏考察很起作用，在五六十年代的青藏考察中为研究人员提供了极大的方便。就是现在新编的区域性参考文献，我也没有看到一本可以和徐先生著作相比的。徐先生去世以后，所里要我写篇纪念性的文章，我就写了他对西藏工作的贡献[②]。

科学院接收地理所后，所中就我一个共产党员。我先是担任了所务秘书，后来又被选为科学院南京地区党支部的支部书记。在所内，我主要是配合周立三先生开展各项工作。那时候研究所还没有人事处，也没有行政办公室，所务秘书就分担了这些工作。所里只有一个文书负责抄抄写写的事情，其余的事情我什么都管，所以工作头绪特别多。一是管理所里的行政后勤工作，二是协助周立三先生处理科研业务工作，三是参加科学院南京地区党支部的各种活动。那时各种运动和政治学习都是通过支部来组织。

担任所务秘书和支部书记

解放初期党员的组织生活非常忙，几乎每天晚上都要开会，学习的事情特别多，记得最开始就是学习《为人民服务》。50 年代政治运动也多，忠诚老实运动、思想改造运动、三反运动……运动一来，党内就要传达文件、学习讨论。有一段时间组织上还派我半脱产去党校学习社会发展史两个月，一个星期要学习三个半天。

解放以后，我自己买了很多马列著作，我记得曾经买过

① 徐近之先后编辑出版了《青康藏高原及毗连地区西文文献目录》（科学出版社，1958 年）、《青藏自然地理资料（植物部分）》（科学出版社，1959 年）、《青藏自然地理资料（气候部分）》（科学出版社，1959 年）和《青藏自然地理资料（地文部分）》（科学出版社，1960 年）。

② 施雅风：《徐近之先生与青藏地理研究》。《徐近之先生纪念文集》，中国科学院南京地理与湖泊研究所编印，1986 年。

《资本论》。书是有了，但是1966年以前，我真正学习马列著作的时间并不多，主要是因为工作很忙，没时间看。另外我觉得，《资本论》这样的著作要有相当的哲学水平才能读得懂，以我当时的哲学水平，看这些书就看不进去。但那时候我特别想读这些书，因为总觉得自己思想落后，解放后别人也说我比较右倾。当时我对许多政治运动的做法不太赞成，但又说不出问题在哪里。

“忠诚老实”运动

我记得1950年冬天，院部指示各所开展“忠诚老实”运动，向党交代清楚个人的政治历史情况以及和国外的关系。在我参加过的各种政治运动中，我觉得这个运动分寸把握得还比较好，没有伤害人。华东办事处主任李亚农到南京主持工作。经过细致深入的动员，参加学习的人员都以对党完全信任的态度，毫无保留地讲清楚了自己政治上参加过什么组织，有过什么差错。那时候南京九华山区科学院的单位不多，土壤所还没有搬过来，物理、地理两个所的运动是由我主持的。

周立三、曾世英、方俊、施汝为①等高级研究人员，都非常诚恳、无保留地讲清了自己的历史。曾世英还在运动中，把他从国外收集的很多地图全部交公了，他的做法得到了表扬。其他同志也都是如此，每个人都写了材料，记入档案。经过学习，大家的认识有了显著的进步。以后经过调查和多次运动，我没发现地理所内有任何一位同志的政治历史情况，超过“忠诚老实”学习时交代的。但是后来“左”

① 施汝为（1901—1983），物理学家，中国科学院院士。当时为中国科学院物理研究所所长。

倾政治路线的发展，使许多老知识分子无辜地受到了很多的冤屈。周立三先生就是其中之一，幸好周先生能坦然相处，容忍不记。

周先生和我合作得非常好，我们相互尊重，从没有发生过矛盾。所里有什么具体的事情，我和周立三先生商量商量也就办了。1952 年，院里要我到北京陪苏联专家，所里就调程鸿[①]来担任所务秘书。

李秉枢

到了 1956 年，院里正式派来党员副所长李秉枢同志。他原来在部队工作，到了所里以后，行政管理工作就由他负责了。我曾经到他的住处详细介绍了地理所的情况。他后来还作为地理所党组织的代表，担任学术委员会委员，1957 年正式担任了地理研究所的副所长。在被正式任命以前，上级已经明确了他是地理所的负责人。当时地理所的所部在南京，北京有个工作站，他多数时间都在南京。

创办《地理知识》

创刊

《地理知识》杂志是解放后创办最早的地理学刊物。虽然刊物的版权页上注明的创刊号始于 1950 年 1 月 1 日，但它的缘起可以回溯到 1949 年夏季。

南京解放以后，中国科学工作者协会南京分会扩大招收会员，我是分会的组织干事。我积极奔走联络，组成了由地

---

① 程鸿（1922—2004），地理学家。1947 年毕业于复旦大学地理专业。1949 年后在中国科学院地理研究所、成都地理所、自然资源综合考察委员会等机构工作。

理所、南京大学地理系和一批中学地理老师为主体的南京科协地理组。地理组成立以后，每隔两个星期举行一次座谈会。我们经常讨论如何建立适合于新时代的新地理学。后来我们看到，中学地理教育中存在教材差错和基础知识不足等严重的问题，一致认为，地理工作者非常需要一份知识性和自我教育学习的刊物。座谈会的活动已经把南京的地理工作者紧密团结在一起了。我们的下一个目标，就是希望团结全国地理工作者，而最便捷、理想的方式就是出版一本刊物。

我负责写“发刊词”

创办一个刊物很不容易。《地理知识》的主创人员中，周立三、吴传钧、高泳源和我都是中国地理研究所的研究人员。当年创刊时，我们还都是三十出头的热血青年。我们串联了几位热心的积极分子，共同商议，刊物定名为《地理知识》。推选南京大学地理系主任李旭旦①教授担任主编，由我负责写“发刊词”，并以科协地理组名义向南京市军管会申请登记批准。创刊号的费用是由我们大家捐款筹集起来的。当时刚刚解放，还没有工资，每个人只是发一些生活费。

《地理知识》创刊号印了六百份。这一期共汇集了六篇短文和若干消息，由吴传钧编辑。虽然这期只有薄薄的八面，也就两万多字，没有图片、没有地图，甚至连目录和单独的封面、封底都没有，形式十分简陋，但是这本杂志很快得到了地理学界的好评。上海亚光舆地学社看了创刊号以

① 李旭旦（1911—1985），地理学家。1934 年毕业于中央大学地理系。1936 年赴英国剑桥大学进修，获硕士学位。1939 年回国后在中央大学地理系任教。1949 年后任南京大学地理系、南京师范学院地理系主任。

創刊號

一九五〇年一月一日出版
南京市軍管會登記證臨時第十一號

地理知識

中國科學工作者協會南京分會地理組編行　　本期定價五百元

在地理學領域內掌握辯證唯物主義

施雅風

有人說過：討厭哲學，不願和哲學接近的人，會不自覺的成爲最庸俗的哲學的俘虜，這在地理工作者尤其重要，因爲地理學內容幾乎接觸到地面全部自然和社會現象。如沒有一個正確的哲學觀念，正確的世界觀和方法論引導，則像瞎子摸象，得不到正確結論的。

哲學體系按其怎樣解決關於思維與存在、精神與自然互相關係問題而分成爲兩個互相對立的營壘，那些承認自然是最基本的，認爲自然先於意識和精神的哲學家就是唯物論者。相反，那些以意識、觀念、精神爲最基本的，把自然看作是思想、精神的結果的乃是唯心論者。

同是唯物論者，又按其怎樣認識自然的方法上，有機械唯物論與辯證唯物論的區別：前者認識自然的方法是形而上的，是把自然界看作彼此孤立的各個現象底偶然堆積，是把自然界看作停頓不變的狀態，即使有變動也只有量變，沒有質變，認爲一切事物本身不含有內在的矛盾，把物質的運動看作全是由外力發生。後者研究自然的方法是辯證的，「把自然界現象看作永恆運動着，永恆變化着的現象，把自然界底發展看作自然界中各種矛盾發展的結果，自然界中各對立勢力互相影響的結果。」（註一）

地理學中的機械唯物論即環境決定論支配了中世紀後廿世紀前的整個地理學思想。如孟德斯鳩的主張氣候決定社會發展，梅西尼柯夫主張河川決定社會發展，雷次兒與他的門徒森帕爾更以地理解釋全面的歷史事實，形成所謂地理史觀。到了本世紀，大家都知道它不對了。可是由於沒落的資產階級意識形態的限制，英、美、法等國的地理學者，無力尋找到辯證唯物論的真理，離開了環境決定論後，又不自覺的陷入唯心論的的深淵。

舊中國的地理學者大部分追隨英、美、法諸國地理學者之後，口頭上放棄了環境決定論，實際上還是奉行着環境決定論。當涉及社會現象時，往往又不知不覺的陷於唯心論觀點。

馬克思主義辯證法底基本特徵是：

1.「把自然界看作有內在聯系的統一整體，其中各個現象是互相密切聯系着，互相依賴着，互相制約着的。」因此辯證法認爲，「任何種現象，如果把它看作與周圍現象密切聯系而不可分離的，把它看作受周圍現象所制約着的，那就可以瞭解，可以論證的了。」

地理學中的相關原理是和這一個辯證法的特徵相似的。白蘭士說：「在相互關係裏，我們便可求得一地的地理解釋。」白呂納說：「我們研究各種地理現象，只……研究現象的本身還是不夠，實際各種現象，彼此都有相互關係的，並不是孤立的。」所以「我們非注重相互關係不爲功。」「所以活動與相互關係二者實爲支配現代地理學的兩大基本原理。」（註二）。但普通地理學者的運用相關原理，是片面的，不完全的。或者只聯系自然環境與有形像的人文事實，如說這個地方的交通、聚落與自然環境有什麼關係，而跳過自然與交通、聚落的中間項，……通過生產關係與生產力制約着的人類勞動條件，才能產生交通、聚落的事實——這樣就很容易產生環境決定論。或者片面的聯系有形的人文地理事實，而忽略整個社會經濟結構的影響，如我們討論聚落土地利用等情况時，對它們的自然環境是注意的，對它們間相互影響也提到了。但對於整個社會條件的制約作用，却忘記了，好似它們可以

發　刊　詞

地理學是羣衆性的學問，因爲它和日常生活有着密切的關係，所以我們每個人都有一些特殊的地方知識。地理工作者做調查研究，除開自己的觀察外，必須要倚靠訪問羣衆，通過這些羣衆來搜集資料。在國民教育中，地理是學校裏一門重要課目，因爲一個現代公民，必須對世界的和中國的地理事實有基本的認識。作爲一個特殊部門的工作者，更需要對那一部門的特殊地理知識，有比較深入的了解，如經濟建設工作者便需學習經濟地理。

不幸舊中國的地理學被統治階級所囚禁，和人民羣衆隔離了。少數地理學者在大學裏，在研究所裏，執洋教條，寫專門論文，完全不考慮人民實際需要。下焉者寫反動的政論，取悅權貴，博取名利，其結果害了人民，也害了自己！人民羣衆中所流行並被歡迎的地理作品，却並非來自受過專門訓練的地理學者，而是出於進步作家的手筆。

人民革命的巨大浪潮，推翻了舊中國，解放了地理學。「接着經濟建設的高潮，不可避免的是文化建設的高潮」。地理工作展開了空前廣闊的前途。地理學者都要前進也必須前進。他們開始拋棄個人主義和教條主義的老想法，虛心誠意地學習着，想爲人民做工作，建立人民的地理學。

這冊小小的簡陋的刊物，就是南京地理工作者，改造自己爲人民服務的願望的具體表現。

首先，這刊物將爲中學地理教師們服務，刊載一定分量的地理教材，以補救目前缺少完善地理教科書的困難。將來條件具備時，進一步的編輯教科書。

其次，這刊物將爲各級幹部們、大中學生們服務，忠實地報導新鮮的人民需要的地理新聞，和必須具備的地理知識。

第三，這刊物也是有興趣於地理學和已經及準備做地理工作者的共同學習園地。培養新地理思想，討論新時代地理工作方針，團結地理工作者，共同爲建設新中國而奮鬥。

願這刊物不斷地改進內容，堅持羣衆路綫，由簡陋走向充實，由少數人的撫育取得廣大人民的支持。祝人民地理學建設的迅速勝利成功！

《地理知识》创刊号

后，主动写信来找我们联系，愿意出资承印，扩大发行。这就解决了《地理知识》长期出版的大问题。

《地理知识》的沿革

从第二期起，《地理知识》改由上海亚光舆地学社（后为地图出版社）出资印刷出版。从 1951 年 7 月起，《地理知识》又改为北京开明书店印刷出版，1953 年由开明书店改名后的中国青年出版社出版。从 1954 年 1 月起，《地理知识》改由科联（即“中华全国自然科学专门协会联合会”）出版。同年 10 月开始，又改由科学出版社出版。《地理知识》原来由中国科学工作者协会负责，1950 年科协在全国性科学团体合并时宣告结束，《地理知识》改由中国地理学会负责。《地理知识》创刊时共 8 页，1957 年开始稳定在 48 页，到 1998 年全面改版时增至 84 页。2000 年改名为《中国国家地理》，做了多方面的改革，杂志的发行量不断扩大，成为国内外具有很高知名度的刊物。

由于《地理知识》是月刊，为了商量组稿、审稿等问题，我们每个月都要到主编李旭旦先生家里，开一两次编委会。那时候也没有明确的编委会名单，但是参与办刊的新老积极分子都参加了。大家在一起讨论下期题目，分头突击写稿，为的是满足这个刊物定期、准时出刊的需要。从第三期开始，外来的投稿逐渐增加。从第二卷第一期起，刊物的篇幅就扩充到 20 多面 5 万多字了。第四卷第一期开始，更是扩充到 30 多面 8 万多字。

我们那时都是兼职编辑这个刊物，后来编辑任务越来越重，迫切需要专职的编辑人员。从投稿的作者中，我们发现

程鸿

了复旦大学地理专业毕业的程鸿。他当时在武汉市委宣传部工作，也是一位共产党员。于是我们通过南京市委发函商调，当时正赶上中央号召专业人员技术归队，所以很快得到武汉市委的同意。程鸿在 1952 年 7 月到了南京，接替了我的地理所所务秘书和《地理知识》编辑两个任务。

受到徐特立表扬

出版了三四期以后，我们接到了中共中央办公厅的来信，赞扬这个刊物办得好，并索要已经出版的各期刊物，这对《地理知识》是个很大的鼓励。后来我才知道，是当时担任中共中央宣传部副部长的徐特立同志的意见。后来徐老和我当面谈过，他说《地理知识》显示了中国地理学界热忱要求进步、改革的愿望。

泄密事件

当时全国的科普刊物很少，《地理知识》又是月刊，信息传递较快，所以吸引了大批的读者。另外，建国初期多数中学地理教师没有受过专业训练，这个刊物也深受广大教师的欢迎。所以《地理知识》的发行量越来越大，从最初的六百份，到 50 年代中期的四五万份。

1955 年出版的《地理知识》的第五卷第五期，被定为宣传新中国工业地理发展的专辑。为此，负责编辑的程鸿同志从当时各大区组织了几篇文章，他编辑好了以后，就送到北京准备交付印刷出版。当时自然科学专门学会联合会的有关同志看到稿件后，就指出工业地理文章要注意有没有泄密的问题，请地理学会严格把关。

我当时临时代理地理学会书记，也就是现在的秘书长，这个责任自然就落到了我的身上。我并不了解保密规定和界限，看了稿件后，认为绝大部分资料是报刊上发表过的。因为这个刊物要经过邮局发行，不能延误，我没有进一步请示就决定印刷出版了。哪知道刊物印出来以后，很快就被国家计委发现，紧急通知要求将发出的刊物全部追回。这时得知已经有少量刊物流入外国驻华使馆，由此就形成了重大事件。

党内严重警告

科学院党委组织专门力量查究此事。我和李文彦等很多人，一份一份报纸去翻阅，查找文章中可能涉及的秘密资料的来源，结果发现除一两处外，绝大多数资料都出自报刊中公布过的资料。但是国家计委有关领导认为："虽然个别内容不算泄密，但经过综合整理，全面暴露，仍为泄密。"按照规定，科学院党组应该给我撤销党内职务的处分，但我当时虽然是党员，却没有党内职务，所以就改成了党内严重警告处分。程鸿同志受到了更严格的审查和留党察看处分。文章的作者，如果没有历史问题，处分就比较轻，有历史问题的作者处分就比较重。

《地理知识》泄密的问题，闹了三个多月。在1955年7月出版的五、六月号的编者话中，留下了这样一句话："本刊五月号因故未能发行，不得不将五、六月号合刊出版。"

泄密事件后，《地理知识》编辑工作仍由程鸿担任，但是有相当长的一段时间，没有人敢写，也没有地方发表反映新中国工业地理的文章。中央宣传部科学处发过一个内部通知：要求吸取《地理知识》泄密事件的教训，鼓励地理学者多从事农业地理的研究，少涉及工业地理的问题。《地理知识》选稿内容，当然按照这个方针办理。事隔多年，用现在的眼光看，我觉得对中国地理学的发展还是有相当的负面影响。我也曾经听程鸿讲，武衡①说过"当时的处理方式不合适"。

1957年的反右运动中，李旭旦教授被错划为右派，不能继续担任《地理知识》主编了。1958年地理所的主体从南京迁到北京，成立了包括《地理学报》和《地理知识》的编辑部。大概由高泳源接替程鸿担任《地理知识》的编辑工作。那时候《地理知识》仍然沿着过去决定的方向发展。这以后我到兰州工作了，1961年以后的变动情况就不大清楚了。

这个刊物的名称经历了多次的变更。在1961年刊物整顿中，《地理知识》和《地理学报》合并，出版了中级性刊物《地理》双月刊，后来又在1966年恢复了《地理知识》，结果才出两期，就在7月份停刊了，直到1972年才复刊，2000年又改为《中国国家地理》。

《地理知识》改名为《中国国家地理》

《地理知识》的刊名是由我提议的，我是模仿社会上已经有的一个刊物《世界知识》的名称。《地理知识》改名为《中国国家地理》时，我确实感觉有些遗憾，还曾打电话问吴传钧，看有没有希望保留住《地理知识》的刊名。他说："看来大势已定，更名也自然有它的道理。"现在看来，创办《中国国家地理》杂志的年青一代地理学家，确实有他们的考虑和努力。改版以后读者面扩大了，内容生动，印刷也很精美，所以发行量也猛增到数十万份。而且还有供台湾和海外华人阅读的繁体版和供日本人阅读的日文版，这些都创造

① 武衡（1914—1999），中国科学院院士。1934年考入清华大学地质系，1936年加入中国共产党。先后任中共中央青年委员会处长、延安中山图书馆主任、嫩江省工业厅厅长等职。1949年后任东北科学研究所所长、中国科学院东北分院秘书长、中国科学院党组成员和副秘书长、中国科学院党组副书记、国家科委常务副主任和党组副书记等职。

了中国地理书刊的新纪录，我自然十分高兴。

这个杂志虽然改名了，但我对它仍然十分关心。我曾多次和我的学生说："如果这个杂志向你约稿，你一定要写，一定要支持这个刊物。"2005 年，我还参加了《中国国家地理》五十五周年纪念活动。2006 年 6 月，我也曾到杂志社参观。

我希望这本杂志能够在内容丰富的基础上更上一层楼，在"精"字上狠下工夫，做到文章的科学性、创新性与文字图表的优美性都很出色。这就回到了《地理知识》创刊中的一句话："接着经济建设的高潮，不可避免的是文化建设的高潮。"我想，再用五到十年的时间，能把这个杂志的发行量扩大到一百万份，这样就和我们十三亿人口的大国地位相匹配了。

编撰《中华地理志》

陪同苏联专家沙依奇柯夫

1952 年秋天，科学院要我到北京，负责陪同苏联科学院来华地理学家沙依奇柯夫。当时陪同苏联专家是一项重要的工作，而重要的工作都是要求党员去做。

沙依奇柯夫是苏联科学院地理研究所的副所长，主要进行国家地理研究，出版过一本讲朝鲜半岛地理的书。他希望写一本有关中国的国家地理著作，他就是为这件事来的。沙依奇柯夫年纪不大，那时四十来岁，科学院为他配备了一个姓刘的翻译，这个翻译是个混血儿，俄语讲得非常好。沙依奇柯夫刚到北京时，科学院的车子很紧张。范文澜有个专车，我们还是向他借的小车。在北京的时候，竺老还陪同他上了一次长城。

我陪沙依奇柯夫在北戴河、天津、济南、南京、上海、杭州、绍兴等地，一共考察了三个多月。主要是为他搜集华东区域地理的资料，观察自然和人文景观。他对徐霞客很有兴趣，路上常让我给他讲徐霞客的事情。

那时候在中国一听是苏联专家，都很重视，各地招待的规格很高。我们到上海时，上海市常务副市长潘汉年亲自接见了他，并请他看杂技表演。当时我国地理学界也渴望知道苏联地理学家的观点，他来到中国以后很多人都向他请教。我记得有人问他："地理学的综合人才怎么培养?"他说："大学里培养不起来，要在工作岗位上培养。"他宣传要搞国家地理，内容要有自然，也有人文。他在各处的谈话我都记录下来，后来写过一篇文章，发表在《地理知识》和《科学通报》上。

中间我约请孙敬之一起陪同考察淮河到浙江一段路程。到了浙江，沙依奇柯夫没见过南方的景观，对那里的水牛耕田特别感兴趣，拍了很多照片。孙敬之有些看不惯，说他怎么总是看中国落后的一面。

沙依奇柯夫来中国的时候，带来了苏联科学院院长涅斯米扬诺夫给科学院院长郭沫若的信，建议苏联科学院和中国科学院合作编撰《中华地理志》。他本人也积极建议中苏应该合作搞这项工作，但是他回苏联以后，再也没有和我们联系过。我们后来去苏联参加地理学会议，也没见到他。

科学院的领导对苏联科学院提出联合编撰《中华地理志》的建议很重视。8月初，院长会议讨论同意开展这项工作。竺老就同周立三先生和我商量，作了初步的计划。这个计划在这一年 10 月得到政务院文化教育委员会的批准后，竺老召集了近 20 位院内外地理学家参加座谈会，拟出中苏合作编撰《中华地理志》的方案，并在 11 月由院长会议讨论通过。会议决定由竺老担任总编辑，自然地理与经济地理两册分别由罗开富和孙敬之主编，我作为秘书负责业务组织工作，并主要负责地形部分的编写任务。

罗开富负责自然地理册。孙敬之负责经济地理册

其实早在 1953 年 3 月，我就因为要参加《中华地理志》的编撰工作，正式调到北京，并被晋升为副研究员。这一年，我还和陈述彭等人到南方去作地貌区划调查。我们经山东穿过大别山，到达武汉。在那里与周廷儒会合，又经过湘西到了北海，最后从广州回到北京。

还是来谈《中华地理志》的工作。这项工作主要分为两大部分。经济地理方面，孙敬之从人民大学调了几个人。我最初提出调吴传钧、周立三等先生过去工作，但孙敬之不同意，认为他们的政治背景不好，周立三先生解放前曾是国民党员。我觉得孙敬之在这方面缺少团结人的雅量。后来地理所的邓静中、李文彦调了过去。自然地理方面，由罗开富领导地貌、气候、水文、土壤地理、植物地理、动物地理，并都配备了专门人员。

我们初步拟定用三年的时间，完成两册共一百万字的编撰任务。并且马上开始调配干部、落实协作和拟定具体实施步骤。到了年底，我们拟出了一个编写大纲。这个大纲曾经在中国地理学会第一次代表大会上讨论过。但是后来苏联方面对这项工作一直没有落实。院领导认为，编撰《中华地理志》也是我们的需要，即使苏联学者不参加，我们也应该继

续工作。于是在1953年初，正式成立了《中华地理志》编辑部，并以编辑部为主体设立了地理所北京工作站。工作站最初设在东四附近干面胡同的一所房子内办公，因为房子太小，过了一段时间，大概是在1954年，编辑部搬到了中关村刚建好的一个二层小楼内。

因为《中华地理志》编辑工作有好几个单位的人员参加，所以行政上就称为地理所北京工作站。这个工作站作为地理所驻京的一个工作单位，负责有关的业务组织和行政管理，由郭敬辉担任站长。郭敬辉原来在河北工作，也是共产党员。我原来希望加强地理所中党的力量，提出请他担任所领导，但院里审查后认为他不适合当所里党的领导，就决定让他担任北京工作站的主任。大约在1957年，工作站又迁入新建的生物楼，就是后来的动物所办公。直到1958年地理所从南京迁到北京后，工作站才不再担负行政职能。60年代搞自然区划时，地理所又迁到了北郊917大楼。

中国地理学会的重组

解放前，我国地理学界有两个全国性的学会组织：一个是1909年张相文[①]在北京组织的中国地学会，另一个是1934年由翁文灏、竺可桢、张其昀发起，在南京组织成立的中国地理学会。

---

① 张相文（1866—1933），1899年入上海南洋公学专攻史地，后转该校教习。1907年任天津北洋女子师范学堂堂长，出版《地文学》。与张伯苓、吴鼎昌等创办中国地学会，任会长。1920年起从事佛学研究。

两会合并

解放后，两个学会的理事商议，合并为一个学会，由竺可桢、黄国璋、王成组、黄秉维、徐近之、周立三等学者集会，推选黄国璋为理事长兼组织部主任，王成组为总干事，并和竺可桢三人组成地理学会常委会。但是以后的情况发生了变化，黄国璋先生因为政治历史问题被撤去理事长的职务，并与王成组先生调到西安西北大学工作。竺老有意推荐关心地理工作、在共产党中央任职的徐特立老同志任学会理事长，徐老没答应。当时在人民大学任教的经济地理学家孙敬之①先生对学会的工作比较积极。1952 年 10 月、12 月，竺老两次主持召开全国地理学会第一次会员代表大会的筹备会议，决定由孙敬之、周立三和我具体负责会议的筹备工作。

第一次代表大会

我们在了解到地理学会会员分布、各地理机构领导人员变动，特别是政治思想动态的基础上，通知各地区选出代表，报经中华全国自然科学专门学会联合会批准，在 1953 年 1 月下旬举行了中国地理学会第一次代表大会。到会的代表有 30 多人，连同来宾和列席的会员超过了 50 人。这是解放后地理学界举行的第一次全国代表大会，主要议题是地理学如何为国家经济建设服务和选举地理学会的理事会。

在会上，竺老以代理事长名义作了《中国地理学工作者当前的任务》的报告。周立三先生作了《三年来地理学工作者怎样为国家经济建设服务》的报告。在他们报告后的讨论中，铁道部、农业部、水利部、内务部、林业部、交通部等

① 孙敬之（1909—1983），经济地理学家。1933 年毕业于北京师范大学校史学系。曾在华北联合大学工作。1946 年加入中国共产党。新中国成立后，先后在中国人民大学、兰州大学、北京经济学院等处任教。

单位的代表纷纷对地理工作提出了希望和要求。大会还就大学地理教学问题，特别是专业和课程设置、教学经验、正确而不是刻板地学习苏联经验、地理师资培养等问题进行了热烈的讨论和经验交流。会上对中小学地理课本编辑问题，也进行了专门的座谈。大会对《地理学报》和《地理知识》两个刊物的编辑方针、如何提高政治水平，也提出了具体建议。最后，会议还对“地理学的性质和任务”进行了热烈讨论，虽然没有作出结论，但显然提高了认识。

这次大会决定修改会章，更广泛地吸收会员。经过较充分的协商，会上选举了17人为理事。理事会推选竺老为理事长，孙敬之为书记，侯仁之任《地理学报》总编辑，我担任副总编辑，李旭旦任《地理知识》总编辑。这次大会总的来说是承前启后，开得很团结，很有成效。《光明日报》以整版篇幅，报道了大会的内容。

我在学部工作时是双肩挑，一方面是学部副秘书，要做行政组织工作，另外一方面我还是地理所的副研究员，要从事研究工作。

第七章 学部工作

CHAPTER SEVEN

生物学地学部副学术秘书

科学院仿照苏联科学院的办法，从1954年开始着手组建学术秘书处和四个学部。学部的任务就是根据国家建设的需要和科学发展的规律，制定科学工作发展的长远规划和研究计划。将全国分散的科学力量通过学部的组织，充分运用和发挥，用以解决国家建设的重要任务。

那时候学术秘书处的秘书长是钱三强、陈康白，副秘书长是秦力生和武衡。钱秘书长还担任着近代物理研究所所长，学术组织和社会活动都很繁忙，所以学术秘书处的许多具体工作都是由秦力生和武衡负责。

学术秘书处最初有几位正式的学术秘书①。他们都是各单位的研究员，记得生物学方面是贝时璋，地学方面是张文

① 学术秘书共8人，初为贝时璋（生物）、叶渚沛（冶金）、钱伟长（力学）、张文佑（地质）、刘大年（历史）、张青莲（化学）、叶笃正（气象）和汪志华（数学），但各人参与工作的情况很不相同。

佑和叶笃正。他们都有单独的办公室，主要是参加会议，讨论方针政策等，但他们不承担实际的行政事务。时间一长，院部的事情也不多，而所里的研究任务又很重，他们就都回所去了。

院里学术秘书处成立以后，武衡找我谈话，要我调到院学术秘书处，参与学部的筹建工作。武衡是在 1949 年率领“东北人民政府工业部技术人员招聘团”① 到南京时和我认识的。武衡找我时，我正在地理所承担《中华地理志》的研究任务，所以想推辞。武衡对我说：“你每周可以用两天的时间搞研究，四天的时间到院部承担学术行政工作。”他要求我把工资关系留在地理所，党的关系转到院里，这样院里有事抓我就方便了。

我按照他的要求办了。我原计划用周六到周一的时间做学术研究，中间有个星期日假期，这样可以连续工作三天。但实际上，我的研究时间根本保证不了。院部经常是在星期一或星期六开会，一个电话过来，我就要去参加。那时候院里一个星期要开十几次会议！各个部有会议，科学院也要派人参加，比如李锐主持水利电力部水力发电会议，院里也派我去听听。参加这些会议很长知识，而且这些工作接触面大，我也认识了很多地理学界以外的科学家，但是有些会议和科学院的工作关系并不大。

我那时是副研究员，担任副学术秘书。我的工作主要是打杂，处理地学方面的杂务，对于重要学术活动，担任联络

---

① 1949 年底，中央东北局为了解决东北工矿企业、科研机构和工业院校缺乏科学技术干部的问题，派武衡组织“东北人民政府工业部技术人员招聘团”赴内地招聘人才，以解决东北工业恢复的急需问题。

或秘书工作。比如第一个五年计划开始以后，各大城市都要求科学院提供有确切依据的地震烈度。烈度数据由地球物理所地震研究专家李善邦①、傅承义②等人提出，但讨论中经常有不同意见，需要详查历史地震资料与地质构造情况。我参加过兰州、西安等地地震烈度的讨论，此外，我还多次参加了黄河水土保持与流域规划的座谈会，协助竺老起草了他参加全国水利科学实验研讨会上的讲稿。

1955 年初，院里开始起草学部成立大会上各学部主任的报告。这个报告的起草工作很多人都参与了，也多次讨论、修改、补充，我也是参加者之一。这个报告不仅讲了科学院内 20 个生物、地学单位的情况，而且覆盖了全国生物、地学发展研究情况，存在的缺点，指明了生物学、地学的基本任务，报告还提出了许多具体的任务，经过竺老最后定稿，在学部成立大会上宣读。

学部成立大会

1955 年 6 月，科学院学部召开了成立大会。开幕式在北京饭店新楼礼堂举行，有几百人参加。当时的生物学地学部分为三个组：第一组动物，第二组植物，第三组地质、地理、气象。我负责第三组的联络工作。大会期间还举办了四个展览：一是西藏科学工作展览会，二是脊椎动物化石展览会，三是考古发掘工作展览会，四是出版物展览会。

学部开会时公布了第一届学部委员的名单。学部委员的

---

① 李善邦（1902—1980），地震学家。1925 年东南大学物理系毕业。先后在中央地质调查所地震研究室、中国科学院地球物理研究所工作。

② 傅承义（1909—2000），地球物理学家，中国科学院院士。1933 年毕业于清华大学，1944 年在美国加州理工学院获地球物理学博士学位。回国后先后在北京地质学院、北京大学、中国科技大学、中国科学院地球物理研究所工作。

产生，起初阶段是以通信方式，征求推荐提名，由科学院高层领导拟定名单报中央批准的。我看到过一些科学家的推荐信，但不清楚确定人选的细节，最终名单是经过怎样的程序确定的，我就更不清楚了。学部开会时邀请了很多著名科学家参加，参加会议的科学家大多以为邀请他们来开会，就说明他们是学部委员了。但公布名单时，有些人发现学部委员中并没有他，自然会感到很失落。但是各学部主任、副主任的人选，比较早就确定下来了。生物学地学部主任是竺老，副主任有五个：生物学方面是童第周、陈凤桐，地学方面是许杰、黄汲清、尹赞勋。竺老召集过几次筹备会，讨论学部的任务和应该开展的工作。

这次大会上还选举了学部常委会。学部常委是由学部委员投票选举的。常委会大约每个月都开一两次会议，讨论的内容大多是科学院内各所的工作与任务，渐渐地院外常委参加会议的兴趣就降低了。大约在1956年秋天，又重新选举了常委。那时候裴丽生同志刚到院工作不久，他发现生物学地学部的常委名单中没有李四光先生的名字，就问我："为什么常委中没有李副院长？"我说："常委是学部委员选举产生的，选举前没有具体酝酿哪些人选入常委，但要求是委员中对学部工作比较热心，能有时间参加常委会的。李副院长兼地质部长，工作忙，学部委员开会时，他很少参加，大约因此没有被选上学部常委。"他听了以后不以为然地说："你们想问题太简单了，以李副院长的声望，选入常委会，即使不能经常来开会，但对学部工作能提出一些重要意见，对学部工作就有很大帮助。"我听他一说，顿时感到自己幼稚狭隘，为了改正这个缺点，就问："是否建议竺副院长再召集

裴丽生问为什么李四光没有被选为学部常委

一次会议，商议此事。”丽生同志说：“不忙，我先和竺老商谈以后再开会。”过了些时候，他对我说：“竺老首先提出补选李四光先生进常委事，无异议通过。”

学部处境：形式庄严，实际无钱又无权

后来学部的作用没有能够很好地发挥出来。在1957年科学院召开的学部委员会第二次全体会议上，我就谈到了当时学部的处境：形式上很庄严，实际是又无钱又无权。委员们开完会就散了，学部又没有权力，工作很难做，问题很严重。当然，学部也发挥过一些作用，比如组织召开过许多全国性的学术会议，评定科学奖金，尤其是在制定十二年远景规划中发挥了重要的作用。

在学部筹备工作期间，院里从杭州调来了过兴先[①]研究员，任命他为生物学地学部学术秘书。我在过兴先的领导下，具体负责地学方面的工作。我家搬到中关村以后，每次去院部上班要坐一个多小时的公共汽车，很耽误时间。我在学部做了几年工作后，对各种各样的会议有些厌烦了，就不太想在学部继续干了，不过那是1957年以后的事了。

黄汲清印象

我在生物学地学部工作时，周围有很多著名学者。除了竺老外，我印象深刻，也很钦佩的是学部副主任、地质学家黄汲清先生。我很早就读过他的《中国主要地质构造单位》。1954年，为进行地貌区划，还曾向他请教，他提出了很多指导性的意见。在1956年制定十二年远景规划工作时，他对石油资源勘探规划和青藏高原横断山地综合考察规划，提出了

① 过兴先（1915— ），农学家，江苏无锡人。1938年毕业于浙江大学农艺系。1945年至1946年先后入美国农业部棉花生理研究室和康奈尔大学进修。回国后曾在浙江大学、浙江农业科学研究所工作。1954年后，历任中国科学院生物学部副主任、中科院自然资源综合考察委员会研究员。

深入中肯的意见。我还记得1957年初，地学部曾经组织过新构造运动方面的会议，请他作报告。他展示了解放前在河西、新疆等地考察时的手绘图件，指点有哪几种构造运动，满座的听众都惊叹、佩服黄先生的野外观察与思考的精细和敏锐。

裴丽生印象

1956年，我们在制定十二年远景规划期间，科学院为了加强领导，从中央调来了几位高级干部，其中由张劲夫同志接替张稼夫同志担任副院长。党政领导中我印象最深刻的是裴丽生同志。他由山西省长调来当秘书长，后来担任了副院长。他当时还担任了党组副书记，并分工联系生物学地学部。我作为生物学地学部负责地学方面的副秘书，就和丽生同志有了比较多的接触。几乎每个星期，他都召集生物学地学部各所的党员负责干部开一次碰头会，传达中央和党组的重要信息和决定，讨论工作中的重要问题。大概为了了解下属的情况，他还亲自到我在中关村的住处看望我。

地理所迁到北京

丽生同志办事明确果断。那时候地理所的本部在南京，从1953年开始，因为工作发展的需要，地理所在北京设立了工作站。所中的主要领导黄秉维、李秉枢等同志也经常住在北京，他们多次要求把地理所全部迁到北京，但是因为北京房屋困难一直拖延着没有解决。丽生同志到科学院工作以后，了解到地理所的实际困难，支持竺老把地理所迁到北京的建议。1956年科学院生物楼建成了，也就是现在动物所的地址，于是把地理所和动物所一起迁了进去，工作条件得到了改善。这对地理所后来的发展有着决定性的影响。

我有一次列席参加院领导的会议，会上地质所副所长边雪风说：“地质所派出的考察队遇到很大的困难，主要是缺乏越野车辆，请院领导帮助解决。”当时参加会议的一位领导听了以后很不高兴，认为这类事太具体、太琐碎，如果都要院部解决不合适。丽生同志听了以后就说："我们来科学院工作，就是为科学服务，为科学家服务，现在地质所野外工作有困难，需要考察用车，我们就要帮助解决，不能嫌麻烦。"丽生同志的态度带动了院机关工作作风的转变，地质所野外用车也很快得到了解决。

我在学部工作时是双肩挑，一方面是学部副秘书，要做行政组织工作，另外一方面我还是地理所的副研究员，要从事研究工作。所以武衡照顾我的专长，中间允许我出去考察。那时候工作很忙，不过我还是抽出时间，到野外工作。

为二机部建厂勘查青海湖区

1955年，我接受二机部的任务，参加了青海湖的考察。那时候搞原子能研究的二机部要在青海湖边设厂，需要做些先期的考察工作。但当时我们并不清楚设厂的事，只听二机部的人说，要了解地震、水文、地质情况。经过青海省地方政府的协助，我们同当地的科学机构合作考察。青海省气象局、西宁水文站和海道测量部青海测深队等单位都参与了工作，他们或是提供资料，或是派人参加考察。另外，青海民族事务委员会还专门派了一名藏族翻译协助我们的工作。从北京去参加考察工作的，除了我之外，还有地质部的陈梦熊、水利部的李维质和中央气象局的易仕明，一共四个人。

我们考察的区域主要在青海湖南岸的湖滨平原，也到了海心山和布哈河下游。这次考察，我们对青海湖湖区的自然地理有了很多新的认识。回来以后，除了按照二机部的要求写报告外，还根据大家在野外收集的资料，由我执笔，写了《青海湖及其附近自然地理的初步认识》，发表在1958年的《地理学报》上。

参与制定十二年远景规划

学部成立以后，我的主要任务转向参与编制十二年远景规划①。这是第一次全国性的科学技术远景规划编制工作。国家从 1955 年开始制定长远规划，第一个初步拟定的是《1956—1967 年全国农业发展纲要》。为了适应计划经济的需要，科学发展也需要一个长远规划。

竺老说："想不到人民政府那样看重科学。"

1956 年 1 月中旬，周恩来总理提出：组织好全国科研机构七年内填补重要空白，十二年接近国际水平。要各学部主任向中央领导讲中国科学发展情况。1 月下旬，毛主席和其他中央领导，还有各部各省负责人都在怀仁堂听各学部主任报告。我们后来听竺老说："想不到人民政府那样看重科学。"会后中央成立了科学规划委员会，由陈毅任主任，下面设十人小组，要求各学部全力以赴，进行科学技术长远规划工作。

四项原则

规划时间长达十二年，又是全国性的，目标是赶上国际水平的科学技术规划。规划内容涉及科学研究的方方面面，是个庞大的工程。为了制定这个规划，院里曾经向我们传达了四项原则：第一点，也是最重要的一点，就是长远规划要密切配合国家建设的需要。第二，要考虑各门学科本身发展的需要。第三，要照顾到现有的设备，以及工作人员的主观能力和兴趣。第四，多参考苏联的先进经验。

①《1956—1967 年科学技术发展远景规划》，简称十二年远景规划。

我们原来计划用三个月的时间制定完成，实际上用了八个月的时间。我们确实没有经验，苏联也没有搞过这样的规划，因此需要一个摸索的过程，一个反复讨论、逐步深入的过程，所以花了很长时间。我记得国家计委主任李富春作报告时，曾提出科学远景规划要解决四个方面的问题，即填补重要空白，进行重大综合研究，经济上需要解决的问题和各企业部门需要解决的问题。他还以柴达木盆地为例，提出要开展综合性的研究，但是当时大家还是弄不清楚如何进行规划。

1956 年 1 月下旬，生物学地学部在西苑大旅社召集在北京的学部委员和高级研究人员，分成 20 多个小组提出研究项目或中心问题。到 2 月中旬，把各方面的意见汇总起来，提出了将近 200 个项目，显然太分散了。尽管竺老一个组一个组去商量、归纳，但效果不大。这时候，院外的 10 多个产业部门也提出了 1 000 多个项目。如何把各部门提出的大量项目或中心问题适当集中，编制出头绪清楚、可以实施的规划，成为一个大难题，也就成了第二个阶段的主要任务。

集中到西郊宾馆

从 2 月下旬起，范长江①等领导同志和各学部都集中到西郊宾馆工作，每个学部占了一栋楼。生物学地学部参与规划的科学家有 100 多人，我记得从外地邀请的院外科学家有李承三、朱炳海、任美锷、夏坚白、赫崇本等很多人。现在 70 岁以上的学部委员和当时从苏联、欧美学成回国的专家，

① 范长江（1909—1970），新闻学家。1936 年毕业于北京大学哲学系。1939 年加入中国共产党。曾担任新华社社长和华中新闻专科学校校长等职务。1949 年后，历任《解放日报》社社长、《人民日报》社社长、国家科委副主任等职。

基本上都参加了规划工作。在科学院担任总顾问的苏联专家拉扎连柯，始终参加规划。各所和各部门的苏联专家，也被邀请参加讨论。另外，还从苏联科学院请来了十几位院士帮助搞规划。

以任务为经，学科为纬

我们在讨论规划内容的时候，都是按照学部分工的。如何才能把分散的课题集中起来呢？为了解决国家经济建设任务对跨学科工作的要求，提出了“任务带学科”或“以任务为经，学科为纬”的方针。这就像织布一样，任务是“经”，学科是“纬”，把它们“织”在一起。这些想法被大家接受，并以此梳理各项任务，逐步在许多问题中理出了带头的项目。

补充一项学科发展规划

3 月上旬，总顾问拉扎连柯汇总各学部提出的中心问题，提出了近 50 项任务，都是从经济和国防建设需要考虑，没有包括基础学科发展问题，这就引起了部分科学家的不满。这件事汇报到周总理那，总理说：任务带学科，那些任务带不动的学科怎么办？是不是还应该补充一项发展学科的规划。所以规划又增加了一项“若干基本理论的研究”任务。

后来经过讨论和征求产业部门的意见，规划的任务又有增加，最后确定为 57 项任务。每项任务包含若干课题，指定有主要负责单位，并且都撰写了较详细的说明书。说明书详细阐明了任务和课题的要求与措施，包括建立科研机构、培养干部和国际合作等内容。为了解决任务艰巨和人力物力不足的矛盾，又从 57 项任务中选出了 12 个重点任务，以后又提出了建立处于空白、薄弱状态又紧迫需要的新兴技术的 4 项紧急措施，并在学科规划中明确重点学科与人员培养。到了 1956 年 6 月中旬，规划基本上制定了。由杜润生牵头起草规划纲要草案和科学家分工起草的任务说明书接近完成。

对地理学地位有争议

远景规划的前10项，主要为地学方面的内容。在讨论远景规划的地学内容时，不同的意见自然是有。但据我所知，激烈争论的意见并不多。地学方面比较集中的意见，就是在起草基础学科规划上，对地理学是否属于基础学科看法不一。我参加了起草地理学规划说明书工作，说明书印出时有个附言，讲到了对地理学科性质，科学家有不同意见。主要是周培源提出了否定意见，竺老明显肯定。这个不同意见实际上一直存在。后来经过钱学森的努力，把地理学的学科地位抬高了，但我觉得我们国内对地理学科的重视还是不够。其他一些国家也存在着同样的问题。比如美国，在国际问题的政策上屡遭失败，碰到了许多钉子，有人就指出这是美国人的地理学训练太差。

这些年我国地理学还是有发展，建立了不少的研究机构，规模也不小。但是不能光看规模、看人数，还要看水平。我们的地理学研究还相当落后。做哪一门学术研究都要解决实际问题，什么都不解决不行。地理学研究是一项综合性的工作，这很难从学校培养，要在实际工作中培养。另外，还要加强对地理学的学科训练。《竺可桢全集》出版时让我写序，我就写了这个问题①。对我国地理学的发展，我

①“在地理学各分支学科都得到蓬勃发展的机遇中，竺可桢关注整体地理学发展的方向……认为地理工作者的任务是研究地球外壳的结构及其组成部分的发生、发展、分布和各组成部分之间的互相制约与相互转化的过程，要结合生产实践来认识和改造自然，努力为经济建设服务。地理学是一门综合性的科学，要成为一个现代的地理学家，必须具有地貌、水文、气候、土壤、地植物、经济地理等一般知识和其中一门比较专门的知识，要善于应用其他自然科学的研究成果来武装自己。”施雅风序，《竺可桢全集》，上海科技教育出版社，2004年。

是有些遗憾的，但是我现在没有这个能力，也没有这个权力了。我不是迷恋权力，但是没有权力确实很难推动这项工作。所以我只是随便讲讲，不起作用。

这就扯远了，还是谈十二年远景规划吧。这个规划不仅影响了全国的地学研究工作，也影响了全国院校地学专业的设置。在我比较熟悉的科学院内，远景规划推动了一些地学领域新研究机构的建立。我印象深刻的有这样几件事：

新研究机构的建立与发展

把青岛海洋生物研究室扩建为海洋研究所，建制归地学部，增加了海洋物理、海洋化学、海洋地质等研究部门，购置海洋考察船，承担近海海洋考察任务。后来鉴于南海海域的特殊性，另外筹建了南海海洋所，负责南海考察。

为配合原子能事业发展的需要，地质研究所积极开展铀矿的勘察寻找工作，并建立了同位素实验室，以后这个实验室发展成为地球化学研究所。另外，在兰州建立了兰州地质研究室，主要承担石油地质研究任务，后来这个室扩大为所。

地球物理所的地震研究工作在执行远景规划期间也有了很大的发展，建立起监测全国地震的地震台站网，逐步开展高空物理研究，为以后卫星研究和上天创造条件。

地理所主持的中国自然区划研究，联合地球物理所、土壤所、植物所、动物所、地质部水文工程地质局等完成了全国综合自然规划、地貌、气候、水文、水文地质、土壤、植物和动物等多种区划，组织了国内很多同行参加工作。

地理方面还设置了广州与长春两个区域地理研究机构。1957 年还确定了在南京发展湖泊研究的任务。

土壤方面，根据水利和农业发展的需要，一次要来 100

名大学生，开展华北平原和长江中下游的土壤调查，由熊毅先生负责，席承藩先生协助，在北京组建了科学院土壤队，这个队后来并入了土壤所。

综合考察委员会

建立起综合考察委员会，组织有关研究所、高等院校和生产部门的科学技术力量，先后组建了黄河中游水土保持，新疆综合考察，华南热带生物资源，云南热带生物资源，黑龙江流域综合考察，甘肃青海综合考察，治沙，盐湖，西藏，南水北调等10多个队①，为查明我国自然资源和自然条件，加强地方建设和地方科技力量发挥了重大作用。

为增强古人类研究，古脊椎动物研究室扩大并改称为古脊椎与古人类研究所。为增强和地质矿产部门的合作，南京古生物所改名为地质古生物所，并增添了沉积研究部门。

地理所测量组迁到武汉，扩大建立为测量制图研究所，后来改名为测量与地球物理研究所。

我参与这次规划工作前后历时大半年，听高级领导报告，接触了很多科学家，伙食条件也很好，晚上安排看戏也多，真是既忙又愉快。这段时间实在太忙了，原来我计划每个星期有两天的时间在地理所从事研究工作，那时完全顾不上了，承担的《地理学报》常务副主编的任务也受影响。我向竺老请求辞去自然区划委员会兼职秘书和《地

① 中国科学院在20世纪50年代组建的大型考察队共有11个：西藏工作队（1951—1954），黄河中游水土保持综合考察队（1953—1958），云南热带生物资源综合考察队（1953—1962），土壤调查队（1956—1960），黑龙江流域综合考察队（1956—1960），新疆综合考察队（1956—1960），华南热带生物资源综合考察队（1957—1962），盐湖科学调查队（1957—1960），青海甘肃综合考察队（1958—1960），治沙队（1959—1964），西部地区南水北调综合考察队（1959—1961）。

理学报》副主编的工作，竺老同意我辞去后者，但不同意辞去前者。我就提出调在南京工作的地理所副研究员沈玉昌来接替我的自然区划中的地貌区划主要负责人的工作，竺老同意了。

规划工作结束前，中宣部科学处约集各省委宣传部管科学的同志来到北京，了解科学规划要点。于光远同志要我为大家讲自然资源考察研究规划的内容。讲了以后我写了《中国自然资源考察研究》的小册子，由科学普及出版社发行。

在十二年远景规划之后，1962、1978 年还制定过科学发展远景规划。1962 年的规划工作我没有参加，1978 年的基础研究规划我参加了。两次规划都起了相当的作用，但后面的规划显然没有十二年远景规划取得的成就辉煌。主要原因可能是制定十二年规划是从无到有，领导强，花的力气大，工作深入，执行措施也有力。

编制《中国自然区划》

制定远景规划时，我参与了第一项“中国自然区划和经济区划”任务说明书的起草工作。自然区划的工作当时就确定下来，由科学院成立的自然区划工作委员会负责，以地理所为主，地球物理所、土壤所、植物所、动物所都有研究员参加。但是经济区划部分的任务，一直到规划结束也没能落实好承担单位。

为国家规划生产力合理布局提供科学依据

自然区划研究的目的，就是为国家规划生产力合理布局提供科学依据，应对国家部署农业生产具有重要的作用。早

在科学院第一个五年计划期间的11项重要的自然科学研究工作中，就有这项内容。在我谈过的编撰《中华地理志》的工作中，就由罗开富牵头，组织所内外科研人员撰写完成了《中国自然区划草案》，1956年由科学出版社出版，并由苏联学者翻译成俄文出版。

十二年远景规划开始实施后，自然区划的工作首先启动了。院里决定将《中华地理志》自然地理方面的工作改为自然区划。我们在《中华地理志》自然地理部分已开展的气候、地貌、水文、土壤、植物、动物6种专业区域工作基础上，重新制定了计划，扩大了内容，并且增加了人力。比如，调沈玉昌先生来北京主持地貌区划。当时还决定整个区划工作要以综合自然区划为核心，推定黄秉维先生负责，专业区划中增加昆虫区划为动物区划组成部分。

1955年12月，院务常务会议讨论了生物学地学部提出的《中国自然区划工作进行方案》，同意组织“中国科学院自然区划工作委员会”，竺可桢为主任委员，涂长望、黄秉维为副主任委员，委员有地理、地质、气象、土壤、动物、植物等学科领域的专家，以及国家计委、农业部、林业部、水利部、地质部的代表。侯学煜①和我被任命为学术秘书。另外，科学院还通过苏联科学院推荐，从莫斯科大学请来萨莫依洛夫教授担任顾问。参与这个委员会的机构主要有科学院的地理所、地球物理所、土壤所、植物所、动物所、昆虫所，还有地质部的水文地质与工程地质研究所，另外也有其

---

① 侯学煜（1912—1991），植物学家，中国科学院院士。1937年毕业于中央大学农化系，1949年获美国宾夕法尼亚州立大学博士学位。先后在中央地质调查所、中国科学院植物研究所工作。

他单位参加。

编制全国自然区划是一项大工程，我们在编写的过程中遇到了一些困难。首先是参加工作的人员都很忙，不能保证足够的工作时间①，另外就是缺乏工作经验。综合自然区划要体现为农业服务宗旨，内容复杂，国内没有做过。要设计出一套前所未有的区划方案十分困难。在各种专业区划工作安排好分头负责进行后，竺老、黄先生等人就集中考虑综合区划方案，他们和萨莫依洛夫顾问、秘书兼翻译李恒等以及临时来京参加的马溶之、文振旺先生等都在生物楼一层办公。

竺老亲自抓，确定原则和步骤

我们原来希望借助于苏联的经验，萨莫依洛夫教授也很热情，给苏联的多位学者写信，要材料、作介绍。结果我们发现，苏联并没有现成的先例，萨教授的专长是河口学，自然也拿不出方案。我们只好自力更生，自定方案。竺老虽然很忙，但是每周一定会有一天来生物楼工作，这些会议他每次都参加。他来主持会议，问题讨论之后，主要还是由他决定。几个月中，我们开了很多次会讨论，听取各方面的意见。最后确定的原则和步骤，是将全国先分东部季风区、蒙新高原区与青藏高原区三大部分。主要遵循地带性原则，先按温度，其次按水分条件，再次按地形三级划分区域，根据

① 据《竺可桢日记》1958 年 1 月 14 日记载："和裴秘书长、黄秉维、施雅风等谈中国自然区划紧急措施。因与苏联科学院讨论，七八月间将有专家来讨论，所以在 4 月前必须写好各自然区划初稿，现惟气候有把握，昆虫已写好。植物、土壤地貌、水文和综合统有问题，必须脱产集中搞 6 星期。结果要写信与刘慎谔、马溶之，于 2 月底 3 月初来京做 6 星期工作。此外，沈玉昌、施雅风、侯学煜也要抽出时间。"《竺可桢日记》第 4 卷，科学出版社，1989 年，第 141 页。

气候、土壤、植被资料进行区划工作。

原则确定下来了，但是具体的界线如何确定？相应的分界指标如何选择？这方面又因为资料不足，意见分歧，困难很大。其中讨论的焦点是亚热带范围问题，当时苏联几种权威性著作都把我国部分的亚热带北界划到了东北的中部，包括内蒙古和新疆大部，南界在福建北部与江西、湖南的南部。这种观点对我国有很大的影响，在讨论中，许多学者持不同看法，为此竺老专门撰写了《中国的亚热带》一文，发表在 1958 年的《科学通报》上。规定亚热带积温指标为 4 500～8 000℃，最冷月 2～16℃，有多种标志性的亚热带植物，如樟、茶、马尾松、柏、杉、油菜、油桐、柑橘、毛竹等。根据这个标准，亚热带的北界应该划在淮河、秦岭一线，南界穿越台湾中部与雷州半岛南部。对亚热带与热带的界线，国内学者的意见也有很大分歧。黄秉维先生踌躇再三，认为广州应列入亚热带，但也有一定热带性。于是在区划方案中，把亚热带进一步划分出北亚热带（落叶阔叶林与常绿阔叶林—黄棕壤与黄褐土地带）、中亚热带（常绿阔叶林—红壤与黄壤地带）与南亚热带（常绿阔叶林—砖红壤化红壤与黄壤地带）。事隔多年，现在回想起来，由于高校教学的需要，曾经产生过几种自然区划方案，但是比较起来，从理论的周密和实践的广泛应用来看，以黄先生为主提出的方案仍然为首选。

亚热带的界线

根据这些研究成果，1959 年底出版了《中国综合自然区划》、《中国地貌区划》等 8 种 9 册区划说明书，将近 300 万字。遗憾的是，这些成果是以初稿形式内部发行，读者面受到限制，而且这些区划的篇幅很大，要想全部阅读也比较困难，所以这些成果的效益就相对小了。如果当时能够及时再写一个篇幅较小的简明普及本，大量发行，就能让更多的人利用，那就更好了。

我在自然区划工作中，主要从事中国地貌区划的编写工作。在沈玉昌先生的领导下，我分工研究撰写了中国地貌形成的构造条件，外营力的多种特征和综合分区，并参与编制了1∶400万的地貌图、区划图和华北、西北及四川地貌说明书。这些成果都纳入了沈玉昌主编、1959年由科学出版社出版的《中国地貌区划》一书中。

除了研究工作外，我还担任了自然区划工作委员会的秘书。但实际上我只干到1958年下半年，以后就全力转入祁连山冰川考察，离开了区划工作。

苏联专家

赴苏联参加地理学会议

1955年2月，我和孙敬之一起参加了苏联地理学会第二次会员代表大会。苏联科学院邀请中国科学院派人参加，院里让孙敬之和我去。这次会议连同代表和列席的来宾，有1 000多人。国外代表有20多人，主要来自中国、德意志民主共和国、波兰、捷克、匈牙利、罗马尼亚、保加利亚、朝鲜、蒙古、阿尔巴尼亚等社会主义国家。

这次会议完全是苏联方面招待的，接待我们的苏联人还会讲汉语。苏联地理学会和中国的不太一样，参加会议的代表很多不是地理学家，是军人，我们国家是不会有军人参加地理学会的。这次会议因为有军人参加，场面很大，接待的规格也很高。

孙敬之在大会上作了《中国地理学发展概述》的报告，受到了与会者的热烈欢迎。大会上作的学术报告，绝大部分是苏联地理学家根据国家需要进行的重大考察工作，或是在总结大量资料基础上进行的综合性研究工作。苏联地理考察广泛发展的结果，是苏联地图上的“空白点”迅速消除了。这种“空白点”的消除，不仅仅是发现了许多新的山脉、冰川和岛屿，各种专门地图，像地貌图、地质图、土壤图、地植物图和其他地理图集都编出来了。在广泛考察的基础上，地理学的各个部门也取得了很大的成绩。

地理学的学科体系问题

还有一点对我们启发较大的，就是关于地理学的学科体系问题。苏联地理学者把地理学分为两个部分，一部分是研究自然现象的自然地理学，另一个部分是研究社会经济现象的经济地理学，包括人口地理学。这两个部分又各有研究一般规律的“普通地理”和研究特定地区的“区域地理”。

会后我们参观了苏联科学院地理所和莫斯科大学地理系，还到列宁格勒参观冬宫和地理研究机构。

在学部工作期间，我接触过不少苏联专家。

院长顾问柯夫达

1954年，我和熊毅、侯学煜等三四位学者被安排陪同科学院院长顾问、苏联科学院通讯院士、著名土壤学家柯夫达（V. A. Kovda）。他要考察河北和山东沿海地区，主要是为了考察盐碱土，了解盐碱土界限和地下水位的关系。我们主要去了唐山、济南，以及黄河下游地区。柯夫达是土壤学家，但是他知识面很宽，地貌、气候……各个方面的知识都很丰富。这次去了两个多星期。他收集了不少资料，对如何改良盐碱土提出了很多建议。记得在济南开座谈会，省里的领导提了一些问题。提的问题我已记不得了，但我记得柯夫达的回答，省里领导很满意。和他走了一圈，我也学到了很多知识。

柯夫达人也很好，对人很和善客气。他考察回来以后，曾建议科学院多派一些高级研究人员到地方去，这样可以为地方解决不少问题。柯夫达在科学院工作期间提出过很多很好的建议，比如周口店猿人纪念会就是他建议召开的。

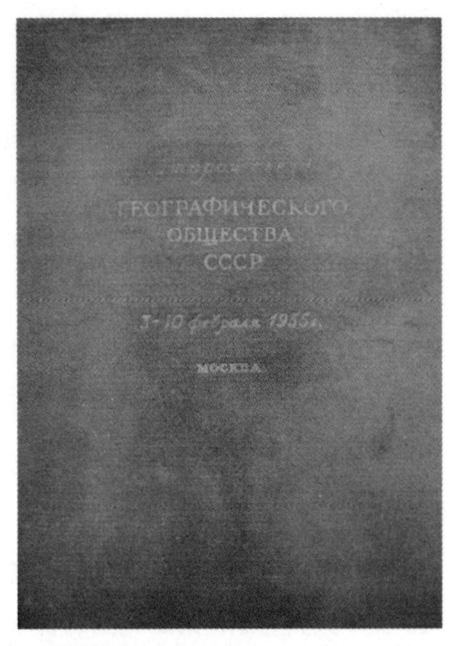

施雅风参加苏联会议的记录本

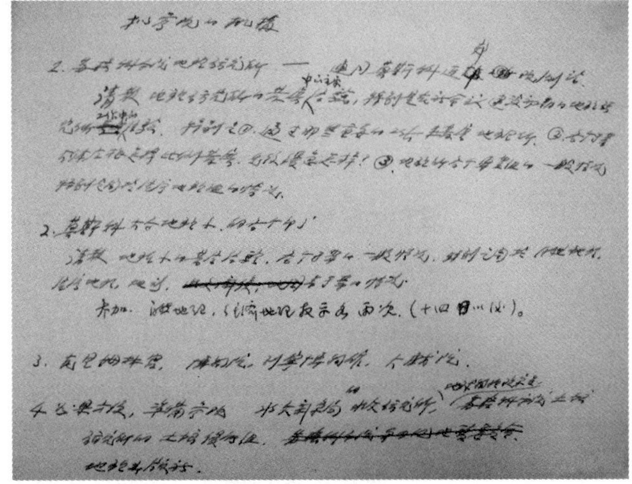

这期间，我接触的另一位苏联专家是苏联科学院地理所所长格拉西莫夫。1956年5月，他来华访问。我和黄秉维所长曾陪同他到野外考察了一天。他也是研究土壤地理的，但是对选中的土壤剖面，不是像一般土壤学家全剖面采样，而只是选剖面中几个核心部分采样。他

格拉西莫夫

曾在北京作过《戈壁荒漠》的学术报告，在外地还走过不少地方。记得他对广州中山大学地理系的青年学者李进贤（现名黄进）的一篇技术性文章很欣赏，到北京以后告诉过我们。

莫扎也夫

1956年11月，苏联科学院地理研究所副所长莫扎也夫和阿尔曼德教授到地理所参观访问。莫扎也夫是苏联著名自然地理学家，写过一本综合性的蒙古人民共和国自然地理，水平较高。担任过苏联科学院地理所副所长。1956年冬，作为中苏合作新疆综合考察苏方团长来华，我曾陪他去新疆半个月。

那时我也没去过新疆。我们从北京乘飞机到新疆要飞两天。第一天到兰州，第二天到乌鲁木齐。他去新疆时，只带了些野外考察时穿的衣服。没想到新疆方面邀请他参加宴会，他很尴尬，说是早知道这样，就应该带一身正式些的服装。在新疆期间，我们去了吐鲁番、石河子和天山山地。他很热情，指点我认识荒漠与非荒漠的区别。我记得县上的人接待我们吃哈密瓜。那是我第一次体会到“早穿皮袄午穿纱，围着火炉吃西瓜”的滋味。屋里都生着炉子，哈密瓜是从地窖里拿出来的，很凉也很甜。我们在新疆考察时，有个维吾尔族的副厅长陪着我们，他告诉我们，喝些马奶子，在野外工作就会有劲了。那还是我第一次喝马奶子，味道不错。

莫扎也夫到新疆，主要是为了商定苏联方面要来哪些专家参加那里的考察工作。后来苏联方面来了五六个专家①，

---

① 1957—1959年，苏联科学院先后派出十几名苏联专家参与新疆考察。仅1959年一年，苏联就派遣了土壤专业的学者6人，另外还有自然地理、地貌、植物、水文、地质等专业各1人。

有地貌学家、水文地理学家。在中苏关系恶化时，莫扎也夫仍然对中国人很友好。

阿尔曼德

阿尔曼德是侧重于地貌研究的自然地理学家，是苏联科学院地理所高级研究员。我曾读过他的几篇文章，并引用过他的观点作为地貌区划的理论依据。他 1956 年来华，主要是为中苏合作考察黄土高原的事。我曾经陪同他们访问过南京地理所。想必我陪同的这些苏联专家在各处参观时都作了报告，但报告的内容我已经忘记了。

我当时就在想，祁连山有那么好的冰川水源，西北却有大片寸草不长的戈壁和干旱的荒漠，应该把冰川水很好地利用起来。

我们利用航空相片，估算了冰川的面积，再根据道尔古辛提出的冰川厚度，估算出这条冰川的含水量竟有两个北京十三陵水库那么大，真是一个令人振奋的固体淡水水库！

第八章 开创中国冰川事业

CHAPTER EIGHT

组建冰川考察队

十二年远景规划制定以后，我承担了地貌区划的研究任务。为此，我们计划在西北作比较广泛的考察。1957 年 6 月，我和郑本兴①、唐邦兴②两位年轻同事离开北京去兰州，和我们一同坐火车去的还有谢家荣和尹赞勋两位老先生③。到兰州以后，科学院兰州分院的同志接待了我们，并安排我们参加兰州地质室主任陈庆宣④率领的祁连山西段地质考察

---

① 郑本兴（1937— ），冰川地貌学家。1956 年毕业于南京大学。后任职于中国科学院兰州寒区旱区环境与工程研究所。

② 唐邦兴（1933— ），地理学家。1956 年毕业于南京大学地理系。毕业后在中国科学院地理研究所、中国科学院成都地理研究所工作。

③ 谢家荣自 6 月 18 日至 8 月底在西北地区做地质及矿产资源调查（张立生等，《谢家荣年谱》，《院史资料与研究》2006 年第 3 期）；尹赞勋自 6 月 18 日至 8 月上旬在祁连山区调查地层（尹赞勋：《往事漫忆》。海洋出版社，1998 年，第 95 页）。

④ 陈庆宣（1916—2005），地质学家。1941 年毕业于西南联大地学系，先后在资源委员会矿产测勘处、中央研究院地质研究所工作。1949 年以后在中国科学院地质研究所、地质部地质力学研究所工作。

队。考察队计划经甘肃河西走廊，并翻越祁连山西段进入青海柴达木盆地。

那时候我们对西北的情况不太清楚。考察中先后穿越了马鬃山干旱剥蚀丘陵地区，祁连山西段肃北至鱼卡间平行高山和宽谷区，以及柴达木盐沼盆地三个完全不同的自然区。这种明显的地带性变化大大激发了我对西北的兴趣。

登马厂冰川

经过党河谷地时，我看到前面有个雪山，就和郑本兴、唐邦兴二人，还有一名蒙古族警卫，骑着马和骆驼离开地质队，直奔雪山而去。起初我以为当天就可以到达雪山脚下，甚至设想着当天就可以回来了。哪里知道，我们走了一天还没靠近雪山。那时天已经黑下来，不能继续走了，于是我们就找了个蒙古包住下来。第二天上午我们赶到雪山脚下，开始爬山，沿着溪沟乱石往上爬，直到下午 5 点多，我们才登上了党河南山北坡马厂雪山的一个小冰川，并一直登到海拔 4 500米高度的冰川边缘。

我们走走，摸摸，看看，尝尝。起初看到的雪是黄色的，其实并不是雪黄，而是沙尘把它染黄了。再往上走，就看见了米粒般的粒雪和晶莹的冰川冰。看着洁白晶莹的冰雪，大家还真有些爱不释手。可惜时间不允许久留，我们只停留了 1 小时左右，就已经到下午 6 点了，于是不得不启程返回。等到达山下的蒙古包时，已经是深夜 12 点了。

南北坡的强烈对比引发研究冰川的兴趣

我当时就在想，祁连山有那么好的冰川水源，西北却有大片寸草不长的戈壁和干旱的荒漠，应该把冰川水很好地利用起来。考察中我还发现，山北坡有冰川，水源充足、牧草丰盛，牛羊成群。山南坡没有冰川，考察队连做饭取水的地方都找不到。南北坡的强烈对比，引发了我进一步研究冰川和干旱区水源的兴趣。

结束大西北的地貌考察回到北京以后，我向科学院领导详细汇报了考察经过。我认为科学院应该开始冰川研究，并建议科学院组织专门的冰川考察队开展冰川考察，尽快填补这个学术空白领域。竺老和裴秘书长都很重视，很快就批准了我的建议，并指定我负责组建冰川考察队。

罗开富说要“屁股平等”

这中间还有个插曲。1957 年我们结束西北考察工作，回到北京时，反右运动已经达到高潮了。罗开富先生被划为右派，只是因为他说了句俏皮话。他提出要“屁股平等”，说领导坐的椅子和老百姓坐的椅子不一样，应该平等。我们回到北京时正赶上地理所在批判他，我接受了一个任务：要我发言，批判罗开富。我就在会上批判了他解放前夕把中国地理所迁到广州的事情。现在想想，当时不应该那样批判他。罗先生是个老实人，只知道踏踏实实地做学问，没有什么政治头脑，而且解放前他把地理所迁到广州，也是执行所长林超的命令，这个事情不能怪他。

“大跃进”年代：向冰川要水

拜“大跃进”之赐

1958 年上半年，正赶上“大跃进”。这场运动给国家带来了深重的灾难，但是“大跃进”中形成的破除迷信、解放思想，争分夺秒的冲天干劲和火热豪情，为我们克服困难创造了很好的条件。所以我常说：我们开展冰川考察的成功，是拜“大跃进”之赐。记得在科学院的一次“跃进”大会上，地球物理所的同志提出了开发高山冰雪、改变西北干旱的口号，这被定为考察队当年的任务。

6 月初，我和朱岗昆[1]、高由禧[2]等由北京地球物理所、地理所派出的几位同志从北京出发，奔赴兰州。我们原来计划在科学院已经成立的青海甘肃综合考察队中，建立一支冰川分队，用三年的时间进行祁连山冰川考察，了解开发高山冰川水源的可能性。

张仲良口气很大

我们一到兰州，兰州分院副院长刘允中就带着我们去拜访甘肃省委第一书记张仲良。张书记话不多，但口气很大。他向我们介绍：河东主要靠引洮河水灌溉农田，河西则要依靠冰川融水。他问我们："你们搞冰川考察，能不能用半年的时间，基本查清祁连山冰川资源的分布和数量，为以后大规模开展冰雪融化，增加河西灌溉水源创造条件？"我们回答说，打算用三年的时间查清这一带的冰川情况。但他说："三年太慢了！"接着说："假如你们能够半年完成任务，你们要什么条件我们提供什么条件！"刘允中副院长听了以后对我说："施雅风，就看你了。你明天就把计划拿出来。"这是一项突如其来、非常艰巨的任务，我听了以后，一个晚上都没睡觉。

当时我的思想很矛盾。我过去没怎么考察过冰川，只有 1957 年登上马厂冰川的经验，而且我也缺乏起码的冰川学科训练。我在浙大学习时，从普通地质学和地形学课程上了解

① 朱岗昆（1916— ），地球物理学、气象学家。1941 年毕业于中央大学地学系，1949 年获英国牛津大学哲学博士，回国后在中国科学院地球物理研究所工作。

② 高由禧（1920— ），气象学家，中国科学院院士。1944 年毕业于中央大学地学系，毕业后在中央研究院气象研究所工作。1949 年后，在中国科学院地球物理研究所、兰州地球物理研究所工作。

到冰川是一种不同于河流的特殊营力。冰川的侵蚀地貌、搬运作用及冰川沉积物和河流作用差别很大，在冰期时冰川分布范围很广。教科书引用了很多欧洲和北美洲的例子和冰期名称，而且教科书上的材料十分有限。那时候在中国，也只有关于中国东部冰川遗迹的几篇文章。比如李四光先生曾经写过几篇这方面的文章，他在一篇文章中指出：在贵阳也找到了冰川遗迹。但是我们浙大的师生在贵州北部遵义附近做地质、地貌调查中，没有发现任何冰川的遗迹。我到中国地理研究所工作以后，也接触到一些冰川理论，但当时中国地学界研究冰川的人很少，资料也不多。我担心的还不只是我个人的知识结构问题。第一支冰川考察队成立时规模很小，考察队当中也没有人在国外学习过冰川理论。

3年计划改为半年

为了解决这方面知识的欠缺，我们在北京的时候就已经向科学院建议聘请苏联冰川学家。即便如此，半年完成考察任务拿得下来拿不下来，我心里仍然没底。但我又想，这是发展中国冰川学很好的机会，当地政府十分支持，又能邀请苏联专家作业务指导，我们如果能够全力以赴地工作，是可以拿下这个任务的。

当天夜里，我就拟定了组织六个分队，分路考察祁连山冰川的计划。第二天交给刘允中，他转告了甘肃领导。第三天，甘肃省常务副省长张鹏图就约我们去谈。他把省组织部长、行政处长也叫去了。我就一件事、一件事地谈，他们原则上都同意。“大跃进”时办事的特点就是雷厉风行，效率高。我提出调人，他们就从河西六个县里调人，这些人一个礼拜就到了。我提出调汽车，结果六辆卡车和司机一个星期也到了。他们还以省委的名义，向各大学调业务领导干部。我记得南京大学来了个讲师，西北大学来了个教授，兰州大学讲师、助教和一批学生也很快都到了。我提出购置装备的要求，他们也完全同意，甘肃省政府行政处长亲自帮助采购设备，并主动提出为各分队配备通讯电台。考察冰川需要穿钉鞋，但那时没有卖钉鞋的，省政府的人就告诉我们一个土办法：当地打猎的人穿的靴子，在鞋底绑上自制的钉子，就成了钉鞋。

在电话里解决问题

野外考察的经费，由兰州分院紧急向院部要了10万元。那时候10万元很解决问题了。院里给考察队的野外待遇也很高，是按照登山队的待遇，一天4元给的。为了方便我工作，刘允中把他的办公室让给我。考察冰川需要航空相片，我在1956年搞科学规划时，认识了测绘总局的局长。我就给他打了个长途电话，他说：马上就通知西安的相关部门，让我们直接去那里取相片。这次考察的很多问题都是在电话里提出、电话里解决的，我们没有写过什么书面报告，现在是不可能这么做的。而且那时不管向哪个单位要资料，他们都会痛快地给你，从来没有提出过要钱的问题。

高山冰雪利用研究队

刘允中把我们的计划向科学院领导汇报了，院里对这事不太放心，就派裴丽生秘书长和地球物理所、地理所行政副所长来到兰州，听我们的汇报，批准了我的计划，并决定成立高山冰雪利用研究队，从青海甘肃综合考察队中独立出来。研究队由刘允中兼任队长，我和朱岗昆任副队长。我负责考察，他负责融冰化雪实验。后来，甘肃省还特地派了山丹县副县长张佩年做考察队的行政副队长，支持我们的工作。

考察队规模扩大了，各大学，甘肃水利、气象、测绘等部门及河西地区调集科技行政人员100多人在一个星期里就都来了，登山队还派来了一些人。大家互相也不认识，我们就开始给大家编队。我们一共组建了六个分队：一到五分队是考察队，每队有业务队长、行政副队长，有地貌、气候、水文、测量四个专业的人员。第六分队是融冰化雪实验队。在统一领导下，各队只用了十天时间就做好了考察的基本准备工作。

苏联专家道尔古辛

为了这次冰川考察，中国科学院特地向苏联科学院提出派遣冰川学家的请求。我们6月份离开北京的时候苏联专家还没到。我们在兰州队伍集合好没过几天，苏联冰川学家道尔古辛[①]教授就来了。他那时也就40多岁，不但在苏联境内从事过冰川考察，而且还到过南极，有着丰富的野外工作经验，身体也很好。他参加过苏联卫国战争，身上还留有子弹。

道尔古辛到甘肃以后，地方领导很重视，还专门请他作了一次报告，讲南极考察的见闻。他为人热情、和蔼。野外集训期间，队里专门为他准备了一位做西餐的师傅。但是各队分散考察以后，他就和我们吃一样的饭了。我没有听他抱怨过，也没见他有什么不适应。大概那次他酒没有喝够，但他也没说过，我们也不知道。第二年他再来时，就自己带着酒来了。我印象中他很耐渴，在野外很少看到他喝水。

1959年，道尔古辛第二次来中国工作了一个月。我陪同他再上七一冰川、老虎沟冰川，并去天山西部穿越南北木扎

① 道尔古辛（L. D. Dolguxin），冰川学家。苏联科学院地理研究所高级研究员，曾参加卫国战争、南极冰盖考察，后任莫斯科大学博物馆主任。

特冰川谷地。我们看到那里的大冰川长达 30 公里左右，冰面覆盖着石块，融水潜入冰川下流的奇异景象。

中苏关系有变，资料未让带走

道尔古辛第二次来的时候，还带来一位搞摄影测量的年轻人。这个年轻人测量的技术水平不高，测量的效果并不好。他们搞了两套测量资料，在回苏联时向我提出，想把其中一套资料带走，为的是回去制图用。我就到院里向裴丽生请示。他说不能带走，并且严肃地对我说："这是国家机密，搞不好就把你的党籍给开除了！"我那个时候还不知道中苏关系已经出了问题，所以听了以后大吃一惊，也就没敢让道尔古辛把资料带走。后来这套资料也没什么用，不知道丢到哪里去了。

道尔古辛离开中国以后，中苏关系不好了，我们很多年都没有联系。1988 年，冰川冻土所要搞三十周年庆典。那时候的所长是谢自楚，他曾经留学苏联，对苏联的科学家很熟

1988 年道尔古辛再次来华与当年一起工作的中国学者合影（左三施雅风，右二道尔古辛）

悉。30周年庆典时，他邀请道尔古辛来华访问，所以我们在30年后又见面了。那次我们特地邀请了1958年曾经一起工作过的老同事聚会，并合影留念。1989年我去苏联访问时，还特地去看了道尔古辛。那时他已经离开了苏联科学院地理所，到莫斯科大学担任一个博物馆的负责人。

还是接着谈高山冰雪利用研究队。考察队的成员大多是20多岁的年轻人，我那时也不到40岁，我们对冰川考察没有经验。要保证考察任务的完成，首先要选择一个合适的、路途较近、交通方便的冰川地点，进行考察训练，让所有人员实际掌握高山冰川的基本知识和考察技能，适应高山生活。

土达坂练兵

到哪里去练兵呢？我就多方联系，寻找合适的练兵地点。我首先想到了祁连山，就打电话到木里。他们回答说："我们这里没有看到过冰川。"于是，我又打电话到酒泉的祁连山地质队。他们说：在酒泉经玉门车站去镜铁山的公路上，看到过一座冰川雪山，离公路不远，但他们从来没有上去过。

知道这个消息后，我立刻派了体力好、有考察经验的兰州大学讲师何志超，让他乘坐队上唯一的一辆小汽车前去探察。他赶到嘉峪关南边距离那个冰川不远的一个叫做"土达坂"的制高点。在那里，他看见这条冰川斜卧在沟谷的源头，是个理想的练兵地点。于是立即赶回酒泉，打电话告诉我。我听了非常高兴，当即决定全队开赴酒泉。

考察队在酒泉休整了一天，补充食物。记得是在6月30日下午，全体队员到达了冰川融水沟口，在公路边的一块平地上宿营。我们搭建了一些帐篷，一个帐篷能住四五个人。吃饭是集中开伙。

7月1日早饭以后，所有队员都带上了水壶、干粮，拄着冰镐，沿着山沟往上走。那里的高度已经在海拔4 000米左右，走上坡路很是费劲。将近中午，迎面遇到一座高约200米的小山，拦住了我们的进路，也挡住了我们的视线，看不见冰川了。大家奋力攀登，出了一身的汗。爬上去一看，豁然开朗，我们朝思暮想了好几天的冰川，就躺在前面！

原来我们奋力攀登的小山，就是由那条冰川的沉积物堆成的小丘，是冰川的终碛。大家小心翼翼地从石块地面跨上滑溜溜的冰川表面。开始我们还不太敢走上去，先有两个胆子大一点的人走了上去，看到没有事情，大家就都上去了。我们发现厚厚的冰层表面有一层薄雪，裂缝不多，坡度也不陡，不太难走。于是大家的胆子也就大起来了，三五成群，慢慢地向冰川高处走去。这里的高度已经超过海拔4 300米了，高山缺氧，走几步就感到气喘。有些体力好、适应力强的人就走在前面。整个冰川就像银雕玉塑一般，大家越看越有兴味。

走了两三个钟头，比较多的同志就登上了海拔5 000多米的冰川最高点。在那里往南一看，阳坡没有冰川，下面是一个很大的谷地，对面还有一片山，也有冰川。我们一时摸不清冰川的厚度，就请教道尔古辛。他说："这样规模的冰川，厚度大概在100米左右。"我们利用航空相片，估算了冰川的面积，再根据道尔古辛提出的冰川厚度，估算出这条冰川的含水量竟有两个北京十三陵水库那么大，真是一个令人振奋的固体淡水水库！

从冰川上下来，大家议论着要给这条冰川起个名字。我先请教道尔古辛，他介绍了苏联冰川的命名办法：比较多的是以发现者或第一个考察者命名，例如，北乌拉尔山的一条冰川就是以他的名字命名的。也有为纪念某个支持、倡导冰

1958年考察队员第一次攀登“七一冰川”

川学术活动的单位或学者命名的，例如有苏联地理学会冰川、苏联科学院冰川等等，我们登上冰川的那一天是 7 月 1 日，是党的生日。我们这样大规模的考察队，能够如此快地组织起来，这在解放以前是不可想象的。记不清当时是谁首先提议，就以“七一”来命名这条冰川吧，作为我们考察队向党的生日献礼。结果一倡百应，大家都表示同意。

命名“七一冰川”

我们白天登冰川非常兴奋，下冰川后，天黑了，大家摸回营地，已经非常劳累，我都已经走不动了。第二天，考察队领导和高级研究人员开会决定，立即发电报给甘肃省委和北京的中国科学院报捷，报告第一次登上冰川的情况。电文是我草拟的，大概有数百字。我记得电报的大意是：“全队经过紧张筹备，已经调集了 100 多人，6 月 30 日到达冰川现场，7 月 1 日安全、胜利地登上冰川。经过初步考察，冰川储水量达 1.6 亿立方米。为纪念党的生日，拟即以‘七一’命名这条冰川。以此冰川为基地，练兵半月，然后分兵六队考察祁连山各主要冰川区，其中一队开展融冰化雪实验，当否请示。”

那时我老伴在北京科学院院部工作。我听她讲：电报发到北京时，科学院领导正在召开有各研究所人员参加的大会，院领导把这个电文在大会上宣读了。院领导还给我们回电，高度赞扬考察队的业绩，同意我们的工作部署和“七一冰川”的命名。这是中国人自己发现并命名的第一条冰川，它标志着我国现代冰川科学研究的正式开始。

标志着我国现代冰川科学研究的开始

7 月上半月，我们在“七一冰川”进行了现场训练。当时冰川考察的设备十分简陋，我们没有轻便的羽绒服，就穿粗布老棉袄；没有完整的地形图，就用测绘总局支援的航片进行判读；队员们缺乏冰川考察的基本知识，就请道尔古辛

现场训练

在现场讲课、训练。

速成式教学

道尔古辛对我们进行了速成式教学。院里为我们配的翻译是位刚毕业的大学生，俄文不太好，专业又不懂，翻译很困难。我们就找到在兰州图书馆工作的一位同事。他在新疆当过多年翻译，俄语非常好，翻译得十分清楚。

道尔古辛现场向考察队员们讲授冰川学的基本知识和考察方法。他从基本知识讲起，从航空相片怎么判读，到照片是歪的如何纠正。他一边讲，我们一边上冰川上体验，看冰川的结构、构造，效率很高。祁连山考察成功很重要的因素，是这两个星期的练兵打下了良好的基础。

我们还请来国家体委登山队的史占春队长等人，讲授登山注意事项。在训练期间，国家测绘总局提供的祁连山地区航空相片也拿来了，于是立即分发给各个分队。这为考察提供了便利的条件。我们一边训练，一边讨论考察的具体要求和区域分工。

兵分七路

从 7 月中旬开始，在后来的三个月中，考察队分成几个分队开始野外工作。第一分队在托赖南山，第二分队在野马山和党河南山，第三分队在冷龙岭，第四分队在黑河上游，第五分队在柴达木山和哈尔腾河上游。第六分队融冰化雪实验区设在镜铁山东南 60 公里的朱龙关分水梁。他们在那里建立了黑化冰雪实验站，并坚持工作了一年。后来，在登山队科技人员的支援下，建立了第七分队，承担疏勒南山北坡考察任务。各分队都配有一辆汽车和手摇电台，各队之间通过电台联系。考察队对祁连山东起冷龙岭，西至柴达木北山的广大地区进行了考察。各分队借助航空照片，陆续攀登了 60 多条冰川。第二分队在高由禧的主持下，在昌马堡南的大雪山老虎沟冰川建立了冰川观测站，这个站一直坚持工作到1963年初。

我和道尔古辛骑着马，先随一分队工作。考察了三条冰川以后，又去了三分队。经过几个月的努力，我们对包括10个冰川区，33个冰川群，120多个冰川组，900多条大小冰川资料进行了整理分析。不仅描绘了冰川的形态、类型和分布，而且估计了储水量，进行了人工融化冰雪的实验。在完成考察任务的同时，还建立了冰川观测站。

我们要求10月1、2号之前，各队都要结束野外考察工作回兰州。到兰州以后，就着手写报告。到了11月底，六个考察队的报告和我写的一篇综合性报告，连同能够统计到的简单冰川目录和图片，全部整理完成。我们推算出祁连山高山带年降水300～700毫米，雪线高度在4 200～5 200米之间。估算冰川面积约1 300多平方千米，估计储水量在400多亿立方米，年融水大约有10亿立方米。通过实验，我们还发现人工黑化冰川促进消融的温度界限在零下5℃，或雪面温度为零下8℃，采用炭黑融化冰雪的效果最好，其次是煤粉。

我国第一本区域性冰川专著

报告送到北京科学出版社后，出版社很重视，决定作为元旦的献礼项目，所以很快就排版了。到1959年元旦，一本40多万字、附有各种图件的《祁连山现代冰川考察报告》就出版了。这是我国第一本区域性冰川专著，现在看这个报告比较粗糙，但当时我们感觉还是写得很不错，觉得很了不起，因为它填补了我国冰川研究的空白。考察报告出版后，受到了各方面的赞扬。我作为这项工作的主要业务负责人，自然是十分高兴。

我认为这次冰川考察能够成功，是在特定条件下的“跃进”。从解放初期到1957年，国家积累了比较充沛的人力、物力，党的领导也有极高的威信，群众中有一切听从党安排的精神凝聚力和主动配合的积极性。当时党中央和毛泽东主席提出的“鼓足干劲、力争上游”，“破除迷信、解放思想”的号召，确实给了我们很大的动力。参加考察的一百多位同志，从大学教授到还没有毕业的大学生，大家齐心协力，没有一个人闹情绪，按照规定的进度和分工主动积极工作。这样优越的客观条件是不可多得的。这次冰川考察从组队到出成果，只用了半年多的时间，是名副其实的“大跃进”。这种工作效率过去没有过，以后也没再出现。

野外考察收集到的大量资料，为冰川学研究奠定了基础。我在“文革”以前参加的几次专业会议，都是报告冰川学方面的研究成果。1958年12月，科学院地学部在北京召开了地理专业会议。那时候我已经从祁连山考察结束回到北京。因为我还在地学部工作，所以参加了这次会议。会议代表中，除了科学院的几个地理研究机构外，许多高校地理系也派代表参加了会议。我在会上作了《让高山冰川为改造西北干旱气候服务》的报告，这个报告在1959年还被《人民日报》转载了。会议结束后，地理所根据代表们的报告编印了文集①。我手头没有保留这个文集，其中的大部分内容已经记不得了，印象中报告对“大跃进”的成绩有些过分的渲染。

野外“桑拿”

在野外工作很辛苦，但有很多乐趣。1958年在祁连山考

① 地理研究所编辑部编：《大跃进中的中国地理学》，商务印书馆，1959年。

察时，我们突然遇到了一阵暴雨，队员们个个都淋得像落汤鸡一样。雨停以后，道尔古辛出了个主意：先砍些柴，把大石头烧烫，然后搭起帐篷，把水浇到石头上，一下就冒出很多水蒸气，有点像我们现在的桑拿。帐篷里面很暖和，大家轮流到里面洗澡，很舒服。

1958 年在祁连山野外考察

勇敢者的事业

当然，野外工作也有危险，尤其是从事冰川考察，如果想绝对安全，就不要去了。所以我常说："冰川事业是一项豪迈的事业，是勇敢者的事业！"从事冰川研究确实需要勇气，就好像打仗，总是要死人的。在野外工作，危险时有发生。1959 年，我在祁连山大雪山老虎沟搞冰川考察时，一位同事的墨镜丢了，我就把墨镜借给他戴。当时是阴天，我想没有太阳照射应该问题不大。哪知道即使在阴天，雪的反射还是挺厉害，等我们回到帐篷里睡了一觉，第二天早上我眼睛就睁不开了，像针刺一样的疼痛。道尔古辛告诉我：这是雪盲，休息几天就会好的。我休息了5天才好。

我们在野外经常骑马。记得1973年我在新疆考察台兰冰川的时候，冰面上碎石很多，虽然可以骑马通过，但冰上面凹凸不平。我骑的马踩到了碎石下面光滑的浮冰上，一下滑倒了，马倒下以后就把我压在了下面。那次我和队上其他同志相隔比较远，周围没有人能够帮助我。没办法，我就用手使劲地打马。那马被打疼了，猛地跳了起来，它的蹄子正踩在我的腿上。好在没有出现大的问题，只是腿上青了一块。

冰川考察都是在夏天，蚊子很多。有一次我骑的马被蚊子叮了，它就把头一甩，把我从马背上甩了下来。类似这样的事情我遇到过多次。

82岁攀天山

我一生中考察过六七十条冰川，最后一次去看冰川是在2001年，那年我82岁了，去了天山冰川观测站。我已经到了海拔3 600米的前进营地，再上300米就到冰川了。但陪同我的站上同志看我老了，拦住我，不让我上去。

还是继续谈这次冰川考察。初战胜利之后，接着就要提出1959年的研究计划。当时从中央到地方都在批判“右倾保守主义”，要求用更大的规模、更高的速度继续“跃进”。我作为实际计划的拟订和提出者，也是一门心思想着取得更大的成绩。

当时的物资供应已经相当困难了。现在想想，如果能够冷静思考一下自己的业务水平，考虑到临时考察队协作组织的不稳定性，以及业务人员缺乏提高学习的机会等客观条件的变化，就应该将战线缩短，集中到合适的观察站区，深入开展区域考察和实验研究，摸清冰川的积累、消融、运动变化的规律性，人工融冰化雪的实际可能性，提出一个规模较小、切实可行的计划。

被胜利冲昏头脑的1959年

相反，我那时被胜利冲昏了头脑，把1958年特殊条件下的“跃进”，看做是可以长期进行工作的经验，提出了一个庞大的计划：一方面在祁连山北麓的甘肃河西地区，超越试验阶段，组织6个县上千人的队伍，大规模地开展群众性的融冰化雪运动，提出了人工增加冰川与河冰融水两千万立方米的高指标。这个任务具体由朱岗昆副队长负责。另一方面，又计划在新疆天山开展大规模的填补空白性的冰川考察。套用1958年祁连山考察模式，也从大学和新疆水利、气象部门调集人员分六个队开展工作，并建立了天山冰川观测站。还派了两个补点考察队在祁连山工作，准备一年后撰写祁连山冰川专著。

天山一带没有航空相片，我们特地邀请空军航测队拍摄了部分山区照片。我自己就来往于新疆、甘肃和北京之间，实在是疲于奔命。“大跃进”带来的严重浪费，使考察队物资供应十分困难，业务骨干也分散了，新参加的人员缺少学习机会，又受当时浮夸风影响，考察研究质量比1958年明显下降。

1959年秋天，野外工作结束以后，各分队编写了考察报告，我看了以后觉得不如前一年祁连山的报告，就决定先在内部油印交流。这次考察对天山冰川分布、发育条件和特征有一定了解，但是由我负责的综合报告却一直没有完成。当时反彭德怀右倾政治运动扩大化，把我也卷了进去，大会小会激烈地批判，没有时间总结野外的工作，我也失去了努力加工修改天山冰川考察报告，使它达到出版水平的勇气。就这样，“继续跃进”草草结束。

权在党，能在科学家

1959年，我从兰州结束野外考察回到北京。那时庐山会议刚刚结束，全党范围内正在开展大规模的“反右倾机会主义”运动。科学院已经开始搞批判了。虽然说批判的程度比较小，但总是要批一些人。我那时党的组织关系是在科学院数理生物地学支部，支部中的党员有些是从解放区来的。开始时是让大家交心，我交心时说了一句：“权在党，能在科学家。”这话一说出来我就被抓住了，一下就上纲了。后来又开始批判我是“一本书主义”。当时社会上正在批判丁玲是一本书主义，这个说法也被套在我的头上。因为那时我们正在组织祁连山考察，我提出考察结束后要写一本专著，这就成了“一本书主义”。我对政治学习比较马虎，也被说成是白专道路。

批判我时，那些“罪状”罗列起来，零零碎碎也蛮多的。过兴先那时和我在一个支部，他曾经对我说：“你讲话太不慎重，得罪了人。”记得有一次在路上我碰到了一位同事，就对他讲：“许良英很想到哲学研究所去做研究工作，但一直没能如愿。现在他受到了批判，倒是因祸得福，可以专心搞研究了。”我说的这些话在后来的批判中都被揭发出来，而且都上纲上线了。再比如，办公室有位老党员，她在党内的地位比我高。有一次单位来了客人，我正和客人说话，就请她给客人倒些水。她很不高兴，认为我对她不尊重。当时我并不知道，后来批判我时她说出来，我才意识到这个问题。在野外考察时，有的同志认为我不够支持搞融冰化雪等应用性研究，这就成了脱离生产实际的罪状。

我虽然不高兴，但当时思想上对这些批判还能接受。现在想想，我的说法也没什么错误。不过经过大家的批判，我当时还是认为我的思想是错误的：权和能怎么能够分开呢？但我觉得我的行动并没有错。以后转入小会大会揭发批判，贴了很多批判大字报，我已经成了运动中的典型。从当时受批判的严重情况来看，我想这次是在劫难逃了，肯定会受到处分，自己也上纲上线地检讨。1960 年 1 月，最后一次有党组书记、副院长张劲夫亲自参加的大会上，前面几位批判者的发言还说得很严重，但最后张劲夫总结说："施雅风思想错误是严重的，但工作很积极，所以批判后不给处分。"

张劲夫说"不给处分"

1960 年的工作更为困难，谈不上什么成绩。1960 年甘肃的旱情特别严重，省委领导发出"无雨大增产，大旱大丰收"的完全脱离实际的"豪言壮语"，省里发出文件动员全党全民抗旱。省委根据个别人员没有根据的大话，规定在河西开展人工融冰化雪，增加水量两亿立方米，作为抗旱的主要措施。这个时候地球物理所的高由禧等业务骨干，因为另外有任务离开了考察队，业务力量更加薄弱了。我明明知道这个任务很难完成，但是既然上了省委文件，又不能不执行，只好勉强组织力量，照搬 1959 年的方法，仍然由河西地方政府领导，带领两千多名民工，进入祁连山地区工作了四个月。我们除了在冰川和河冰加速冰雪消融外，还采取开通山区小湖、疏干沼泽、防治渗漏等种种措施，增加出山的水量。但那时候实际观测资料很少，我们对增加水量的估算，比 1959 年的工作要粗糙，也更主观。

浮夸的 1960 年

那时的生活条件已经很差了。粮食和副食品供应不足，我们不得不千方百计寻求代食品。记得有一天，张佩年副队长动员全体职工，第二天早晨外出打树叶备荒。谁知道第二天清晨我们出去一看，所有树叶都已经被打光了。物质给养不足，士气十分低落。秋季总结时，有人主张估算为两亿立方米，表示完成了任务。起初我也同意，后来商议以一亿立方米数字公布。实际上在浮夸风影响下，肯定达不到这个数字。现在回过头来看，当时组织了那么多民工在条件艰苦的高山上工作三四个月，科学院开支经费每年都在一百万元以上，真是劳民伤财！支出大，收获小，干了得不偿失的蠢事。我作为当时的负责人之一，特别后悔。这项工作结束后，我们组织人员编写了《祁连山冰雪水源利用报告》，这是个油印的初稿。报告中有比较丰富的实际资料，但也有不少浮夸的语言。

过早地将科学实验变成了生产任务

回想1959年和1960年的挫折和失败，自然和当时错误的"左"倾政治路线有关。在当时的条件下，过早地将科学实验变成了生产任务，耗费了巨大的人力物力，得到的资料也不是很可靠，经济效果到底怎么样，也无法知道。我作为领导者，也要负一部分责任。如果那时候少一些主观主义，脑子不要过热，提出小一点的计划，弯路会少一些，损失会小得多。

研究所的分分合合

冰川对于环境和气候影响很大，而且冰川研究和生产、生活关系又十分密切，需要给予高度重视。这个学科介于地理学、地质学、地球物理学和工程科学之间，是一门交叉学科，最初搞冰川研究的人，都是来自不同的学术领域。要发展冰川研究，就要建立相应的研究机构，促进学科的整合。

1959 年秋天，苏联冰川学家道尔古辛要回苏联。在他走前我问他，中国应该如何发展冰川研究，是否需要建立相应的机构。他提出：把冰川、积雪、冻土三项研究合在一起，组建研究所。因为这三个方面都是寒区特有的现象，密切相关，而且在中国又都是空白领域。

1960 年：冰川积雪冻土研究所筹备委员会

这年冬天我正在接受批判。有一天裴丽生秘书长通知我到他的办公室开个小会，我进去一看，兰州分院副院长、冰雪队队长刘允中，地球物理所党委书记、副所长卫一清，地理所党委书记、副所长李秉枢等同志都已经到了。裴秘书长问："冰雪队工作已经两年了，今后怎么办？"他看大家都不说话，就指着我说："施雅风，你先说说。"于是我汇报了道尔古辛的建议，提出为了长久的学科发展，应该在兰州设立冰川积雪冻土研究所。裴秘书长问其他人意见如何，他们也都没有异议，于是大家开始讨论具体的落实办法。

刘允中提出，1958 年由北京地理所支援兰州分院新建的兰州地理研究室，已经有一部分人员参加了冰雪队的工作，不如将这个研究室的研究、技术和行政人员全部并入筹建的冰川积雪冻土研究机构，这些人后来就成了新建所的基本力量。卫一清提出，新机构要承担原来冰雪队的全部任务，包括融冰化雪工作在内。经过反复讨论，裴秘书长最后说："就按照新的方案，准备在兰州成立冰川积雪冻土所筹备委员会，等提交院务会议讨论通过以后就执行。"

1960 年，我们先在兰州挂起了"冰川积雪冻土研究所筹备委员会"的牌子。当时筹委会委员、主任人选都没有确定，就由北京地理所调来的老同志李为祥担任总支书记，处理行政工作，我作为总支委员负责业务工作，我们完全听从于兰州分院的指挥。

家迁兰州

筹委会成立以后，兰州地理室的人员全部并入这个机构，那时候地理所参加冰川冻土工作的业务和行政人员已经都调到兰州了，地理所的业务人员一共有四位：郑本兴、王宗太、朱景郊、任炳辉。他们都是大学毕业时间不长的研究实习员。但是原来承担融冰化雪主要任务的地球物理所的人员，不愿意加入这个新机构。我作为兰州冰川冻土事业的学术领导人和所中唯一的高级研究人员，如果在这个时候撒手回了北京，冰川冻土事业就有解体的可能。我相信困难是暂时的，是可以克服的。既然从事了一项有重要意义的事业，就要坚持下去。所以再三权衡之后，我决定把全家搬到兰州。

1960年上半年，我们从社会上招进了不少缺乏专业知识的青年。筹备处原来只有数十名职工，加上新招来的人员，一下扩充到200人左右。人数上虽然增加很快，但所里面临的主要问题仍然是缺乏专业人员。积雪研究可以由冰川延伸，冻土研究就没有适当的人选。

冻土学者周幼吾

在北京的时候，我听说周幼吾同志刚从苏联莫斯科大学地质系专学冻土毕业回来，分在科学院地质所实习。有一次我与她面谈，她表示愿意无条件地去兰州开辟冻土研究。她是学冻土的，又听别人讲我对冻土研究很重视，所以也愿意到兰州发挥专长。但她告诉我，她已经怀孕三个月了。我当时一惊，心想兰州生活条件差，将来她的生活是个问题。但是因为研究所急需人才，我仍然表示欢迎她去兰州①。周幼吾到兰州以后，我让她担任冻土组的组长，并给她分配了一些年轻人一起搞冻土研究。她事业心很强，虽然有身孕，但到所不久就到野外考察去了。兰州的生活条件很差，她生了小孩以后，她妈妈就到兰州帮助带孩子。那时候他们夫妻是两地分居，生活十分不容易，到了60年代以后，兰州的生活更困难了。她的爸爸周新民是法学所的所长，也很有名。他和张劲夫在抗日战争中曾一起工作过，很熟。她爸爸就和张劲夫讲，希望能把周幼吾调回北京。大概是在1962年，周幼吾就调到北京地理所当编辑。当时谈定，她还要有三分之一的时间在兰州工作，但实际上她去得很少了。

到1965年兰州成立了冰川冻土沙漠所，那时候冻土工作任务很重。当时任地质部长和中国科学院副院长的李四光先生说：冻土工作地质部不搞，让科学院发展。科学院的冻土研究任务急需人才，更重要的是，这时候要动工修建青藏铁路了。我们听说：毛主席讲青藏铁路不修，他就睡不好觉。青藏铁路修在冻土地区，所以需要做大量的冻

---

① 据周幼吾回忆："中科院1960年计划工作会议于1959年12月在北京召开，地质所派我到大会当工作人员。会议上我认识了施雅风先生（时为中科院地学部秘书）。他听说我是莫斯科大学冻土学专业毕业生时，非常高兴地对我说：'我听说有学冻土学的留苏学生毕业回国了，不知分到何处，原来就在地质所呵！'……工作会议结束后不久，中科院地理所办公室主任李为祥同志突然找我谈话，说：'科学院要在兰州成立冰川积雪冻土研究所筹备委员会，施雅风先生负责，组织上要调你去兰州，你意见如何？'我当时思想很单纯，单纯到只有一个心眼，那就是服从组织调动，到祖国最需要的地方去，为国家出力。听了李主任的话后，我既没问为什么是地理所李主任找我谈而不是地质所人事部门找我谈，也没考虑老父在京无人照料以及和爱人两地分居问题，更没有考虑已有三四个月的身孕，就十分干脆地回答道：'党和国家培养我多年，祖国的需要就是我的需要，我服从组织调动。'"（《回忆冻土学创立前后》。《中国地理学90年发展回忆录》，学苑出版社，1999年。）

土考察和研究工作。我们开始增加设备、增加人员，所以我希望周幼吾能回兰州领导冻土工作。她本人也舍不得丢下她的专业研究，所以又回到了兰州，后来她的丈夫也调到兰州工作了。

三年经济困难时期，甘肃省更是困难。国家宣布大精简的时候，兰州分院核准给冰川积雪冻土所筹备委员会的编制指标只有78人，这就意味着我们要减去120人左右，还要保存骨干力量，这真是非常困难的任务。当时新疆情况比较好，我们就商定调给新疆分院18人，天山冰川站也交给新疆管理。所里还规定，1958年以后从社会上新招收的人员，除个别留用外，一律遣散回家。

1961年：地球物理冰川冻土研究所

人员精简以后又开始精简机构。1961年，兰州分院决定把冰川积雪冻土所筹委会和地球物理所兰州分所合并在一起，改称“地球物理冰川冻土研究所”。由张荣珍任总支书记，我仍担任总支委员。两个业务方向不同的研究机构合并后当然有问题。1961年生活困难，工作也没有正常开展。中央公布了“调整、巩固、充实、提高”的八字方针和称为“科学宪法”的十四条政策后①，鉴于当时的实际情况和中央的政策，我们就强调所中人员在家读书学习。

其实兰州分院把这两个所合在一起，并没有报科学院审批，科学院也没有认可。所以到了1962年，分院又宣布把这个所分成了两个研究所。分所时，科学院想把冰川冻土部

① 1961年初，毛泽东号召全党大兴调查研究之风，并要求各条战线总结出相应的方针政策。全国出现的第一个政策性文件是《农业六十条》；第二个就是《关于自然科学研究机构当前工作的十四条意见（草案）》，简称《科学十四条》。

分迁到乌鲁木齐。我认为这个办法不合适，于是就去北京活动，向科学院、国家科委和北京地理所领导汇报，写材料，讲理由。

竺老意见：增加干旱区水文研究

那时候凡是没有高级研究人员的研究所都撤销了。我就提出，以我一个副研究员加上若干研究实习员就称研究所，实在太虚。我觉得兰州分院领导不稳定，建议把冰川冻土研究所缩编为研究室，仍然归北京地理所领导。至于地点，我提出迁到乌鲁木齐不利于冻土研究的发展，所以建议研究室仍然留在兰州，以冰川、冻土和干旱区水文研究为长期方向。增加干旱区水文研究的内容，是竺老的意见①。

1962 年：冰川冻土研究室

科学院领导同意了我的提议，地理所也赞成，于是研究所就改成了冰川冻土研究室。这个室的研究力量不足，需要引进专业人才。但当时兰州的编制特别紧，不能进人。我就找到了院里主管人事的郁文副秘书长，他给了研究室 5 个北京的编制。这些人员在兰州工作，户口仍放在北京。以前我的职务也没有任命过，这次正式任命我为“地理所冰川冻土研究室”主任，从此以后这个机构就稳定下来了。

研究室成立以后，冰川冻土研究有了相对稳定的环境。我们也采取了一些措施：一是充实力量。利用留学生归队以及各单位精简的机会，研究室调进一批业务骨干，其中有谢自楚、王文颖、董光荣等人，我们还申请分配进一批质量比较好的大学毕业生。经过一段时间的努力，研究室有了一批

① 据《竺可桢日记》1962 年 6 月 11 日记载：“施雅风来谈，他曾经写过一个关于冰川积雪冻土的研究计划，我认为这可作为地学组的一个重点问题，也可以把古气候带连在内，我要他在旬日内拟一个稿件，作为中心问题之一提出。”（《竺可桢日记》第 4 卷，科学出版社，1989 年，第 636 页。）

青年工作者，他们大多能够集中精力从事专业研究。二是提倡读书学习。为了让研究人员尽快掌握冰川冻土基本知识和国际动态，我们编印了《冰川冻土研究资料》和《冰川冻土译丛》两种油印内刊。三是建立实验室。我们建立起了地面摄影测量、冻土力学和热学方面的实验室。四是通过院领导致函，征得甘肃省政府同意，改善了冰川冻土野外工作人员的生活供应。这一时期室内行政领导工作也有所加强。增加了办公室主任、业务处长、政治处主任等行政干部，1964年又增加了一位行政副主任。虽然这是个研究室级别的机构，但全院性每年一次的党组扩大会议都通知我参加，研究室的地位拔高了。

为了提高野外工作的质量，研究室成立以后调整了和外单位合作的办法。以前搞野外考察，都是我们出面组织，考察队的成员多数来自外单位，科学院的人并不多。野外考察的费用和装备由科学院出，只有个别科学院没有的仪器设备，才要求各单位人员自带。因为人员之间不熟悉，在出队之前，考察队一般要用十天到半个月的时间，先把人员集中起来"练兵"，让大家互相熟悉，并了解工作内容和方法。考察结束以后，外单位的人员都回各自的单位去了，考察后的总结工作不好抓。而且外单位派来的人我们多不熟悉，有些人能力强，总结写得很好；有些人能力要弱一些，总结就不是很好，但我们也没办法。外单位的人员不熟悉我们的工作，等他们熟悉以后，就回去了，下次再派来的人，又不熟悉工作。所以靠外单位人员搞野外考察不很稳定。

研究室成立以后，我们改为主要依靠本单位的成员搞野外考察，当然我们也和其他单位进行了很好的合作。1962 年研究室刚一成立，就和兰州大学地理系、新疆水土生物资源研究所①合作，在乌鲁木齐河流域对冰川与水文进行了较深入的观测研究，包括成冰作用，冰川温度、运动，辐射和热量平衡，积累与消融，冰川水文，冰川测图，冰川地貌以及河流水文，地表水与地下水转化关系等等。这些工作使我国冰川学的物理观念大为增强，初步揭示了我国大陆性冰川的特征，也使人员得到较好的专业训练。冰川学术水平和以前相比，有了明显的提高。

从 1963 年起，我们陆续开辟并承担了许多新的研究任务，包括河西石羊河流域水资源研究，青海本里煤田冻土的考察研究，西藏北部土门格勒煤矿冻土定位研究。从 1964 年开始，冰川研究重点转到了喜马拉雅山区的希夏邦马峰和珠穆朗玛峰，以及西藏东南部海洋性冰川区的古乡冰川泥石流考察，这些任务都是根据经济建设的紧迫需要，或上级领导指示进行的。

第一次冰川冻土学术会议

在野外工作的基础上，我们也开展了一些学术交流活动。1963 年 4 月，研究室举行了第一次冰川冻土学术会议。这次会议总结了几年中的工作。提交论文的内容，除了乌鲁木齐和青藏公路线冻土研究内容外，还对西北高山区冰川分布、大陆性冰川特征、冰川融水对河流的补给作用、第四纪冰川遗迹和历史演变、高山区冰川以外的多种水资源、利用大气环流与高空气象因子预报山区洪水等多方面进行探讨。

① 1961 年，中国科学院在新疆综合考察队的基础上，在乌鲁木齐成立了新疆水土生物资源研究所。该所 1964 年改名为新疆生物土壤研究所，1978 年改名为新疆生物土壤沙漠研究所。1998 年改称新疆生态与地理研究所。

这次会议，标志着冰川冻土研究达到了一个新的高潮。会后，我们编辑出版了《天山乌鲁木齐河冰川与水文研究》和《青藏公路沿线冻土考察》两本专著。另外我和谢自楚合作写的、发表在《地理学报》的《中国现代冰川基本特征》一文，初步建立了我国区域冰川学的一些理论概念。应该说这个时期的冰川冻土研究有了比较健康的发展，一批青年研究人员的知识水平也提高得比较快。

一赶上政治运动，研究工作就要受到影响

但是一赶上政治运动，研究工作就要受到影响，这种情况在60年代尤其严重。1964年夏天，我刚从北京回到兰州就赶上了“四清”运动。按照规定，各科研单位的干部要分三批下到农村，每批半年多时间。因为每批都要有三分之一的业务人员下到农村，所以我就组织大家讨论，哪些工作暂时停下来，哪些重要工作要保。经过研究，决定保希夏邦马峰和泥石流两项工作，石羊河考察、东北冻土考察等工作就被迫停了下来。

那时各单位参加“四清”具体地点由甘肃省政府分配，室里第一批人员在酒泉，第二批人员去了永昌。“文革”开始时，副主任王丙吉和我老伴沈健都正在永昌搞“四清”。这段时间就由政治处的主任负责所里的具体事务。我没有被要求下去搞“四清”，但研究工作也受到了影响，很多时间都用来组织大家学习中央文件。

“小整风”

那时候还经常开展“小整风”运动。我参加这些运动的笔记本有些还保存着，我看其中一个本上记着1964年底的一次“小整风”会议。在这次会上我还作过一次自我检查，主要是分析哪些思想落后于实际工作。从这本笔记上看，我讲完以后其他干部还提了一些意见。一位行政干部说：“你考虑问题偏于业务，对所里干部了解、掌握得不全面。”另一位管政治工作的同事插话说：“你不问政治，看问题容易摇摆、不全面。”不过那时候大家也只是有什么意见就在会上提提，对个人影响不大。大家提完意见，会开完了，我就又去搞我的业务了。

施雅风保存的各种记录本（张九辰摄）

1965 年：冰川冻土沙漠研究所

1964 年，出于对国际形势的悲观估计，国家把备战放在了首位，发动了大规模的三线建设。兰州是三线布局的所在地区之一。1965 年科学院决定将原来在北京的地理所沙漠研究室迁到兰州，与冰川冻土室合并建立研究所，并指定我负责新所的工作。

鉴于过去机构分合的痛苦教训，我开始时并不赞成这样的安排。所以征求我意见的时候，我就说：“欢迎沙漠部分搬到兰州来，但我不赞成两部分合在一起。”1965 年，院里开党委扩大会议，我在北京饭店的电梯里遇到了秦力生副秘书长，他对我说："我知道你不同意两部分合并，但院党组已经作出决定，你不要再提意见了。"我听了以后问他："这种合并是暂时的，还是长远的？"他说："至少在两三个五年计划内不会再分开。"我听他这样讲，就服从了安排，并且积极投身到新机构的组织建设当中。为此我还特地到地理所，召集沙漠室的同事开了一次会，向他们介绍兰州的情况。我说了很多到兰州的好处，比如像孩子的读书问题。那时候地理所办公地点在917大楼，离城里比较远，周围就是农村，孩子上学还不如兰州方便。后来在"文革"中，沙漠部分有同事为此批判我，说我把他们骗到了兰州。

沙漠部分迁兰州

沙漠部分和冰川冻土部分成立机构的历史一样长，都是1959年，我们在兰州，他们在呼和浩特。但是沙漠部分没有高级研究人员，都是年轻人，筹委会管理得不好。竺老了解了他们的情况后很生气，就把它合到地理所，作为一个研究室，业务上由赵松乔研究员负责。这个研究室决定要迁移时，赵松乔不愿意到兰州，所以在迁往兰州之前，地理所把助理研究员、专长研究沙漠地貌的朱震达调到沙漠室当副主任。

朱震达

北京、兰州两地的有关部门，非常支持两个研究室的合并工作，沙漠室的同事更是愉快地执行决定。他们迁到兰州时，正好兰州物理所新盖了一栋楼。院里的意见是把物理所新楼的一层分给沙漠部分，但兰州物理所的领导说，把三个旧的小楼给我们。我看楼虽然旧了点，但有个院子，条件还不错。而且我们还准备再盖个新的大楼。这件事6月份定下来，7月份就开始搬家，8月份竺可桢、尹赞勋、于强等有关领导都去兰州了。他们到那边一看，一切已经安顿好，并开始工作了，所以非常满意。

8 月初，两方面的人员在兰州举行了隆重的冰川冻土沙漠所成立大会。会上竺老作了报告，强调新所要及时为西北地区的经济建设服务，用大部分时间投入应用研究和应用基础研究中，搞一些必要的基础理论研究工作，工作重点放在野外实验站上去。他还在会上宣布，我和王丙吉为副所长，当时没有所长，我是第一副所长，负责全所事务。

中国科学院冰川冻土沙漠研究所成立大会（《竺可桢全集》第四卷）

新所成立以后，主要承担了冰川、冻土、沙漠和水文四个方面的研究任务。在建所的过程中我征求了大家的意见，调整了研究室的结构，设定冰川、冻土、沙漠、植物固沙、水文和土地利用六个研究室，拟定了 1966 年研究计划。

沙漠部分人、汽车、经费都比冰川多，工作时间较长的研究人员也比冰川部分多。他们有做地貌研究的，有做植物研究的，也有专门搞治沙工作的。原来沙漠部分有八个学科组，合并后调整为三个研究室。当然，每个研究人员都希望重视自己的研究领域，但合并后需要综合考虑各部分的平衡问题。我的做法当时大家还是接受的，当然是否有同事心里有意见，我就不清楚了。两个单位合并的气氛很融洽。但是不同历史时期形成的认识上的差别，为后来“文革”动乱期间增添了一些不安定的因素。这些都是后来的事了。

那时候我为建所的事情花了不少的时间，尤其是对我不熟悉的沙漠方面的情况做了大量的调查工作。两所合并之前我还可以有一半的时间搞研究工作，沙漠部分一来，我要花很多时间熟悉沙漠部分的工作。我当时还说，我要三年不做研究工作，搞好两个部分的合并。但是这种调整的时间并不长，第二年就“文革”了，我也受到了冲击，顾不上调整的问题了，原有的打算基本上落空了。

1965 年还举行过一次地理专业会议。这个会议是于强①提出的建议，他建议把地理方面的几个单位联合起来，交流研究成果。高校、科学院地理研究机构和少数生产部门的人员都参加了，大概有几十个人。我也在会上介绍了冰川考察的成果。这个会议是跨部门交流信息，促进了合作研究，效果很好。

云南禄劝县地震考察

我们正在开会的时候，云南省禄劝县发生地震，出现了滑坡。地方报告那里由于山崩造成了小型地震。院里就派我去云南调查。我带了地质所的一名学者去了那里，成都地理

① 于强，曾任中国科学院新疆综合考察队行政副队长。时任中国科学院地理研究所党委书记兼副所长。

室唐邦兴等人也一起到了昆明。我们在云南省科委有关同志的帮助下，到禄劝县考察了半个多月。我到那一看，是山崩滑坡引起了地震。那次山崩滑坡是在半夜里发生的，沟里的四个村庄全部被毁灭了，死了二百多人，鸡犬不留，情景很惨。

组建西南泥石流考察队

我们从上面开始考察，沿沟往下走，再下去不远就到了金沙江。考察以后，我们认为大的滑坡近期不会有了，报告了地方政府。我在考察的时候发现，如果我们事先不知道这是滑坡，只是从现场观察堆积，可能会误认为是冰川堆积。考察结束后，我们还写了报告交给云南省科委，后来又交给国家科委。国家科委看了我们的报告后，建议在西南地区多组织一些考察。到了 1966 年，科学院就组建了西南泥石流考察队。

青藏川藏公路线和希夏邦马峰考察

初进西藏

我第一次进入西藏是在 1963 年。那一年，我和杜榕桓[①]同志乘车沿青藏公路进入西藏。我们在唐古拉山脚下海拔将近 5 000 米的土门格勒煤矿建立了一个冻土观测站，我是去那里检查工作。这个观测站是在 1962 年设立的，是准备长期、连续观测的冻土定点观测站。西藏缺煤，那里虽然有个煤矿，但是由于煤层在永冻层，容易发生塌方、冒顶等事故。煤矿上欢迎我们在那里设站，希望这个观测站能够承担

---

① 杜榕桓（1932— ），地理学家。1956 年毕业于北京大学自然地理专业，毕业后在中国科学院地理研究所、冰川冻土沙漠研究所、成都地理研究所等机构工作。

童伯良与冻土观测站

井下安全措施的研究设计。我就请留苏回国的童伯良负责观测站的工作。

这个观测站在藏北腹地，气候恶劣，海拔又在5 000米以上，永久冻土层厚达百米以上，冬季最低气温可以达到零下40多摄氏度。观测站的生活很艰苦，工作人员住在一排简陋的土房里，这里的母鸡不生蛋，猪也养不活，所以没有多少吃的东西，工作人员的主要食物就是黄豆炖海带。那时没有高压锅，连米饭都煮得半生不熟。

第一个冻土考察队

其实我们最初确定的冻土研究地点是在青海。60年代初期，我们刚刚开始搞冻土研究。从哪开始做起呢？周幼吾去青海了解情况后，建议先到海拔3 700多米的青海热水煤矿作些冻土调查研究，为此所里还专门成立了第一个冻土考察队，由周幼吾和杜榕桓负责。这个考察队刚刚从野外回到西宁，就听说铁道部要在西宁和格尔木召开青藏铁路现场会。考察队的同志主动找到会议领导，会议领导很高兴，他们过去不知道中国还有从事冻土研究的学者，所以邀请冻土队的全体同志参加会议。会议之后，冻土队被安排负责青藏铁路西大滩到昆仑山垭口段的冻土工程地质调查研究工作。不幸的是，三年经济困难使修建青藏铁路的计划搁浅了。但是我们通过这项工作锻炼了队伍，也使大家看到了冻土学和经济建设的密切关系。

虽然青藏铁路暂时不修了，但是科学研究应该走在经济建设的前面，我们就决定继续在西藏开展冻土考察。经过三年多的努力，青藏冻土研究有了很大的发展，我们对青藏路沿线的冻土层分布有了基本了解，并在《科学通报》上发表了研究报告。1965年，又由我主编出版了《青藏公路沿线冻土考察》论文集。这个时期我还参与了一些冻土研究的组织和管理工作，80 年代以后冻土研究逐渐深入，所里进了不少水文工程地质出身的人员从事冻土研究。这些人基础训练强，可以独立自主开展工作，我就不大过问冻土研究了。

川藏公路泥石流考察

1964 年，我们还开展了川藏公路沿线的泥石流考察。我们在土门格勒冻土观测站检查完工作后就去了拉萨。自治区公路局的总工程师找上门来，说川藏公路波密段，常有冰川暴发，冲断公路。他说："你们是搞冰川的，能不能去看一下，想个整治的办法?"就这样，我们和交通厅工程师杨宗辉等同志去了藏东波密县境内的古乡。那里每年要发生几十次冰川泥石流。

以前西藏人并没有"泥石流"的概念，只说是冰川暴发了。我们初步考察后，认为是冰川融水冲击冰川堆积物形成的泥石流。这种黏性泥石流能把很大的石块驮在泥石流面上搬运相当远的距离。为解决川藏公路冰川泥石流灾害问题，我们决定在 1964 年组织一个综合性的泥石流考察队。第二年杜榕桓率领考察队前往古乡，在泥石流暴发现场做了详细的考察。我也短期到那里看了泥石流生成和运动的全过程。这项工作开创了我国泥石流研究的新领域，在以后山区灾害防治研究中一直发挥着重要的作用。

我参加泥石流考察的时间很短。考察中我发现，通过拍摄照片记录泥石流运动过程，效果不是很好，最好能拍电影。我回到兰州后，遇到国家科委的一个处长到兰州视察，他去的时候正赶上兰州附近暴发了泥石流。虽然那次泥石流的规模比较小，但把一个化工厂的宿舍冲了。这个处长看了以后，认为治理泥石流在三线建设中很重要。于是我们把拍摄泥石流电影的想法告诉他，他回去后就把这个任务下达给上海科教制片厂。

摄影组的人在1965年去了古乡。他们去的时候，那里的泥石流就没有我们过去看到的那样多次发生了。为了能够拍摄成功，他们就用爆破的办法人工制造泥石流。我担任了这部电影的顾问，帮助审定内容和说明。1966年在全国放映后，有关泥石流的基本知识就普及到了千家万户。后来这部电影拿到世界电影节上，还获了一个国际金奖。

李四光注意到泥石流的擦痕

《泥石流》电影拍摄好、没有正式发行的时候，曾在北京试映，李四光先生前去看过。他看了以后一言不发。看来这个电影对他是有触动的，泥石流在岩石上形成的擦痕与冰川运动造成的擦痕相似。第二年我去看他，发现他找人从太行山泥石流地区搬来一块有擦痕的石头，看来他也注意到了泥石流的擦痕问题。

解决成昆铁路泥石流问题

泥石流对生产和生活影响很大，并严重危害着道路交通设施。"文革"中冰川所搞水文的同事大多转向泥石流研究了。1966年上半年，为了配合西南三线建设，科学院任命我为西南泥石流考察队队长。这个队的首要任务就是解决成昆铁路通过西昌泥石流区的问题。我偕同副队长杜榕桓、唐邦兴等近十人，6月初到了西昌地区，用了半个多月的时间考察了六条河流的泥石流，明确了泥石流活动的范围，提出铁路通过线路的修改意见，铁路部门采纳了我们的建议。以后经过多年的实践，这段线路没有再受到泥石流灾害的威胁。遗憾的是，这项研究刚刚起步，就赶上了"文革"，我也被召回兰州受到批斗，整整丧失了三年的工作时间。

我是研究泥石流的老兵。每次与泥石流有关的学术会议，都会通知我参加。“文革”结束以后，我也考虑过是搞泥石流研究，还是搞冰川研究呢？我对泥石流研究很有兴趣，但是作为一门学科，冰川的形态比较完整，泥石流还很难称为一门学科。而且冰川研究是我最早搞起来的，我也舍不得丢掉这项工作。所以后来我就集中精力研究冰川问题了。

希夏邦马峰考察

1963 年我从西藏考察回来，科学院交给我一项任务：为配合中国登山队攀登希夏邦马峰。

希夏邦马峰在西藏自治区定日县境内，距珠穆朗玛峰 100 多公里。因为它完全在中国境内，又是当时世界上唯一没有被征服的 8 000 米以上的高峰，国际登山界对攀登希夏邦马峰的活动十分注意。1960 年中国登山运动员在登上珠穆朗玛峰以后，开始准备攀登希夏邦马峰。

科学院计划在 1964 年组建一支科学考察队①，由我任队长。我约请刘东生②先生参加，由他负责地质方面的考察工作，任副队长。考察队有十几名成员，除了科学院冰川冻土

---

① 希夏邦马峰登山运动和科学考察活动的社会影响很大。《光明日报》从 1964 年 5 月 3 日第 1 版上报道了《征服地球上最后一个八千米以上‘处女峰’我登山队登上希夏邦马峰》一文后，直到 5 月 16 日第 1 版报道《拉萨各族各界一万多人举行盛大集会 欢庆登山队征服希夏邦马峰的胜利》，《人民日报》、《光明日报》、《科学通报》、《人民画报》、《中国建设》、《中国体育》等报刊不断有登山过程、登山队员简介和科学考察工作及成果的介绍、报道和评论。

② 刘东生（1917—2008），地质学家，中国科学院院士。1942 年毕业于西南联合大学地学系。1946 年入中央地质调查所工作。1949 年后在中国科学院地质研究所工作。

所的人员外，地质部地质科学研究院、国家测绘总局、北京大学、北京地质学院等单位也派出人员参加工作。考察队一共分四个专业组：测量、冰川、地质、地貌及第四纪地质，考察内容涉及的学科很广泛：冰川、地质、地貌、气象、测绘、高山生理……其中以地质和冰川两个方面做的工作最多。气象由登山队内负责天气预报的同志承担，高山生理由随队医生负责。

贺龙强调登山运动要有科学考察配合

当时主管体委工作的贺龙副总理，很强调登山运动要有科学考察配合。这种联合，对于科学考察和登山运动都有好处。在登山之前，需要了解希夏邦马峰的情况，选择科学的登山路线，比如山峰冰雪和岩石的分布情况如何，哪里的雪崩、滚石、冰裂缝比较多，各个地段的坡度如何，宿营地安排在哪里好，这个地区国内外的资料都很少。科学考察工作可以为登山队提供一些基本资料。像科学考察队中测量组的成员，就进行了希夏邦马峰高程和经纬度的测量，还测制了希夏邦马峰到大本营的路线地形图，这对登山运动很有帮助。

登山队对科学考察活动的帮助也很大。登山之前，我们集中在拉萨训练，登山队员教我们登山时要注意的问题和登山基本常识，这对我们很有帮助。那年我 45 岁，还算身强力壮，我奋力登上了海拔高度在 6 200 米左右的冰碛山顶，看到了最古老的冰川堆积。科学考察队成员中，登上这个高度的人员大概不到一半。再往上走，我的体力也达不到了。所以海拔 7 000 米以上地段的冰雪样品和岩石资料，还是靠登上峰顶的运动员协助我们取得的。当然，我们的考察路线和运动员的登山路线不太一样。运动员要尽量避开在冰塔林里穿行，他们多在冰川西侧的冰碛上行进；而我们可以走入冰塔林和冰洞中去观察。

施雅风（左一）带领考察队员走进冰洞

冰塔林奇观

我从 1957 年夏天就开始从事冰川考察，也见过不少冰川。希夏邦马峰的冰川，是我考察过的海拔最高的冰川。因为海拔高、温度低，降雪才能积聚起来，并变质成巨厚冰川冰，才能运动并形成多种构造和冰成地形。又因为纬度低，强烈的太阳辐射以及阳光折射的作用，造成冰川的消融和蒸发或升华的不平衡，才形成了大规模的冰塔林奇观。

冰塔林是低纬度高海拔山区山谷冰川或冰斗山谷冰川上特有的大陆性冰川景观。冰塔相对高度从几米到 30 多米，形态千差万别，大的像金字塔，小的像匕首。我们穿行在北坡的冰塔林中，走在阳光照耀下的银白世界里，就像进入仙境一样。在冰塔崖壁之间，还错落分布着冰川融化后形成的冰水湖。冰水湖表面就像明镜一般，倒映出周围的冰塔林和蓝天白云。冰洞不但很多，而且形状各异。因为光线反射的作用，洞壁上形成了蓝、绿、紫、褐等不同色彩的花纹；冰沟和冰洞之间还有雪桥相连，雪桥下面悬挂着冰钟乳。此外，遍地都是形状各异的冰块，我们根据它们的形状，取名为冰芽、冰笋、冰蘑菇和冰杯。有些环形的冰塔，就像莲花瓣绽开了一样，非常美丽、神奇。

我们置身其中，完全忘记了海拔五六千米的高度。大家喘着气，议论纷纷，赞不绝口，达成的一致意见是：在希夏邦马峰各种宏伟奇特的自然景象中，冰塔林是最引人入胜的。人们都说桂林山水甲天下，希夏邦马峰的景色，比桂林山水要美多了！

施雅风（左三）在希夏邦马峰观察冰洞口结构

冰塔林从发生到消亡，要经过雏形冰塔、连座冰塔和孤立冰塔三个阶段。延续长度在1.2～6千米间。从冰川运动速度推断，时间大约要经历100年。过去冰川学文献上，没有人讨论过冰塔林的成因，我们的研究也算是个创新。考察时，我们要进行现代冰川的观测，包括观察冰结构、冰温度、冰川形成条件、冰塔林发育和消融形态，对于希夏邦马峰地区的古冰川作用也进行了探讨，初步划分出了四次冰期。这些基础资料为后来喜马拉雅山区冰川研究开了好头。

那时的工作条件十分艰苦。我们在海拔5 000米的地方建立了大本营。虽然已经是四五月份了，但是山上还下着大雪，夜间气温往往在零下20多摄氏度。我们还在海拔近6 000米的地方打钻测温，那里不但寒冷，而且越往上走，缺氧问题也越突出。我每走20多步，就因为气喘得厉害不得不停下来，休息一会再走。就这样反反复复，900米的高差整整走了6个小时。那时我们一天要工作近10个小时，有的地方工作也十分危险，一路上很容易看到宽阔的冰雪裂缝，随时都有可能遇到冰崩和雪崩的危险。有一次我想偷懒，走近路，在经过一个冰坡时没站稳，滑下去几十米，十分危险。

考察结束后，我和同事们编写了《希夏邦马峰地区科学考察初步报告》。我还和谢自楚合写了《中国现代冰川基本特征》一文，获得了中国科学院的优秀成果奖。我与季子修合写了《希夏邦马峰地区冰川的分布和形态类型》、《希夏邦马峰北坡冰川的冰塔林及有关消融形态》等论文，与崔之久、郑本兴合写了《希夏邦马峰冰期探讨》等多篇论文。希夏邦马峰的考察，使我们认识到低纬度世界最高峰区的冰川

发育特征，并编写了一系列科学论文发表。这是后来珠穆朗玛峰和西藏考察的先锋。

刘东生先生主持的地质研究也取得了很大的成绩。他们在海拔 5 900 米的高度采集到了高山栎化石，并找了植物研究所的徐仁先生鉴定，他搞孢粉很有名。他鉴定为第三纪上新世。这种植物现在仍然生长在我国西南海拔高度3 000米左右的高山中，从而证明上新世末期开始，这个地区已经上升了3 000米左右。过去大家都知道青藏高原在上升，但是到底上升了多少？这是第一次对喜马拉雅山和青藏高原的快速隆升有了定量的认识。

希夏邦马峰的考察，成了 1966 年开始的、对世界第一高峰——珠穆朗玛峰和西藏地区大规模科学考察的前奏。希夏邦马峰考察结束后，科学院要求我们组织更大规模的珠穆朗玛峰地区考察。北京科学讨论会期间，我们就开始筹备这件事。大概在 7 月 15 日，我们在北京开了西藏科学考察会。那时已开始酝酿珠穆朗玛峰的考察。这次会议竺可桢、李秉枢、尹赞勋、侯德封、郭敬辉、程鸿、张日东（古生物所副研究员，当时为副学术秘书）和我参加了。别人的发言我记不得了，但我的记录本上还记着我草拟的发言。我主要讲了如下意见：可以考虑组织小型的科学考察队，人员可以轮流到西藏去，生活条件按登山队的标准，这项工作要长期进行，考察内容可以从地质构造演化、冰川冻土开始，以后再逐步扩大。这是第一次会议，还没有具体计划，都是一般性的讨论。

在北京的时候，竺可桢副院长找过我们，听我们对西藏考察的意见①。我回兰州以后，在北京的一些同事又开了几次会，讨论这个问题，但我没有参加。1965 年，国家体委计划组织第二次攀登珠穆朗玛峰。经科学院上报聂荣臻副总理批准，组织了西藏科学考察队。

从希夏邦马峰考察开始，我也拓宽了研究领域，由此步入高原隆起与环境变化、全球变化关系的领域。当然，这些都是后来的事了。

参加“北京科学讨论会”

北京科学讨论会

1964 年 8 月 21—31 日，在北京召开的“北京科学讨论会”是中国第一次承办的大规模的国际科学讨论会。来自亚洲、非洲、拉丁美洲、大洋洲 44 个国家和地区的 367 人参加了会议。各国科学家分别在理、工、农、医、政治、法律、经济、教育、语言与文学、哲学与历史等学科委员会中宣读了论文。从会议的筹备到最后结束，《人民日报》、《光明日报》等报纸发表了大量的消息、介绍和社论。希夏邦马峰的考察成果在会议上受到了广泛的重视。

① 据《竺可桢日记》记载：西藏考察“缘全国科委下的地学组专业会议决定要于 1965 年组织一个精干的 20 ~ 30 人科学工作人员入藏，已呈科委会批示，这也是鉴于今年随登希夏邦马登山队的科学队成绩尚好，而同时国家又有需要，并为国际所注目，使西藏一隅长留为空白总非国家之福”。(《竺可桢日记》第 4 卷。北京：科学出版社，1989 年，第 845 页。)

应召回京

我们还在希夏邦马峰考察时，正在负责会议筹备工作的国家科委副主任范长江，通过中国地理学会通知我们，要我们到北京参加科学讨论会。从希夏邦马峰回来以后，刘东生等人接到通知后就直接回了北京。我先到西藏东南部的古乡参加了冰川泥石流考察，在那里工作了10多天才启程返回兰州。我还趁着这个机会，沿川藏公路到成都再到兰州。回到兰州以后我才接到通知，知道要我们参加北京科学讨论会，并在会上作报告。于是我就带了冰川冻土所的几位同志，一起到了北京。

我们到北京的目的，不仅仅是为了参加会议，也是为了进行野外总结、写考察报告。刘东生负责地质部分的报告，我负责冰川部分的报告。因为当时报纸上对希夏邦马峰登山和考察活动的报道很多，影响很大，我们到北京以后，科学院院长郭沫若和副院长李四光等领导接见了我们。郭院长是在他家里接见的，那还是我第一次到郭院长家里。交谈了一阵后，我们请郭院长为《希夏邦马峰科学考察图片集》题字。郭院长很高兴为我们题字，他的字也确实写得好。

无法与李四光的冰川理论联系起来

当时还要求我们在会上作专题考察的报告，并在会上搞个展览、放映考察电影。这次会议组织比较严密，中央领导下了很大的工夫，为这个会花了很大的力气。开会前，每个人的报告都要审查。我们的报告有几个人审查，我只记得张文佑[①]先生审查了我们的报告，并提了一些意见。他建议我

① 张文佑（1909—1985），地质学家，中国科学院院士。1934年毕业于北京大学地质系，先后在中央研究院地质研究所、中国科学院地质研究所工作。

们在谈到第四纪冰川时，要和李四光先生的第四纪冰川理论联系起来。但后来我们考虑到希夏邦马峰与李先生研究的庐山相距太远、差别太大，不好联系。

这个时候就已经有同声翻译了，会议安排了英、法、西班牙文的翻译。同声翻译并不是现场翻译，而是要求我们提供外文稿，实际上就是我讲中文稿，他念外文稿。我把文章翻译成了英文。地质部分是刘东生写的，冰川部分因为我的英文不好，就找了沈玉昌的爱人赵冬帮忙。她是英文系毕业的，英语非常好。会议还要求我们在正式开会之前要做试演，试演时竺老也去听了①。地学方面的第一个报告就是我们作的希夏邦马峰考察报告。

我记得这次会议的规格很高，到会的外国学者都来自“亚非拉大”，即亚洲、非洲、拉丁美洲和大洋洲四个洲。日本人比较多，非洲来的学者更多，但是没有北美和欧洲的学者。外国代表团中有副总理、有部长，各国代表团的团长都专门配备了小汽车。

正式开会之前，会议组织者还特地为我们这些参加会议的中国代表开了一次会。这次会议的记录本我还留着，从这上面的记录来看，主要有几项内容：

廖承志报告

廖承志先作了报告，他主要讲了一些原则性的问题。这个会议在政治上提得很高，指出要把亚非拉的人民组织在一起，组成一个反美统一战线。我们不但要团结社会主义国家

① 竺可桢日记1964年8月19日：“8点半至科学会堂新建礼堂……今日系我国提出5篇论文的试演，第一是今年希夏邦马高峰的科学调查，有20分钟电影，主要是冰川、古生物和爬山的风景，科学考察最高到6 250米……”（《竺可桢日记》第4卷，科学出版社，1989年，第847页。）

的人民，还要团结一切对美国不满的人。在谈到“是什么吸引外国代表来的呢?”他指出：是因为中国有经验。廖承志还讲到：过去因为我们遭受了自然灾害，力量比较小，现在我们有力量了，要支持世界人民的革命。

这次会上，是公开高举反美和自力更生的旗帜。但在内部，还要讲反修问题，只是没有公开打出“反修”的旗号。廖承志的报告中说：修正主义内部还有很多矛盾，我们要集中力量反对赫鲁晓夫。但我们不能分散力量，并要我们把苏联人民和苏联领导区分开来。

要成为和修正主义针锋相对的会

报告中也介绍了：世界科学工作者协会在东京开过一次会，我们不满意，所以要在北京来组织一次会。这个会议要反对大国沙文主义，所以我们自己绝不能搞成大国沙文主义，要与修正主义召开的会议截然相反，要成为和修正主义针锋相对的会。廖承志对我们讲：意见不同不要发脾气，但也不要搞“尾巴主义”，就是不要跟在人家后面走。

接着国家文委的张致祥同志又作了报告。他向我们介绍，前面已经开过一个由朝鲜、越南、印尼、日本和中国的五国共产党代表参加的会议。在那个会议上五国代表交换了苏联及世界科协破坏“北京科学讨论会”的情况和今后的对策，讨论了“北京科学讨论会”的开法，商量了“北京科学讨论会”的领导问题，大会、小组会的主持问题，以及如何保证五国核心的实质上的领导问题，还讨论了会议结束以后的方针和做法。他说：在五国共产党会议上，已经把我们的想法、做法全部摊开了，以后准备再在22个国家中协商，最后在全体会议上协商。只有经过反复的协商，才能使意见趋于一致。他还讲到：世界科协是反对这个会的，并讲印度要召开一个主题为“科学与国家”的讨论会，这是与我们对着干。据他介绍：参加会议的 40 多个国家中，还没有和我国建交的有 30 多个国家，印度拒绝参加会议，蒙古没有答复。

如何回答外国人提问

最后，张致祥向我们介绍了接待外宾的礼仪，比如吃饭时如何用刀叉等问题。这些主要是讲给专门陪同外宾的中国学者听，实际上我们并没有与外宾一起吃饭。对我们这些普通代表的要求，主要是如何回答外国人提出的问题。比如，外宾可能要问工资问题。在回答这个问题时，要同时回答我们的生活水平，就是说我们工资虽然低，但买东西也便宜；我们的住房虽然不宽敞，但都是公家给的，不交房钱；还有，我们有医疗保障。如果人家问到人口问题，就说中国能够保证经济发展的速度超过人口的增长速度。要强调：我们每平方公里只有 70 人，印度有 300 人。和印度相比，我们不算多。如果问我们国家的经济情况，要对外宾宣传：我国的国民经济在进一步好转。如果问到人民公社是成功还是失败，要回答：全国73 000个公社，都是在自愿互利、按劳分配的基础上建立的。

张致祥说：“北京科学讨论会”是重大的政治事件

张致祥还谈到：“北京科学讨论会”是重大的政治事件。要多讲在三面红旗的指导下，我国自力更生所取得的成就。要讲中央报纸上发表的资料，《人民日报》没有发表的资料不要讲，尤其是有些统计数字涉及国家重大机密，不要随便讲。实际上我那时只是普通的与会学者，我们和外国学者不住在一起，也不在一起吃饭，接触很少。我们只是在会上做些交流，大家谈论的也都是学术问题①。中国地理学会由竺可桢理事长主持，举办过一次招待外国地理学家的座谈会。大洋洲来的学者中有搞 C^{14} 研究的，刘东生先生请他去地质所介绍经验。

这个会国内非常重视，会议期间，毛泽东、刘少奇和朱德等国家领导人，都曾接见了到会的代表。当然主要是接见外宾，只有少数中国学者陪同。这些接见，我都没有参加。我记得当时说这是第一次，以后还要继续组织②。但后来就赶上“文革”了，没有组织过这样的会议。现在开会都不会有这样的规格了。

报告考察成果

会议的开幕式是在人民大会堂举行，报告会在科学会堂新建的礼堂举行。我们作了充分的准备，放映了希夏邦马峰的冰川、古生物和运动员登山的电影，并准备了考察成果展览。这是我第一次参加国际会议。会上有很多非洲学者，他们来自热带地区，不研究也不懂得冰川。倒是有几位日本学者，他们是第四纪冰川的行家。日本人没有搞过希夏邦马这样的高山冰川，他们对我们的工作很感兴趣。在听了我和刘东生的联合报告《希夏邦马峰地区科学考察初步报告》、看了会上的展览之后，日本学者给予了很高的评价。

当时的学术报告很多，多数我已经记不住了。只记得地

① 外国代表对中国社会各方面的情况很感兴趣，会议期间，一些外国代表向中国陪同人员了解过诸如：中苏分歧的真相、中国现在的所有制、工资制度、人民公社等问题，还有外国学者问中苏的共产主义有什么区别。此外，一些外国学者对中国人民的经济生活、婚姻、宗教等问题也很感兴趣。参见北京科学讨论会领导小组办公室编：《1964 年北京科学讨论会工作简报》。

② 这次会议最后决定要在 1968 年举行下届会议。参见《竺可桢日记》第 4 卷。北京：科学出版社，1989 年，第 849 页。

学方面尹赞勋先生讲了中国古生物学的进展，李善邦先生讲了我国历史地震资料，侯仁之先生的报告是关于中国与东非之间的海上交通，还有一位中国协和医学科学院的吴英恺大夫作的心脏病手术的报告。我作报告时打的图片都比较简单，而这位吴先生则用了彩色幻灯片，做得很生动，所以给我留下了深刻的印象。

1964年8月施雅风在“北京科学讨论会”上作报告

我的中文文章很快就在《科学通报》上发表了，“北京科学讨论会”也出了论文集①，但这个文集我直到“文革”

① “北京科学讨论会”结束后，出版了40多本《一九六四年北京科学讨论会论文集》，内容涉及多个方面。自然科学方面有：天文、气象、数学、物理、化学、应用化学、地质地理、植物、生物等；社会科学方面有：历史、哲学、文艺、语言文字学、法律等；政治方面有：国际关系、各国政治、世界人民反帝运动等；经济方面有：日本经济、各国经济等；技术方面有：冶金、机械、建筑、纺织、化工、电机等；农业方面包括：作物、水稻、农业工程、畜牧业、林业等；医学方面包括：公共卫生、病理学、内科、传染病、免疫学、寄生虫、外科、五官科、药学等。

中才拿到。

出版拖了18年

我们编写的《希夏邦马峰地区科学考察报告》，早在1965年就编好了，大部分是刘东生主持的地质和古生物方面的内容。这个报告交到了科学出版社，1966年我已经看到排好版的书样了，结果赶上“文革”，已经排成文版的考察报告被毁掉了。很快我也被关进了“牛棚”，顾不上这件事了①。文革结束以后，刘东生和我找了科学出版社。出版社费了很大的力气，重新排版印刷。这个报告直到1982年才出版，总共有70多万字，并有许多精美的图片。报告的内容也很丰富，包含了很多新的发现。我们参与编辑的《探索希夏邦马峰秘密》的纪录电影和《希夏邦马峰科学考察图片集》在“文革”以前就做好，并公映和出版了。这些资料如果搞丢了，就不好再补了。

---

①《希夏邦马峰地区科学考察报告》的前言写于1966年3月，但出版日期却是1982年12月。

我想，这一辈子白干了、一切都被完全否定了。那时候就想到了死。我走上兰州黄河大桥，跨过栏杆，从桥上跳了下去。

我那时已经55岁，还是和年轻人一样，翻山越岭。我们经常清晨5点左右就摸黑起床，冒着刺骨的寒风到冰川气象站进行第一班观测。

在国外工作，免除了国内“文革”后期各种政治运动的干扰。我们在喀喇昆仑山工作那两年，冰川脚下的简陋帐篷倒成了钻研学术问题的世外桃源。

第九章 “文革”十年

CHAPTER NINE

受到冲击

1966年我带队去西南考察，经西安到成都。在西安时，科学院西北分院接待了我们。我到西北分院汇报工作时，那里正在传达《五一六通知》。6月下旬，我在野外进行泥石流考察。我们到了四川省渡口市时，就接到了所里的电报，要我迅速回兰州。本来我想在那里完成金沙江泥石流考察任务以后直接去西藏，参加科学院组织的珠穆朗玛峰考察。接到电报，我赶紧准备回所。电报中没有说明召我回所的原因，但我知道“文革”开始了，运动又来了。我是这个单位的主要负责人，我猜到要我赶紧回所是“文革”的事，但是没有想到要我回去，就是为了斗我。

“迎接”我的是顶高帽子

回到兰州的当天，我去了研究所。当时所里已经成立了“文革”委员会，由随沙漠室来到兰州、合并以后任办公室主任的一位同事领导。他组织了一批群众“迎接”我，糊了一顶高帽子让我戴，并高呼着："打倒三反分子施雅风！"我一点思想准备都没有。造反派要我立即去看大字报，大字报都是批判我的内容，主要是怀疑我的历史问题，并说我执行了修正主义路线。

历史问题

这期间我还被三次抄家。造反派什么都抄，最厉害的一次把我家阁楼里存放的证件、日记、工作记录都抄了出来。这些东西连我自己都忘记放在哪里了。抄出来的东西中，有一个国民党"青年战地训练服务团"的毕业证书，这是国民党军事委员会第六部颁发的，因为上面有陈立夫的印章，问题就严重了。所里的老同事看了，都知道是旧证件，也无所谓。但年轻的造反派看到，认为这个问题很严重，说我还留着变天账，盼着陈立夫回来。

1938 年初，我还在浙大读书的时候，曾经到南昌参加过"国民党军事委员会第六部青年战地训练班"。有人怀疑我在那时加入了"复兴社"，后来经过组织上的调查，证明了我从来没有参加过这个组织。还有人说我在浙大读书时与张其昀教授的关系密切。因为他是史地系主任，与国民党关系密切，我被留校做研究生，被认为是他的安排，甚至说我的导师就是张其昀。这件事经过调查以后，也证明了在浙大留下读研究生的学生，都是因为成绩优异。而且我留校也是导师叶良辅先生的推荐，张其昀先生并不是我的导师，我和他也没有什么政治上的关系。还有一点，就是怀疑我 1947 年入党以后有什么问题。这更是空穴来风，就因为我的入党介绍人、联系人，以及和我一起搞进步运动的人，在这次运动中大多被审查，所以也就怀疑我有问题，甚至我的地下党员身份也被说成是国民党了。

让我交待“三反”罪行

我以往的科学研究工作也在这次运动中被全盘否定。说我推行了修正主义科研路线，是个资产阶级思想很严重的知识分子，使一部分青年人受毒害很深。我成了一个反党、反社会主义、反毛泽东思想的“三反分子”。当时造反派让我交待“三反”罪行，我一时还真交待不出来。还让我交待如何执行了刘少奇的修正主义路线，那时候我也分不清哪些是刘少奇的路线，哪些是毛泽东的路线，反正都是中央传达的精神。

面对这些，我觉得不理解，不好受。但是我可以回家，除了必须接受批判外，我的行动还自由。有时候我也主动去看大字报，因为我不清楚事态会如何发展，兰州市中心附近贴的大字报，就成了主要的消息来源。不久，社会上又兴起了批判资产阶级反动路线的风波，斗争就更加严重了。所里建立起来的“文革”委员会，又被另一批造反派推倒了，建立了新的“文革”委员会。那时冰川、沙漠两个部分合并的时间不长，刚开始时批判我的人主要是原来沙漠室的年轻人。老人毕竟在一起还是有些感情，刚刚分配来的年轻人不太熟悉，所以参与批判比较踊跃。后来冰川方面的人也起来造反了。结果形成了一个以原沙漠室为主的造反派和一个以原冰川室为主的造反派。两个方面都有领头人，也有矛盾，你争我斗。但每次开大会，我都是被批判的对象，而且批判越来越凶。

关进“牛棚”

到了1968年初，我就不能回家了，被关在“牛棚”里。刚开始就关了我一个，后来出身不好、有“反动言论”的人也给关起来了。“牛棚”中逐渐有了一批人，记得冰川方面有谢自楚，沙漠方面的老人比较多，也给关起来不少，像李鸣岗、刘瑛心、黄兆华、常亮等。我的老伴沈健也在内，但因为我们家还有三个孩子需要照顾，所以允许她晚上回家带孩子。那时候斗得很残酷，有一个人原来在国民党机关搞过行政工作，因为被斗得厉害，后来跳河自杀了。原先任“文革委”主任的那位同事被揭出不少过去的错误，而且他的夫人出身不好，造反派把他夫人关了起来，连他也挨了批斗。他受不了造反派的虐待，就在家里打开煤气，和两个孩子一起中毒死了。

“晚汇报”与“做祷告”

我们这些“难友”在“牛棚”里每天早请示，晚汇报，斗私批修，并且干些打扫厕所之类的活。有一天我忽然想起忘记“晚汇报”了，就脱口而出：“今天还没做祷告哪!”这下就成大罪了，一下子被升级为“现行反革命”。这中间我还偷偷回过一次家，但被造反派给抓了回来。所里还揪出了一个“保施（雅风）反革命集团”。这个“反革命集团”有谢自楚、杜榕桓和沈健三个人，谢自楚后来也被关起来了。其实他们也就是和我在一起工作，对我比较了解，各自讲了一些同情我的话，没什么集体活动，不知道怎么就被定为“集团”了。

那时候的批斗很残酷，要我弯腰，坐“飞机”，还有人过来打我。批判也越来越没有道理，比如我曾经说过，强烈的泥石流以避开为宜，这就成了“活命哲学”。我和周幼吾过去拟定的冰川和冻土部分的研究计划也成了批判的对象。在一次批斗大会上，有一位同事批判周幼吾的冻土计划，因为计划中有南满、北满的提法，说这是日本人的说法。他走到我面前，说“周幼吾的计划是施雅风要搞的”，并抬手打了我一个耳光。我所有工作都被批得一文不值，都成了修正主义。

投河自杀

更让我思想上转不过弯来的，是原来一些和我关系不错的同事，突然之间就转变了，完全变成了另外一个人，很是让我想不通。我无法忍受凌辱，感到悲观绝望、生不如死。那时因为所里已经死过人了，造反派看我很紧，我上厕所都有人跟着，但他们中午要休息。1968 年 8 月的一个中午，吃完中饭以后，大家都休息了，我就偷偷地跑了出去。我想，这一辈子白干了，一切都被完全否定了。那时候就想到了死。我走上兰州黄河大桥，跨过栏杆，从桥上跳了下去。

我想当然地以为，那么高的落差跳下去必然使人发昏。没想到一落水，打了一个滚，我就浮起来了，这个时候我的脑子就有点清醒了。我想到了我的母亲，想到了我的家庭，想到了我的事业，觉得不应该死。因为我会游泳，浮起来以后就顺着河水漂向下游。我跳下的那段是黄河的一个支流，但那时河水很大，现在这一河段差不多已经干涸了。过了一会儿，我脚一点地，竟然站了起来。原来河水把我冲到了河心沙洲——段家滩上。我趴到段家滩上，一身的水。

所里的人发现我逃跑了，追来的人也到了河边，着急地要下水。我就对他们喊："这儿水大，不要过来，我会回去的。"我有些气喘，就坐在那休息了一会。他们还是不放心，弄了个羊皮筏子，上到沙洲，把我救了回去。上岸以后立即送我去医院检查，我只是被河水拍了一下，胸部有点痛，没有发现内伤。于是又被送回到所里，仍然关在"牛棚"里。

沈健[①]：施雅风被救上来以后我才听说这件事，连街上卖菜的人都在议论："有人跳河了！"那时我很担心，孩子们更害怕，对我说："我们去南京大伯伯家住吧，这里呆不下去了。"他被救以后我也没有见到他，大概是在几天以后的一个批斗会上，我才看见他。那时我们只能在批斗会上见面。有几次批斗会上，红卫兵要我揭发他，我也揭发不出什么问题，我总不能胡说吧。别人就劝我：这是人家给你机会，让你解脱。

恢复工作

没想到这件事居然成了我的转折点。当时畏罪自杀也是个罪名，但我却得以"豁免"。从部队派到兰州分院的军管委主任说"不要再批斗施雅风了"，这句话让我解脱了。所以我虽然还被关押，不过后来的批斗会就好多了，我只是站在那听，不用坐"飞机"，也没人再来打我，我的家里人也就放心了。我也可以做些工作，比如自己看看书、写点材料，那时候我想做研究的欲望特别强烈。

后来事情有了转机。在审查我的人当中，有个人很细心。我在浙大时期曾经写过日记，他在我的日记中看到了我对战地服务团的不满。我在日记中说："战地服务团的官员腐败，他们不上前线，还找女学生谈恋爱。看到这些，我就不想在那里干，离开战地服务团回到了浙大。"我的最大罪

① 沈健，施雅风的夫人。

状就是国民党战地服务团的毕业证书。这个问题一澄清，就解决了我的历史问题。于是造反派就让我作检查，准备解放我。

走出“牛棚”

我还真正下了些工夫写检讨。这个检讨我还是真心写的，并不是应付，认认真真地分析了我的观点有哪里不符合毛泽东思想。当然，要写得严重一点，要上纲上线，否则就无法过关。1969 年 10 月，在我作了一次深刻的检讨以后，被定为犯严重错误的干部，并且被宣布解放。这算是对我从轻处理了，再严重一点就成修正主义当权派了。

获得解放的时候，我很高兴。因为我能回家了，当然每天还要去所里政治学习。出来以后，所里开始把我安排在大批判组，任务就是每隔一段时间写一批大字报。那些大字报不是贴在所里，是贴在兰州市中心的一个地方。起初我还不太会写，写出来的大字报总是通不过。程国栋文笔很好，我写的东西经他一修改，就通过了。

1969 年 9 月 30 日走出牛棚，10 月 2 日摄于兰州

我虽然可以工作了，但那个时候所里大部分的研究工作已经停顿。1967 年 11 月，所里重新建立了所革命委员会。把所内的行政机构分为四个组，研究室也改成了连队编制，由队长、指导员负责。到了 1972 年以后，所里的机构才改为一室两处：办公室、政治处、科技处。原来的五个连队也改回六个研究室：冰川研究室、冻土研究室、沙漠研究室、泥石流研究室、测量绘图室、仪器试制修配室等，每个室由主任、教导员和副主任领导。天山冰川站和干旱区水文研究室，被当做修正主义路线的产物给撤销了。天山冰川站中断了观测，最可惜的是干旱区水文室被撤销，人员星散，这对西北地区的经济建设显然不利。

恢复组织生活后的又一次曲折

我被放出来以后，恢复了党内的组织生活，党内开会也通知我参加了，后来突然有一段时间又不让我参加党内活动了。我去问所里的领导，他们只是说："你不要管，要你参加你再参加。"过了很长一段时间我才知道，1969 年 10 月我刚被"解放"，所里就收到了一份揭发我的材料。这份材料是从华东水利学院，也就是现在的河海大学寄来的。那里有一位我在浙大时的老同学，他因为当过浙大三青团书记，解放后一直把他当历史反革命看，每次运动都整他。后来他发现了一个规律，只要"坦白交待"得好，就可以放过他。"文革"运动一来，他还是采取这个老办法，交待参加过国民党的特务组织，而且说"施雅风也参加了"。那时候所革委会刚放了我，也不好再关起来。如果我那时还在"牛棚"里，恐怕就放不出来了。

因为怀疑我的历史有问题，所里特地派董光荣同志去贵州调查。他工作很细心，找到了一个关在贵州监狱里的犯人。我在浙大读书期间，这个人正在贵州北部担任国民党特务的头子，他证明我没有参加过特务组织。而且据他交待，连揭发我的那个人也不是国民党特务，这才把问题搞清楚。

下放干校

所里接到这个案子的时候，觉得不好处理，我在所里也不好工作，于是1970年把我下放到所内设在康乐县景古乡的干校劳动了半年左右。我们在干校都睡在大铺上，劳动也很苦，但我在那里心情好了很多，在干校劳动也很积极，那时候真是诚心诚意地劳动。记得为了积肥，我还曾经背个筐去拾狗粪。在劳动中我和一些景古老乡交了朋友，现在那里70岁以上的老乡还有不少人认识我。

科研生产组副组长

1971年我从干校回到所里，当上了科研生产组的副组长。当时所里有三个组，政治组最强，人也最多，另外还有后勤组和科研生产组。科研生产组是个摆设，组长由革委会主任兼任，他很忙，顾不上这个组的工作。我去的时候这个组还有个女同志，叫李慕真，是科研生产组副组长。我去了不久，她就调走了，这个组就剩下我一个人。生产组办公室里连把椅子都没有，只有一个长条板凳，我就在那里办公。

为了了解情况，我组织召开过几次座谈会。记得第一次座谈会有10多位负责一线工作的同事参加。这些负责人有些是科研人员，有些是行政人员。他们汇报了各自开展工作的情况。实际上，“文革”中工作已经停了几年，所以各方面都是刚刚开始工作，有些还没有开始工作。记得那次是周幼吾首先汇报她领导的冻土工作，那时她带了十多个人在热水煤矿搞融化压缩实验。她说，仪器设备正在边实验边改进，估计当年6月中旬以后要对实验效果提出评价，写出小结。另外，他们还搞了冻土测绘工作，但这项工作需要打钻，可是钻机少，不够用。其他人也作了汇报，比如在甘肃南部武都附近的泥石流考察、天山公路雪害考察等等。多数汇报都说工作刚刚开始，但经费不落实、缺设备，工作不好开展。比如天山公路的工作汇报，就是强调全体队员每天读《毛主席语录》，并与道班工人同吃同住同劳动。那时每十公里有一个道班，负责养路，但“文革”中已经好几年没养路了。我后来去新疆考察，坐在一辆大卡车的副驾驶座上。路面坑坑洼洼，汽车颠簸得非常厉害，我的脑袋都撞到了车顶上。

通过几次座谈会我发现，工作不多，问题不少。那时主要强调要用毛泽东思想来指导工作，所以汇报中都是如何学习毛主席语录，如何三结合，如何一帮一、一对红……有些人蛮会讲，介绍在实际工作中如何活学活用毛泽东思想，结果就成了标兵。所以光听汇报根本搞不清楚，需要到现场去看一看。

越岭建言

这期间所里让我出过一次差，主要是出去了解情况，我也利用这个机会出去找课题。我到了河西附近，看到从事沙漠研究的同志正在那里搞铁路的防风沙治理工作。我看了看，也提不出什么建议。后来我到了新疆，那里正在研究南疆铁路筹建中的钻探施工问题，一些公路的雪崩和风吹雪防治设计问题。因为那里风太大，把火车都吹翻了，科研人员正在那里调查如何修建铁路。有一天我起得早，吃了早饭准备出去看看。一位搞沙漠研究的年轻同志看我出去，就陪着我一起走。他没吃早饭，而且以为我也没吃饭，只是出去随便走走，一会儿就回来，结果我们走了大半天。不过这天很有收获，我在南疆铁路越岭地段看到铁路部门要挖隧道，他

们在打钻时钻孔总是打不进去。我就在周围转了转，发现原来设计的路基和隧道是在古冰川堆积的大小石块混杂区内，在多年冻土层中。我提出必须专门组织力量进行勘探，铁路部门采纳了我的建议，决定由冰川冻土沙漠所专门派人进行勘察。

组织编写科普读物

这次出去我发现了很多可以研究的问题，但因为没有研究条件，所以多数时间我是在了解情况，解决不了问题。我从野外回到所里以后，就开始着手组织一些工作。那时候研究工作不多，所里有很多人闲着。学术杂志也停刊了，没办法写科研论文。我就提出，为了使更多生产建设部门的人员了解冰川冻土的基本知识，所里应该组织编写一些中等普及性的小书。很多人积极参与了这项工作，最后我们先后编辑出版了《泥石流》、《冻土》、《冰雪世界》、《风雪流及其防治方法》、《雪崩及其防治》、《泥石流地区的公路工程》等综合知识性的科普读物。这些书出版后，很受工程技术人员的欢迎。另外，我看到大量的野外考察资料都没有整理，各种资料、报告杂乱地堆在所里，于是就在所内组织没有工作的老同志清理资料，归纳档案。

科研生产组本来是安排整个所与生产有关的工作，因为我在“文革”中曾经受到过批判，我提出的建议经常被顶了回来，所以组织项目很困难。我记得有一次一些人员从野外考察回来，到我这里来批报销单据。我觉得他们的花费有问题，没有签字，他们就大为恼火，说：“你竟敢不批？看来还是斗得不够！”当了一年多的科研生产组的副组长，我就要求全面转到研究工作中。

冰川室主任

1972年所里恢复了研究室，我就到冰川室当室主任，开始专门做研究工作了。回到研究室以后，我首先重点抓珠穆朗玛峰的总结工作，另外也开展了几年天山西段公路雪崩和风吹雪的实验研究，初步掌握了雪害的成因、分布、类型以及运动的若干规律，总结出一套可行性的防止路面积雪和防治雪崩的工程措施，并提出了设计方案。生产部门根据我们的方案施工以后，保证了冬半年的公路畅通。同时，我们还与铁路设计部门协作，对隧道区冰碛物的物理力学性质进行实验研究，这些成果也满足了生产部门的需要。1973年，我还参加了天山冰川补点考察，特别是对台兰河现代冰川与第四纪冰川了解较多。这一年科学院的西藏综合考察工作重新开始，由兰州大学地理系和冰川所合作，李吉均带队，以西藏东南部海洋性冰川为主开展工作。这项工作进行了很多年。

1971年下半年，林彪事件出来以后，政治空气变了。开始纠正过去几年中盛行的“左”的政策，提出科研工作要结合实际，往高里提。那时科学院五局管地学部分，1972年初在贵阳地球化学所召开了地学工作座谈会，所里派了四个人去，我是代表之一，就建议召开一个珠穆朗玛峰考察工作的总结会议，并考虑下个阶段做些什么。院里决定1972年10月在兰州召开珠穆朗玛峰总结会。地学界去了很多人，他们当中有不少人并没有参加过珠穆朗玛峰的考察工作，但是因为地学界很多年都没有开过学术会议了，所以参加的人十分踊跃。

参加全国科学技术工作会议

在珠峰总结会召开前，我还到北京参加了会议。1972 年 8 月，中央在北京召开了全国科学技术工作会议，这是“文革”开始后第一次全国性的讨论科学技术工作的会议。有科学院、国家各部委和各省市自治区的人员 200 多人参加会议。会议集中讨论的一个重要问题，就是究竟应该怎样评价“文革”前的科学工作，是正确路线为主导，还是反革命修正主义黑线为主导。会议原计划开一个月，后来听说拖了好几个月。

甘肃省组织了一个代表团，由一位省委常委带队。代表团中需要有科学家参加，省里点名要我去。开会时，代表们提了不少意见和建议，特别是呼吁应该大力加强基础科学理论研究工作。代表们都认为，过去的工作常常是在批判脱离实际的同时，就放松甚至放弃了理论研究，而在批判忽视理论研究时，又忽视和排斥了联系生产实际。过去的工作单纯地赶任务比较多，深入系统地研究比较少。许多研究所都是围绕一个个生产任务布置科学研究的课题，没有同时安排相应的理论研究。因此生产任务完成了，工作也就完成了，没有带起基础科学和理论研究。结果是学科上不去，资料数据积累差，一般干部的基本训练差，水平得不到提高。另外一个反映比较集中的问题，就是学术垄断、技术封锁、关门独干的现象，互相不通气，重复较多。有的项目，因为得不到协作，什么都要自己动手干。而且题目、人员多变，长期稳定的研究课题少，领导上经常轻易地改变研究方向，经常号召突击重点。

这个会议还有一个重要议题，就是借着全国的“批林”运动，批判科学工作中的“左”倾路线。大家发言非常踊跃，希望纠正过去的极“左”路线。但是批着批着空气就转了，说林彪不是“左”，而是右，是“形‘左’实右”，会议的气氛一下就冷了下来。我本来是满怀希望去参加这个会的，结果却是失望而归。

代表们都住在友谊宾馆，会议中间曾经请我们到体育馆去看中日排球比赛。周总理等中央领导也去了。比赛开始前，日本队出来向观众敬礼，很整齐。等轮到中国队上场，就稀稀拉拉，很不成样子。周总理看了很不满意，要他们重新排队。这场比赛结果是日本队大败中国队。

会议开到后来，也没什么可讨论的，就是等着周总理接见。但据说周总理很忙，前面是美国总统尼克松来华访问，后面是日本首相来华，外事活动很多，没时间接见会议代表。很多人就在那等，也没有什么事情，就是打打牌，聊聊天。我待不住了，只参加了两个星期的会议就请假先回了兰州，听说这个会持续了两三个月。

批判“复旧回潮”

1973 年 1 月，《全国科学技术工作会议纪要（草案)》传达下来。《纪要》对“文革”前的科技工作还是肯定了，但却没承认“文革”对科技领域的破坏，还说当时科学领域和全国一样，“形势大好，越来越好”。应该说这个文件还是反映了一些科研人员的呼声，但是“文革”中的主导思想和一些错误的提法并没有改变。就是这样一个文件，也没有得到贯彻执行，后来很快掀起了“批林批孔”运动。在这个运动中，全国科学技术工作会议又成了“复旧回潮”的典型，受到了批判。

珠峰考察工作回顾

还是接着谈珠峰考察的总结会。1965 年，国家体委计划组织第二次攀登珠穆朗玛峰。经科学院上报聂荣臻副总理批准，组织了西藏科学考察队。考察队分为地质、自然地理和生物、冰川与气象、高山生理、测量与制图等五个组。任命刘东生为队长，冷冰为行政副队长，业务副队长是胡旭初和我。我负责冰川气象，他负责高山生理。

1966 年春天，珠峰考察队开赴野外。我在兰州送别了前去西藏从事冰川和测绘考察的同志。我本来打算 7 月初完成泥石流考察任务后直接去珠穆朗玛峰，和先前到达那里的大队一道工作，但因为“文革”没能去成。不久，珠穆朗玛峰考察队的全体队员也中途被迫终止野外工作，返回各自的单位参加政治运动，体委组织的登山活动也被迫下马。

1967 年考察队提出，这项任务是聂荣臻副总理批准的，要求继续进行野外工作。这样，从 1967 年到 1968 年，又进行了两个夏季的野外调查。但是这段时间，我正被关押挨斗，不能到野外工作。进入 70 年代以后，形势稍有好转。1972 年，我们倡议召开珠穆朗玛峰考察总结专门会议，全面系统地总结了珠峰考察的成果，并规划青藏科学考察下一阶段的工作。

我详细阅读了珠峰的考察资料和总结报告，觉得这期间收集的野外资料少、工作不够深入，而且受“文革”的影响，报告的题目都很大，都是“毛泽东思想的伟大胜利”。其中也有一些工作做得挺细致，比如编制的一套详细的地形图。为了充实考察报告，我查阅了西方人对珠穆朗玛峰的工作情况资料，尤其是英国人在珠穆朗玛峰南坡做了许多研究工作，他们还编制了珠穆朗玛峰北坡地图。根据中国考察队员收集的野外资料和国外有关珠峰的文献，我补充了考察报告的内容，提高了总结的质量。冰川方面观察到的资料不是很丰富，但是经过大量的室内总结、整理和加工，总算差强人意成为一项可以称道的研究成果了。

在兰州召开珠峰考察总结会

这一年 10 月，科学院在兰州召开了珠峰考察的总结会议。这次会议不仅有考察人员参加，还有很多生物学家和地学家参加。会议由过兴先同志主持，孙鸿烈①同志担任会议秘书。会上宣读了很多论文报告，还确定了专题出版计划。这次会议拟定了青藏科学考察的十年规划，后来申报科学院获得通过。

这次会议结束后，刘东生和我联合部分学者，在兰州撰写了《珠穆朗玛峰自然特征与地质发展史》，发表在 1973 年的《科学通报》上。米德生同志编制的 1∶50 000 珠穆朗玛峰地区图，在兰州会议上受到了大家的一致好评。从 1974 年开始，考察队陆续出版了 7 册《珠穆朗玛峰地区科学考察报告》，包括了地质、古生物、第四纪地质、自然地理、现代冰川及地貌、生物及高山生理、气象及太阳辐射等内容，另外还出版了一本画册。

在最后编制完成的考察报告《珠穆朗玛峰地质考察报告（1966—1968）》的冰川与地貌卷时，我组织编写了《珠穆朗玛峰冰川的基本特征》。这篇综合性的文章由《中国科学》杂志用中英文发表后，日本学者看到了，把它翻译为日文发表在日本《雪冰》杂志上。

---

① 孙鸿烈（1932— ），地理学家，中国科学院院士。曾经担任中科院自然资源综合考察委员会领导小组成员、主任，中国科学院副院长等职。

考察巴托拉冰川

位于喀喇昆仑山西南侧巴基斯坦境内的巴托拉冰川，是一条极其活跃的冰川，也是全世界中纬度地区长度超过50公里的八大冰川之一

冰川洪水冲毁了中巴公路

1973年春夏之交，巴托拉冰川洪水暴发，把刚刚修成通车的中（国）—巴（基斯坦）喀喇昆仑公路给冲毁了。这次洪水不但冲毁了几段路基，还破坏了两座桥梁，无法通车。中巴公路是周恩来总理和布托总统两个人协商后决定修建的。为了修建这条路，我国派出了9 000多人。这个工程归新疆军区管。听新疆军区的人说，公路被冲毁后，巴基斯坦方面希望改道。中国方面的人员拿不定主意。这条公路是中国援助巴基斯坦的，如果改道，就要增加大量经费，如果在原址上修复，又担心公路再次遭到冰川的破坏。

为了科学地作出决策，中巴商定，由中国方面派出冰川考察队，进行可行性研究。1974年初，国家外经部、交通部和军委总后勤部联合下达任务，要求中国科学院冰川所派出技术小组，对巴基斯坦境内影响中巴公路建设的喀喇昆仑山巴托拉冰川进行考察。要求以两年的时间摸清巴托拉冰川的运动与变化特征，提出中巴公路通过方案。

一项政治任务

为了这项工作，所里向甘肃省革命委员会科学技术管理局打了请示报告。科技管理局在对报告的批复中特别强调，援巴工作是一项重要、艰巨而光荣的任务，对贯彻毛主席的革命外交路线、加强中巴人民友谊有着重大的政治意义。并且要求我们要在筑路指挥部的统一领导下，以中巴公路急需解决的桥梁问题开展工作，切勿脱离领导、脱离实际，单纯去搞冰川考察。那时候对出国考察人员的审查非常严格。不但要对出国人员进行政治审查，出国前还要办学习班，学习外交政策并做思想政治工作。我们到了中巴边境的时候，才知道不能带人民币出国，于是大家把人民币统一交给关口处保管，回来时再还给我们。

因为强调政治挂帅，考察组的组长是由所里搞政工的同事担任，我当第一副组长，第二副组长是一位搞测量的同事。冰川所的领导要我负责组队，我也认为义不容辞，马上就同意了。所里的领导很支持这项工作，按照我的提名，配备了十多位业务和行政骨干，国家体委登山队派了四名登山老将，帮助我们克服考察中可能遇到的险情。中巴公路指挥部充分满足考察队的物质需要，并配备了一名翻译和十多位青年辅助人员，这名翻译后来出任了中国驻巴基斯坦的大使。兰州医学院附属医院也派了一名出色的大夫随队工作。筑路指挥部还给了我们一辆小汽车。但小汽车在野外很快就坏了，我们也没怎么用。

1974 年 4 月，考察小组前往巴托拉冰川进行实地考察。我们经过长途跋涉，乘汽车到达了巴托拉冰川的末端，在那里搭建起五个帐篷宿营。巴基斯坦朋友也热诚友好地支持我们，派了专门的联络员，并几次派直升机解决冰川考察与运输中的困难。

这项任务的核心是预报。为了既经济又安全地确定公路和桥梁的位置，避免 1973 年冰川洪水冲毁公路和桥梁的类似危险再次发生，必须正确预报未来数十年的冰川进退变化、冰川融水的最大水量、冰融水道的可能变化以及埋藏冰的分布及其对公路的可能危害。有关部门要求我们用两年的时间，摸清这个冰川的运动和变化特征，预报今后数十年间这个冰川的进退变化和冰川融水通道的可能变化，提出中巴公路的通过方案。

这是一项十分艰巨的任务。为了科学地预报，必须对过去的历史与现状有清楚全面的了解，摸清变化特征和变化机制。可是开始我们连巴托拉冰川在哪都不知道。当时所里有人说："去看个把礼拜就可以把问题解决了。"我说我可没这个把握。我当时对这条冰川一无所知，时间又很紧迫，不允许考察走弯路。于是我立即开始查阅文献。可是在兰州找不到关于巴托拉冰川的资料，我想起 1949 年以后地质部图书馆接收了中央地质调查所的全部书刊。这个调查所图书馆的藏书十分丰富，也许能够查到一些有用的资料。为此我专门去了趟北京，在那里住了一个星期，终于在百万庄地质图书馆查到了 Ph. C. Visser 夫妇率领的荷兰考察队于 1922、1925 和 1929、1930、1935 年的考察报告中的冰川卷（1938 年出版），还查到了 K. Mason 于 1930 年出版的《喀喇昆仑山及邻区的冰川》一书。当时还没有复印设备，我把这些资料拍照下来带回兰州。这些资料对我了解巴托拉冰川的概况帮助很大。

查到地质调查所时代收藏的老资料

巴托拉冰川很长，我在国内还没遇到过这么长的冰川。这一带的地形异常险陡，又在异国他乡。由于对现场情况缺乏了解，对于如何完成任务，我也心中没数。我想只有摸着石头过河，扣紧任务目标，步步深入，将国际冰川研究中提炼出来的理论知识和实际考察情况相结合。

在野外从事冰川考察，总是要克服很多困难。我那时已经 55 岁，还是和年轻人一样，翻山越岭。我们经常清晨 5 点左右就摸黑起床，冒着刺骨的寒风到冰川气象站进行第一班观测。夜里，有时也打着手电到洪扎河边观测冰川融水和洪峰。考察队住在帐篷里，我的工作环境就是一张小板凳和行军床前一个石头垫起来的木箱做的书桌。因为在野外查资料很不方便，所以我还特地从国内带去了一箱书。

遭遇险情

从事冰川考察经常会遇到危险。在巴托拉冰川考察时，我就遇到过多次险情。有一次我正在考察，突然滑下来一块石头，把我压在底下，爬不起来了。幸好旁边有同事看到了，马上过来把石头推开。还有一次是在9月一天的上午，我和张祥松为观测巴托拉冰川主要融水道流出的冰洞口变化情况，携带照相机、测绳、卷尺等工具，去冰洞口现场。谁知路上遇到了大雨，张祥松怕相机被淋湿了，就脱下毛衣包裹起来，放到挎包内。走到离河面30米的陡坡顶上，我们已经看清冰洞口了。但是为了取得准确的冰洞口后退的数据，我们决定下陡坡到水边去测量。他走在前面，我跟在后面。他刚下坡几米，就踩翻了一块石头，人一下就滑下去了。接着松动的石头也纷纷滚了下去，砸到他的身上，他支持不住，就沿坡往下滚。他在翻滚中头碰到了一块石头上，一下失去了知觉，一直滚到了坡脚，落入水中。他落入冰冷的水中以后，喝了两口水，顿时清醒过来，于是站了起来，但是相机、衣服、挎包全都被冲走了。当时我真是吓坏了，想赶紧绕道下坡，救他上岸。他看到了我，急忙摆手，示意要自己爬上来。果然他自己绕道爬上了岸，回到营地以后，我们赶紧给他敷药治疗。万幸的是，经过检查，他除了身体上有几处被石头擦伤的部位比较疼痛外，没有发生骨折、内伤和脑震荡。休息了一个星期后，他的身体基本上恢复，可以正常从事一些工作了。

钻研学术的世外桃源

当然在那里工作也有乐趣。在国外工作，免除了国内“文革”后期各种政治运动的干扰。我们在喀喇昆仑山工作那两年，冰川脚下的简陋帐篷倒成了钻研学术问题的世外桃源。考察组长由何兴同志担任，他负责处理行政事务。筑路

1975 年夏天考察队员在巴托拉冰川下合影（二排右二：施雅风）

指挥部和巴基斯坦的朋友也给予全力支持，在那里我可以一门心思钻研业务。我从 1947 年参加革命以来，也只有这两年能全力以赴进行科学研究。这次考察使我的冰川业务知识有很大的增长，较多地发挥了创造性。

我们到巴托拉冰川附近后，在离冰川两公里的地方设立了基本营地。到了那里才发现，光靠我们这些人还不够，需要配备一些辅助人员。于是指挥部为我们配了 20 多名战士，还从当地老乡中找了一些人为我们带路。巴基斯坦方面也很配合，调来直升机帮助运东西。这还是我们在野外第一次使用直升机。因为我们计划在冰川中段离基本营地 20 公里处建立一个观测站兼中转运输站，需要的物品只有依靠直升机才能运上去。我们先派一些人去探路，在观测站附近铺了一块红布，这样直升机就很容易辨认出投放物品的位置。在直升机的帮助下，我们很快建立了观测站。

一切安顿就绪，我们立即开始对冰川末端地段进行广泛的考察，了解公路遭到破坏的原因。经过初步的勘察，查明了公路被冰川破坏的主要原因，是冰川融水道在冰川内部突然改道，从冰川的南侧流出，冲毁了公路。原来跨越融水道的桥梁，是按照勘测人员在冬季冰川消融最小时看到的流量设计的，而夏季冰川消融强烈，洪水流量比冬季高几百倍，自然要冲毁孔径过小的桥梁。

从地貌形态和气候分析上来看，巴托拉冰川末端应该处于衰弱后退状态。但是我们实际测量冰川末端，发现它确确实实在前进。再与巴基斯坦方面提供的 1966 年的地图相比，1966 年到 1974 年的 8 年中，这条冰川前进了 90 米。为了更准确地了解冰川的运动情况，我们请当地的老人到现场指点。

说不清楚年龄的老人

我们首先访问了一位当地老人，他说他已经九十多岁了。我们听了很惊讶，看上去他的身体很好，他带我们去冰川附近时，一抬腿就迈过了一个沟坎，不像九十多岁了。我们中国人有属相，只要知道属相就能推算出年龄，所以不容易出错。巴基斯坦人没有属相，这个当地人只知道他是大洪水之后出生的，但到底是哪一年发生的大洪水？他就说不准了。所以他们的年龄很不准确。我们后来遇到一位自称八十来岁的当地人，他说早先领我们去看冰川的那位老人，过去还跟他学过打猎呢。就说明那人应该不到九十岁。但这些当地人倒是清楚地记得过去冰川曾经到过的地方，这对我们很有帮助。

通过分析资料和了解情况，我们知道 20 世纪初期，巴托拉冰川曾经越过了公路线，到达洪扎河床。如果这种情况再次出现，就必须将公路改道至洪扎河东侧，这样就需要增修两座往返跨越洪扎河的大桥，增加大笔投资。但是冰川如果能够迅速停止前进，前进量达不到现存残破公路上，则适当移动桥位，恢复旧道就可以了。这样可以大大节约投资。

关键在于预报冰川前进的定量值

问题的关键，就在于正确地预报冰川前进的定量值。冰川末端的变化可以根据当地老人所见并对照以往考察者的文献记录，比较容易弄清楚。但是对冰川上游的情况，几乎没有人知道。于是我们制定了一个两年夏秋季的工作方案，主要是建立了一个气象站，布设了两处水文观测断面，通过开展精密地面摄影测量和冰川流速和消融的观测，了解冰川基本特征和可能的积累情况。还要派出几个得力的年轻同志到冰川上游雪线以上，挖雪坑，弄清可能的积雪厚度。我们还广泛地搜集了巴托拉冰川邻近地区水文、气象和冰川历史变化资料。

野外工作：河道水深测量

对于定量预报冰川前进，我们完全没有经验。这年冬天，考察组留一部分同志继续维持冬季气象水文观测。我和张祥松回到兰州，查阅国际文献。陈建明等回到所里，利用分析仪器绘制冰川末端 20 公里段的 1：25 000 地形图，设计第二年工作方案。

通过查阅国际文献，我们只找到两篇定量预报冰川前进的论文，一篇是苏联学者的，另外一篇是西方学者的。他们研究的对象是面积二三十平方千米的中等冰川，方法是连续多年冰川积累、消融、运动的全面观测，绘制大比例尺地形图，再经过较周密的理论计算。他们的方法对我们有启发，但是不能套用。因为巴托拉冰川面积10倍于中等冰川，支流众多，上游积累区高程为海拔5 000～7 000米，显然不可能进行全面观测。我们必须在1975年就做出正确预报，时间又很紧迫，需要创造性地解决这个难题。

摸索测定冰厚度

经过反复考虑，除了原来已经确定的各项观测工作外，我们决定第二年增加冰川厚度的测量工作。但最初我也不知道应该怎么测，先是想用地震方法测量，为此还定购了地震仪。但再从文献上看看，用地震方法测量厚度并不理想。后来就想到用重力法来测量厚度。为此我组织了三个人：一个人派到地质部门去学习重力测量；另外找了一个地球物理专业的年轻人，让他负责数据计算；第三个人外文很好，负责查找国外文献资料。第二年这三个人一起去了巴托拉冰川，他们成功地测定了冰川下游段20公里内各断面的冰厚度。与此同时，我们还进行树木年轮气候研究，探讨19世纪到当时冰川进退和气候变化的相关问题；并对冰川全流域进行摄影测量，作为预报量算的根据。到了秋天，大量数据出来了，就在帐篷里计算。当时没有电脑，都是手摇计算机，计算工作量非常大。

用波动冰量平衡法预报冰川运动

在第二年的实践中，我们逐步悟出了两种预报方法：一是冰川末端运动速度递减法。当冰川下游消融加剧，厚度减薄，冰流速减慢，在运动的冰量与消融的冰量相等时，冰川就停止了前进。第二种方法是波动冰量平衡法。这条冰川很大、很长，一段冰川运动速度快，一段慢，就像是一波一波的。虽然这样考虑计算起来很复杂，但各种因素都考虑到了。这样就比较正确地计算出了变化着的冰流速、冰流量、消融值、冰川运动波的传递速度，以及冰川前进必须具备的坡度、厚度等参数。有些参数有实测数据，有些则没有，只好做大致匡算。

经过两年的野外工作和一系列复杂的计算之后，我们预测巴托拉冰川还会继续前进，但是它的极限前进值仅为180米，最终将在离中巴公路300米以外的地方停止前进。冰川前进年限从1975年算起为16年，其后将转入退缩阶段，这一退缩将延续到2030年以后。根据探坑调查、钻孔测温和地面形态，我们断定原设计公路不存在大片埋藏冰，认为中巴公路可按照原线修复。

提出公路修复方案

我们提出了修复被破坏的公路的方案：适当变动桥位、放宽桥孔。筑路工程指挥部接受了这项建议，并经过交通部审核批准、巴基斯坦方面同意，于1978年修复通车。我们的修复方案，按照当时的币值，为国家节约了1 000万元左右。

1980年和1994年，李吉均和张祥松等人两次前往巴托拉冰川验证复核，证实冰川的进退、冰面的增减、冰川的运动速度和消融的有关数据，都与当年的预报基本一致。只有一点出入：原来预测巴托拉冰川前进的终止时间，提前到1984年出现了。冰川还没有前进到180米就提前退缩了。这可能是由于当时没能预见到80年代气候迅速变暖、冰川消融增大、冰川变薄和冰流速降低等因素影响的缘故。

在应用任务完成以后，我们继续进行科学总结。1976年，我们撰写的《喀喇昆仑山巴托拉冰川考察与研究》专著在1980年出版。其中主要的部分在1978年《中国科学》上用中英文发表，并在国际学术讨论会上交流。

我国冰川学的新水平

这项成果受到中外学者的重视和好评，美国著名冰川学家、曾经担任国际水文协会主席的迈尔（M. F. Meier）教授认为，中国冰川学者在野外工作期间，没有利用计算机就能作出这样精度的预报，是非常出色的成就。1982年，这项研究被评为国家自然科学三等奖。虽然奖级不高，但却是我国冰川学建立以来第一次获得的国家奖，也是地理学方面第一次得到国家自然科学奖。它标志着我国冰川学提高到新的水平。

我们在巴托拉冰川工作期间，还解决了一个问题。那时冰川南面突然暴发了一次泥石流，把洪扎河给堵了，形成了一个湖，淹没了部分路基。筑路指挥部担心再次发生泥石流。我们临时派了个小分队到发生泥石流的冰川上面考察，他们发现那里松散的堆积物都已经冲掉了，不会再暴发泥石流。筑路指挥部听到这个消息，十分高兴。

一封信毁了一个计划

我们原定在1975年结束野外工作前，对整个中巴公路沿线的地貌和工程地质现象做一次系统的考察，为这条公路长远的建设和维护提供基础资料和建议。筑路指挥部同意了我们的计划，但这件事却因为考察队内部的原因没有实现。

在巴托拉工作的两年中，我们的帐篷就建在大路旁边。那时常有巴基斯坦人过来，考察队里我的英语还能够应付，所以经常是我和他们交流。有时巴基斯坦人开的车没有汽油了，向我们要汽油。我们就给他们一点，也不多。有时是过路的人手割伤了，来找医生。另外，按照当时外事纪律的规定，考察队员不能一个人出去走，要两三个人一起走。我有时想到冰川附近看看，就一个人出去了。队里有一位队员，在野外工作期间我曾经批评过他，他心里不高兴，就写信到

1975 年施雅风（右一）考察巴托拉冰川时与巴基斯坦朋友合影

所里，说我违反外事纪律。这时工作任务基本上结束了，所里就发电报，要我赶快回去。筑路指挥部对我说：我们同意你继续考察，但你们单位不同意。所以全线考察的计划没能实现。

这个规划对于地学发展影响很大，像长江三峡、南水北调、基本地理图件的编制，这些内容都是在那个时候定下来的。

那次是个冷餐会，我看见邓小平一个人在那边吃饭，就和樋口敬二讲，我们去见见邓小平。

第十章 全国科学大会前后

CHAPTER TEN

从1977年开始，科学院采取了很多措施恢复科研工作秩序。1977年初，方毅来科学院主持工作。当时郭沫若还是院长，他去世后，方毅出任院长。方毅等人来科学院以后，采取了一系列的改革措施，比如恢复科研秩序、制定科学规划、恢复学术委员会制度、增选学部委员、恢复国家科委、改革拨款制度、设立自然科学基金等等。

黄秉维、张文佑和叶笃正参加科教座谈会

另一个变化就是邓小平重新出任中央副主席和国务院副总理，主要分管科教工作。他恢复工作后的第一件事，就是在1977年8月初召开了一个科学教育座谈会。我没有参加这个会议，科学院地学领域参加这个会的有黄秉维、张文佑和叶笃正等人。我听黄先生讲，会上发言非常踊跃，他都没来得及说话。据黄先生讲，座谈会上讨论了科学发展中的很多问题。这些问题我大多记不清了，只记得黄先生说：会上否定了过去的资产阶级知识分子的说法。另外在教育方面，也否定了过去认为教育战线是资产阶级知识分子专政的提法。邓小平说，“黑线专政”的提法不对，如果不纠正这种极“左”的倾向，就没有办法解释我国在教育战线上取得的成绩。教育方面很快就改了，1977 年恢复了大学招生，恢复了大学四年制教育。

主持编制地学学科规划

在科学教育座谈会之前，大概是五六月份的时候，科学院召开过一个科技长远规划座谈会。主要是讨论科技现代化的含义是什么，科学院在实现四个现代化方面负有什么样的责任，还讨论了制定科技长远规划的战略设想。经过这次讨论，初步拟定了全院八年科学发展规划纲要草案，也就是《1978—1985 年中国科学院科学发展规划纲要（草案)》。这个草案提交到 6 月份召开的全院工作会议上，并作了进一步的讨论和修改。这个会议还确定了要搞主要学科的规划，并指出制定学科规划的目的，就是为了把全国有关的科学研究单位组织起来，为全国的计划会议作准备。

1977 年 7 月，科学院组织召开了全国自然科学学科规划会议。基础科学包括了数学、物理、化学、天文、地学和生物学六个学科，制定的是全国性的规划。新兴技术学科和其他学科，比如环境科学、力学、空间科学、光学、半导体、计算机、金属腐蚀、自动化、电子学、电工学等，制定的是院内规划。

当时对基础学科规划的具体要求主要有几个方面：第一，要对本学科在国际国内的发展现状、存在的主要问题和发展趋势有一个总体的把握。第二，制定了一个大框框，叫“三八二十三”，意思是在规划中要制定出三年、八年的具体

三八二十三

奋斗目标和二十三年的大体战略设想。二十三年是指到2000年希望能够达到什么程度。邓小平提出来，希望那时中国的科学研究能够接近国际先进水平，部分超过国际先进水平。第三方面，规划要提出未来八年的重点研究项目。这些项目要能够代表本学科的水平，其中最好还要有几个重大的、可以赶超世界先进水平的项目。第四，要求规划中提出全面安排本学科的简要意见，就是说除了重点研究项目外，还有哪些需要开展的研究项目，包括填补空白、加强薄弱环节的学科分支或研究课题。第五方面，提出本学科各研究单位的机构、任务调整分工的意见，其中包括和高校，还有一些地方科研机构的分工协作，另外还要讨论是否需要新建或分建研究机构。最后要讨论学科研究中急需的主要条件和措施，包括实验手段、基本建设人员的培养和需求、经费等等。当时提出制定规划的指导思想是"侧重基础、侧重提高"。郁文秘书长讲，应用科学发展到一定阶段后，就要求加强基础科学和理论研究，否则应用科学得不到很快的提高。

郁文让我负责地学规划

郁文秘书长让我负责地学规划。我起初不同意，对他讲："我长期在兰州工作，对地学研究状况缺乏整体了解，不如北京的同事清楚。"郁文说："你过去在地学部参加过很多工作，又参与过十二年远景规划的编制，而且规划也不是只靠一个人，还是你比较合适。"我只好答应了。

这个规划整整搞了三个月，从8月开始，一直到10月底才结束。刚开始我们没想搞那么长的时间。郁文讲，希望一个月就能解决问题。实际上一个月的时间解决不了那么多问题。开始参与规划的人员并不多。我们首先组织召开了一些座谈会，请知名科学家作报告，既讲这门学科在国内的发展水平、存在的问题和情况，也讲国际上已经达到的水平。国际方面，主要是侧重于过去十年国外的研究水平。那时我们对国外的情况不太了解，尤其是对一些新的技术更是陌生，比如遥感、同位素化学等方面。我们就请了一些学者介绍国外情况。我记得大气由叶笃正讲，地球化学由涂光炽[①]讲，构造地质由张文佑讲，遥感由陈述彭讲。那时候找的都是有名望的专家，一个一个讲。通过这些报告，参与规划工作的人员逐渐明确了重要的研究内容，比如开气候变化座谈会时，大家认为气候变化的研究很重要，应该开展这方面的工作。这些讲座，我有时间就去听。

主持青藏高原隆升问题讨论会

搞规划的时候，我并不是所有的时间都在北京。珠穆朗玛峰考察结束以后，曾经提出过青藏高原的考察计划。1978年初，在苏州召开青藏高原考察总结会，我在会上建议专门就青藏高原的隆升问题开个学术讨论会。1978 年秋，青藏高原隆升问题讨论会在山东威海开会，这个会秦力生让我去参加并主持了会议。当时天津也有个会，秦力生就不同意我参加，他要求我用更多的时间在北京参加规划工作。这说明院里还是非常重视规划的制定工作。

经过这些准备性工作后，我们才正式组织一些学者搞规划。地学方面有 100 多人参加。当时的知名学者都参加了，比如叶笃正、陶诗言[②]、黄秉维、左大康、涂光炽、张文佑、

① 涂光炽（1920—2007），地球化学家，中国科学院院士。1944 年毕业于西南联合大学地质系。1949 年获美国明尼苏达大学理学博士学位。回国后，先后在中国科学院地质研究所、地球化学研究所工作。

② 陶诗言（1919— ），气象学家，中国科学院院士。1942 年毕业于中央大学地理系。先后在中央大学、中央研究院气象研究所、中国科学院地球物理研究所、中国科学院大气物理研究所工作。

孙殿卿……最初主要是科学院的学者，后来我们又通知了高等学校的人员参加，南京大学的徐克勤、任美锷后来也来了，地学领域各个方面的人都有。

北京市政府很支持这项工作，同意把会议安排在友谊宾馆，并且拨给了1 200个床位，大概宾馆的几个楼都占了。会上，把科学院八年规划纲要讨论稿、国外科研情况，比如美国科学基金会1977年计划概要等材料都印发给各位代表。

地学规划部分一共编了七个组：海洋组，组长是海洋所所长曾承奎。气象组，组长是地球物理所天气气候研究室的行政主任沈力，叶笃正是副组长。古生物组，组长穆恩之。地质地球化学组，组长张文佑，副组长涂光炽。地球物理组，组长方俊。地理组，组长王敏，副组长是地理所副所长左大康。黄秉维先生是成员，不是组长。这个我理解，黄先生不善于组织工作，他一讲话时间就容易讲长了。还有综合考察组，组长孙鸿烈。

遥感技术被作为重大问题提出来了

分组会上主要讨论了抓什么重点项目的问题。大家回忆十二年远景规划的做法："任务带学科"。当时科学院侧重基础学科，同时科研工作也要和国民经济相结合，搞重点任务。经过讨论，地学方面提出了13个重大问题。海洋一个，大气一个，地质方面多一点，最后遥感作为一门新技术、一个重大问题也被提出来了。

重大问题越减越多

开始郁文认为重大问题提得散了点，应该归并。实际上后来不但没有归并，还增加了一些项目。比如南水北调、三峡工程都作为了专门问题，重大问题增加到了17个。其实后来又有增加，最后增加到多少，我记不确切了。重大问题不断增加是有原因的，"文革"中科学工作停止了十年，很多工作都没做过，听起来都很重要。即便如此，仍然有很多研究内容没有能够列入规划中。对此科学院也作了解释，因为能够纳入规划的工作有限，不能把所有的提案都列进项目。但是工作还是要搞的，不是说没有列入规划就不重要。研究项目议得差不多了，又开始讨论人员的情况、设备的增加等问题。当时做规划侧重在科学院，高等学校方面的工作没有讨论。

规划会的后期，我们还开过一个农业座谈会，由秦力生主持。因为当时国家提出了四个现代化的目标，这次规划的指导思想认为，四个现代化的关键是科学技术的现代化，所以要讨论科学技术如何为四个现代化作贡献。为此，地学组专门讨论了农业现代化问题。大家一致认为，黑龙江的海伦、河北的栾城和湖南的桃源三个地方，在科学技术为农业现代化服务方面抓得比较好。后来科学院一度在这三个地方分别成立了院属的农业现代化研究所。

经过三个多月的工作，最后制定出了《1978—1985 年全国基础科学发展规划纲要》。这个纲要是《1978—1985 年全国科学技术发展规划纲要（草案）》的一个重要组成部分，所以当时就强调，我们制定的规划是为制定全国科技规划纲要和召开全国科技规划会议作准备。地学规划的内容大概有几万字，因为是保密的，我们看了以后就上交了，很可惜我没能保留一本。初稿写好以后，大家又讨论过一次。

制定规划的工作很辛苦，所以在规划工作的后期，科学院还组织大家参观了毛主席纪念堂和中国历史博物馆。工作结束后，华国锋主席和其他中央领导同志接见了参与工作的科学家代表。我记得方毅等领导还作了报告，方毅讲话时指出了规划中的一些问题，提出规划内容中对高等学校重视不够，高等学校也应当是科学研究的主力军。

这次规划的作用

这个规划对于地学发展影响很大，像长江三峡、南水北调、基本地理图件的编制，这些内容都是在那个时候定下来的。这次规划还促成建立了一批新的研究所，比如遥感应用研究所。一些下放到地方的研究所也决定要收回，当时决定承担全国性任务的研究所都要回归科学院①。我记得成都山地所、长春地理所都是那时候收回的。广州地理所没有收回，因为这个所主要在广州一带从事区域研究。由科学院和甘肃省双重领导的兰州冰川冻土沙漠所，也是在这个会上初步决定要分成两个研究所。

当时也准备收回南京地理所，这里就有了一个插曲。科学院打算收回这个机构，但是按照当时的工作程序，需要地方主动写报告，请示科学院接收这个机构。对此南京科委的同志很不高兴，他们说，下放这个机构是你们科学院决定的，你们要收回还要我们打请示报告，就没有写。所以南京地理所拖了一年才回到科学院，这就吃了亏。因为当时科学院的经费比较充足，南京地理所归省里管，经费就少了很多②。

---

① 中国科学院经过十年动乱中的肢解，到1976年仅剩64个研究机构，其中双重领导的机构有44个，直属科学院的只有20个。1977—1978年间，科学院共回收、恢复和新建了46个研究机构，全院独立的研究机构达到110个。

② 1962年，国家开始精简机构。科学院在全院机构调整时，曾经提出由南京大学接办南京地理研究所，并在同年7月由科学院综合计划局主持，召集南京大学教务处长、科学院地学部副主任、科学院华东分院副院长开会，交换意见。会后，南京大学将接办南京地理所的意见正式上报教育部，并向江苏省科委作了汇报。江苏省科委召集南京大学和南京地理所的有关同志开会，讨论接收办法。但是在10月，江苏省科委向南京大学转达了科学院党组的意见：认为南京大学接收南京地理所人员还有一些条件方面的困难，决定将地理所所有人员全部由科学院负责安排。南京大学特复函表示："完全同意科学院党组的意见，并决定不再接办南京地理所。"后来科学院在取得了西南局和分院同意的前提下，考虑把南京地理所迁至西南地区，并拟将该所湖泊研究任务，移交给中国科学院水生生物研究所承担，该所房地产酌情分配给紫金山天文台和土壤研究所使用。但是南京地理所后来并没有迁往西南地区，而是下放到地方，由江苏省科委领导。（中国科学院档案处档案：62－3－3。）

通过参与这次规划工作，我本人的收获也很大。我对国内地学研究的状况有了比较全面的了解，知道了遥感应用技术、遥测与数据的自动采集、同位素分析和测年技术，以及计算机的广泛应用，在地学学科发展中的紧迫性。

参加全国科学大会

1978 年 3 月，我参加了全国科学大会。这个大会共有 6 000多名代表参加，我想参与制定学科规划的学者多数应该参加了会议。我们在 1977 年做规划时，科学院就已经传达了中央要在第二年春天召开全国科学大会的通知。通知上说：全国科学大会要批判“四人帮”，要总结经验，抓紧制定科学技术规划，要表扬先进。这一年 9 月份，报纸和电台也公布了召开科学大会的消息。

我听说早在那年 5 月份，科学院的领导同志在向中央汇报工作时，华国锋主席就作出了指示：中央要召开一个全国科学大会，人数要多一点，规模可以大一些，这个会要使全国震动。在这个会上，要表扬对人民有贡献的专家和群众，戴红花，要送个“红本子”，要把科学家的劲鼓起来。在全国科学大会之前，其他行业也召开过大规模的会议，比如 1976 年和 1977 年分别召开了农业学大寨和工业学大庆的会议。在全国科学大会通知发布以后，许多省市都召开了数千人，甚至上万人的大会，各个部门也纷纷学习、宣传、传达，要向科学大会献厚礼。

科学大会的规格很高，华国锋主席，叶剑英、邓小平、

每人拿到一张华国锋的题字

汪东兴副主席都参加了会议的开幕式，大会由华国锋主席主持。华国锋主席还题了字，我记得会上每人都发了一张，我也拿到了。华国锋的报告讲了新时期的路线：一定要坚定不移地走社会主义道路，一定要三大革命运动一起抓，一定要实现四个现代化。邓小平在会上提出了科学技术是生产力。方毅报告讲，要全党动员，大办科学。他详细讲了八年规划的许多要点。郭沫若在闭幕式上发表了题为《科学的春天》的讲话。这个会议鼓舞人心，我的记录本上还记着："听了华主席的报告非常兴奋，非常激动。"

开幕式以后，举行了分组座谈会，学习和讨论邓小平、方毅的讲话，并讨论了全国科技规划纲要。我参加了甘肃组的分组讨论，甘肃省有上百人参加会议。我们这个组讨论的问题相当广泛：从党的知识分子政策、科技体制改革的问题，到对过去撤销的研究机构的恢复、某些具体的科学研究工作需要恢复和加强的问题等等。科学大会上还宣布了发展科学的各种措施，包括要建立奖励制度，建立科技人员考核和晋级制度，要两年搞一次。国家奖励制度也要每两年搞一次。这次会议就在事先调查的基础上，表扬了一批先进集体和先进个人，给前几年做的重要研究工作发了奖。

评比是比较粗糙的

在科学大会召开以前，中央已经专门建立了一个评选组，由各部门、各地区推荐人选。评选组到各个所了解情况，各个单位汇报以后，他们按照行业系统，由各有关部门归口审查和平衡。科学大会上就宣布奖励名单，前几年冰川冻土沙漠所的几项重要工作都得到了奖励。现在看来，当时评比还是比较粗糙的。

与1977年的基础学科规划会相比，这个会议我开得比较轻松。我们白天听报告，晚上看节目。通过这次大会，我对中央的科学方针有了进一步的了解。那时强调“侧重基础，侧重提高”。从那时到现在的中央方针，已经有了重大变化。后来又强调直接为国防和经济建设服务的应用研究与新技术研究。

青藏高原科学讨论会

1980 年 5 月，科学院组织了青藏高原科学讨论会。这是改革开放以后，科学院组织的规模较大的国际性学术会议。有 180 多名中国学者和 70 多位来自 18 个国家的外国学者参加。

我是这个会议的倡议者之一。记得在 70 年代末，科学院曾经专门召开过一次外事工作会议。我参加了，并在会上提议：青藏高原的考察和研究国际上十分重视，我们也做了相当的工作，应该召开一次国际性的学术讨论会。提这个意见的不止我一个人，科学院接受了我们的建议，批准召开一个学术讨论会。

青藏会的组织工作我参与得不多，因为那时候我回兰州去了。当时主要由在北京的副院长钱三强、地学部主任尹赞勋等老科学家主持，刘东生、孙鸿烈为这个会议的组织工作作了很大的贡献。1979 年 3 月，我参加了一次青藏高原科学讨论会筹备会，院副秘书长赵北克主持的会议。会上主要讨论了邀请人员的名单。那时候我们和国外学术同行的交流不多，为了能够全面了解情况，会议的组织者向许多中国学者

征求外宾名单

征求外宾名单，我也提了一些建议。这次会议来的外国人比我们通知的要多，他们很想知道中国学者在青藏高原搞了什么研究。记得日本报名参加会议的人数远远超过了我们发出的邀请，日本学者互相交流比较多，一部分人拿到了通知，其他人也知道了，于是他们把会议通知一复印，就都报名参加会议了。美国学者之间大概交流得比较少，一些美国学者直到会议召开了才知道这件事，所以没能来，他们感到十分遗憾。

筹备会上还要我们推荐在大会上宣读的论文，并讨论了对论文的要求。这次会议要求论文要有中英文稿，英文摘要1 000字。那时虽是改革开放后不久，但会议没有配备翻译人员，中国学者都是自己用英文讲。当然有些人讲得好，有些人不行。会议还要求大家准备幻灯片，以前我们作报告都没有幻灯片，这次会议规范多了。

冰川所去了八九个人。我在冰川冻土所组织了几篇文章，有我的一篇，李吉均的一篇，也有我和同事合写的文章。我在会上作了《青藏高原的冰川研究》和《巴托拉冰川——特殊的复合型冰川》两个工作报告。我们的报告和文章被收录到两大本会议英文文集《青藏高原地质和生态研究》里。这个文集是由科学出版社和美国一家出版社联合出版的，编这个文集刘东生发挥了很大的作用。

在会上，我结识了一些西方学者。美国冻土学家T. Pewe来了，他没有提交论文，他来参加会议的目的，是为了组建国际冻土学会。他在会上找到我，邀请我参加1983年在阿拉斯加召开的国际冻土学会成立大会。他认为中国是个冻土大国，应该作为国际冻土学会的发起会员之一。我记

1980年5月青藏高原科学讨论会期间，邓小平与施雅风（左一）、樋口敬二（右一）交谈

得有一个意大利学者，资格最老，年纪最大，他参加会议时带来了意大利人研究喀喇昆仑山的一套书送给我们。这套书很宝贵，放在了科学院的图书馆，但是后来没得到很好的利用。

我们去见见邓小平

邓小平也出席了会议。会议期间举办过一次酒会，邓小平参加了，大家很高兴。我和日本著名冰川学家樋口敬二在一起吃饭。那次是个冷餐会，我看见邓小平一个人在那边吃饭，就和樋口敬二讲，我们去见见邓小平。我们在一起聊时，王文颖看到了，就抓拍了几张相片。

青藏高原科学讨论会开得规模很大。这次会议有大批欧美和日本学者参加，我们不但与国外学者互通了学术研究成果，扩大了我们的影响，还和国外学者建立了更多的联系。改革开放以后，许多国家的学者都到西藏做工作。

起初学部没有上面布置的咨询任务，涂光炽主任就提出，主动进行咨询。为此地学部召开了多次会议，先后提出了黄河灾害治理、华北水资源评价、海洋养殖等多种咨询报告。

有一次科学院副院长胡克实到兰州开会，我对他说："我现在身兼三职，应该以哪个为主？"他说还是以所长为主。

第十一章 重返领导岗位

CHAPTER ELEVEN

当选地学部副主任

中国科学院在 1955 年和 1957 年，曾经分两批选聘了 190 位自然科学方面的学部委员。“文革”中学部活动完全停止了。1979 年科学院准备恢复学部活动的时候，过去聘任的委员已有三分之一过世，健在委员的平均年龄已超过 73 岁。1980 年下半年，科学院开始增补新的学部委员，我被聘为学部委员。

地理学方面由黄汲清、程裕淇和黄秉维审查提名

那次补选学部委员的经过，我并不清楚。事后我听黄秉维先生讲，地理学方面的委员是由黄汲清、程裕淇和黄秉维三人审查提名，一共当选了七人。1981 年，我到北京参加了科学院学部委员大会。学部会议已经中断了很多年，所以这次开会议程很多，最重要的就是选举学部新领导。地学部由主任尹赞勋主持召开，他首先申明，这次要换班。经过选举，涂光炽担任了地学部主任，叶连俊、我和张宗祐为副主任。这次由学部大会主席团选举卢嘉锡为科学院

院长。

学部刚刚恢复的时候，有很多实际性的工作要做，我又担任了地学部副主任，所以很忙。我当时参与的工作有几个方面。学部要对科学院有关所和研究业务起领导作用，所以我们那时做的第一件事就是评议研究所的工作。那时候学部建立了若干学科组，由有关学部委员和著名研究员参加各研究所的评议工作，我参与评议的研究所有遥感应用研究所、南京地理所、武功水土保持所。

评议研究所

我们到各个所听取汇报，分析他们取得了哪些成绩，也要指出存在的缺点，然后再作出评议。当然，对于一些新成立的研究所，研究工作刚刚开始，要求一下子出大成果也难。在评议过程中，我们也发现了一些人事上的矛盾，所以也尽量调和、化解矛盾。我记得在评议南京地理所的时候，搞湖泊的人对周立三先生不满意，说他不支持湖泊研究工作。我们调查后发现，周先生从来没有压制过湖泊研究工作，只是他自己侧重于农业区域研究，不研究湖泊，所以对湖泊方面的工作抓得不多。

主持云南东川泥石流学术讨论会

学部下面的各个学科组要组织一些学术会议，我们也要负责主持召开这些会议。1981 年，成都山地灾害研究所组织在云南东川召开的泥石流学术讨论会。他们希望学部能派人参加，提高会议的规格。我作为学部副主任，又在泥石流考察方面做过一些工作，所以就代表学部，主持了这个会议。会议期间我们还去考察了那里的泥石流观测站。考察时还出了一点小问题。会议代表中有一位陕西师范大学的老师，他在考察的路上突然心脏病发作，不能动了。在野外没有任何的救助措施，我们赶紧找了几个人，弄了两根长棍子，中间穿一些绳子，把他抬了下来。那时东川还没有医院，大家赶紧找了一辆车把他送到了昆明。好在有惊无险，这位老师没出大问题。这次会议成果很大，会后出了研究文集，而且这个会议对东川泥石流观测站的发展也有帮助，这个站后来进入了国家级的野外观测站。

除了评议研究所和召集学术会议，那时候科学院中各个研究所研究员的提职问题，也要经过学部。先是由各个所报上来名单，然后经过学部讨论通过。那时候的学部很多事情都要管，所以活动多、会议多，我一年因为学部的工作就要去北京六七次。

1981 年秋考察东川泥石流站（左起：唐邦兴、杜榕桓、施雅风）

80 年代中期，中央派出了一个调查组。经过调查研究，认为学部不适合领导各所的工作，学部委员年龄都偏老，新的事情也不一定了解得很清楚。后来确定学部的任务由学术领导改为学术咨询，不再担负过去的那些领导任务。起初学部没有上面布置的咨询任务，涂光炽主任就提出，主动进行咨询。为此地学部召开了多次会议，先后提出了黄河灾害治理、华北水资源评价、海洋养殖等多种咨询报告。

考察南极长城科学站

1987 年年底到 1988 年 1 月初，由孙鸿烈副院长领队，我、自然科学基金会的张知非和外事局的一位同志去南极洲考察。我们坐飞机绕了半个地球，经过南美洲的智利，最后抵达了南极地区。我们的目的是考察建在乔治王岛上的中国长城科学站。

去的时候，长城站已经有大小建筑 10 多栋，也有了比较完善的发电、通讯和生活设备，气象、地磁、地震、电离层、固体潮等观测台都已经建立起来了。我们去的时候那里正是夏天，站上有 40 多位科学家在工作，冬天大概也有 10 多位学者从事研究。站上的人员每年轮换一次。那时候我们国家正在筹建第二个南极科学考察基地，计划在南极冰盖的边缘再建立一个中山站。

我们在长城站住了 10 多天，得知长城站还没有进入南纬 66°30′的极圈。但是长城站附近没有高等植物，只有苔藓地衣，而且还可以看到企鹅、海豹等极地动物。我们还上了附近岛上的小冰盖，是一片极地景观。长城站的空气非常清新，我的气管炎、咳嗽，到那里完全好了。我在站上还看了很多南极的研究文献和考察资料。回国后，我写了《对于南极科学研究的几点意见》，提交给了海洋局主管的南极办公室，建议扩大长城站研究的范围。

国际上的科学竞技场

我把南极洲形容为“国际上的科学竞技场”。在世界七大洲当中，南极洲被称为最后的大陆。它的面积远远大于大洋洲或欧洲，比中国和印度的面积总和还要大。

南极洲和其他的大洲不同，其他洲都有土著居民，即便在北极的冰天雪地中，也还有以狩猎为生的爱斯基摩人，而南极洲没有任何土著民族。一切关于南极洲的知识都是最近200多年以来才有，是由到那里考察的探险家和科学家提供的。

1988年1月施雅风（左三）在南极长城站

从1957年国际地球物理年开始，陆陆续续有十几个国家在南极洲建立了70多处固定基地，其中常年工作站就有40处。第一批建立了固定基地的国家①在1959年签订了南极条约，规定南极只能用于和平目的，禁止军事设施，冻结领土要求，发展科学研究。各国应该互相交换计划、人员、观测资料和研究成果。条约还规定，只有在南极地区设站的国家才能被接受为协商国。从那时到80年代中期，协商国

① 第一批在南极建立固定基地的国家有12个：阿根廷、澳大利亚、比利时、智利、法国、日本、新西兰、挪威、南非、苏联、英国和美国。

增加到了30多个。现在，每年夏天到南极洲从事科学考察的科学家都有几千人，冬天也有数百人在那里工作。各国科学家在南极洲开展了多方面的研究工作，像冰川学、生物学、医学、地质和地球物理学、大气科学、海洋学等等，从深海到高空，各项研究都在进行中。

一个国家在南极洲投入的人力、财力，往往受到这个国家国民经济实力的影响，技术设备的优劣，也体现出整个国家的科学技术发展水平的高低。在南极洲的科学研究中，科研人员的素质固然非常重要，但是科研成果的水平，在很大程度上取决于技术设备和手段，采用人海战术的方法是不能取得高水平的科研成果的。在南极研究中，国际合作越来越广泛、深入，这就促使各国尽可能从高起点出发，采用最新的技术手段。一个国家的经济实力、总体科技水平，在南极洲能够得到充分的体现。所以说，谁能对南极的科学知识提供得多，谁就能在南极丰富资源的未来开发上有较大的发言权。

我国在1980年成立了国家南极考察委员会，开始派科学家到澳大利亚、新西兰、阿根廷、智利、日本等国家设立的南极站参与考察工作。1984年，我国派出了由500多人组成的南极考察队，调查南极半岛附近海域和南大洋的生物资源、海洋水文、气象、化学、地质和地球物理，并在乔治王岛上建立起我国第一个科学考察基地：南极长城站。

研究所所长

分所

1978年春天，在北京科学大会之前，科学院已经决定把1965年成立的冰川冻土沙漠所分为冰川冻土和沙漠两个所，由我担任冰川冻土所所长，朱震达为沙漠所所长，两个所的人员按照1965年合并建所前的情况各回原单位。业务人员的划分比较简单，根据每个人的专业分属不同的研究所，行政后勤人员要麻烦一点。分所时原冰川冻土沙漠所的书记去了沙漠所，这对所里行政后勤人员有影响，多数愿意去沙漠所。

经过十年动乱，所内人员的思想状况和实际问题要比“文革”前复杂得多。自从1965年冰川冻土和沙漠研究两个部分合并成为一个研究所以后，已经有十几年的历史了。我当时有些担心分所时会遇到一些问题，郁文秘书长很支持我，亲自到兰州主持分所工作。

泥石流研究主力迁往成都

分所时还决定把泥石流研究的主要人员调往成都地理所，以便在那里形成泥石流研究中心。我对泥石流研究很有感情，从1964年就开始考察泥石流，“文革”前我还率领考察队到西南地区工作。记得1966年考察结束以后，我们经过成都时，我就建议成都地理所应该以山崩、滑坡、泥石流等山地灾害为主要研究方向。但是因为历史原因，泥石流研究的主要力量一直是在兰州冰川冻土沙漠所。当然，西北地区也存在着泥石流灾害，所以分所时就出现了争论，一部分人主张迁到成都，一部分人建议留在兰州。我从对泥石流研究发展有利的角度考虑，赞成在自愿的情况下，泥石流主力迁到成都去，同时在冰川冻土所里也保留了一部分人员，从事冰川泥石流和西北泥石流的研究。从后来的发展来看，泥石流研究主力迁到成都是对的。

职称评定

冰川冻土所成立后，我首先抓职称的评定。那时候一大批五六十年代毕业的科研骨干担负了大量科研工作，但是职称仍然是刚刚离开学校、进入研究所时的研究实习员和技术员，这显然不合理。我们首先把“文革”以前进所，有相当成绩的研究实习员提升为助理研究员，技术员提升为工程师。隔了不长时间后，又开始提副研究员，大约在 1982 年开始提研究员。在提职称时，我们不搞论资排辈的做法，而是择优选拔。这个做法，在开始评职称的前几年比较顺利，没有出现争挤的现象。

在搞职称评定的同时，我开始设法提高科研人员的业务水平。尽管那时冰川冻土研究已经有了近 20 年的历史，也做出了很多成绩，但是长期的政治运动使科技人员，包括我自己在内，基本业务训练和学术素养都比较落后。而且经过十年动乱，冰川冻土事业已经后继无人，所以我特别注意加强人才培养，提高业务水平。当时所里制定了政策，为在职人员提供一定的脱产或半脱产的学习时间。

破例聘请高水平英语老师

我尤其注意提高业务人员的外语水平，在所里开办了几期英语培训班，那时办培训班最困难的问题是英语老师不好找。我们请的英语老师，是从上海圣约翰大学毕业的，英文很好。他原来在兰州的一家机构当翻译，后来被打成历史反革命，劳动、烧锅炉……一直没有正式的工作，我就把他请到所里。当时临时工的工资很低，我给他的工资是他以前工作时的工资，比临时工高很多。所里的党委书记也支持我，给了他在职干部的待遇，分了房子，所以他很满意，教书也十分用心。

调整机构

冰川冻土所独立以后，所内的机构设置也有了变化。经过短期的调查研究，我们决定新所建立三个研究室：冰川室、冻土室、冰川沉积和泥石流室，并在冰川室内建立了水文组，以恢复“文革”前冰川与寒区水文研究。另外还建立三个技术室：测绘、物质成分分析、遥感和仪器研制，一个图书情报室和一个编辑室。从1979年开始，又创办了《冰川冻土》杂志，并逐渐恢复了中断多年的天山冰川站。

加强天山冰川站建设

对于冰川站的重要性，我有个认识的过程。1958年我们在祁连山建立了大雪山老虎沟冰川站，1959年又设立了乌鲁木齐河源天山冰川站。那时候设站只是当做观测站，作为定期观测冰川积累、消融、运动等冰川变化数据的场所。我认为派一些初级研究人员，有些简单的设备就行了。其实观测站的工作并不是这样简单，冰川站在高山地区，生活艰苦，工作也比较机械枯燥，科技人员去过一次，就不愿意再去第二次了，所以冰川站很难长期坚持下去。

1962年经济困难，大雪山站停止了观测。天山站也早在1961年就交给了新疆分院水土生物资源研究所负责。1962年冰川所还去了一些人，开展了很多研究工作，取得了不小的成绩。到了1964年，新疆的水土所也难以维持这个观测站了。他们就给我们写信，建议还是由我们接回来，否则就把这个站撤销了，于是冰川所又把这个观测站接了回来。但是我们没有认真总结经验教训，加以改进。这样的观测站自然是很脆弱的，经不起“文革”的冲击，在1967年就停止了观测。我记得1965年，竺老在冰川冻土沙漠所成立大会上曾经提出过："要把工作重点放在野外实验站。"当时我没能很好地领会这句话的意义。直到70年代中期，在巴托拉冰川的考察经历教育了我。我发现研究工作应该接近研究对象，这样在研究中出现新问题，就上冰川现场去找答案。这样就可以实践、认识，再实践、再认识，可以大大提高研究水平和效率。

20世纪80年代施雅风（右）与同事在天山冰川观测站

1978年我重新担任冰川冻土所所长以后，很快就有同志建议重建冰川站。我们经过调查比较，觉得乌鲁木齐河源冰川区比较理想。虽然那里的冰川规模较小，但交通便利，附近有气象站、水文站，配套条件好。为了改善冰川站的生活和工作条件，所里决定将冰川站的基本营地建在中山森林地带，并修建了一条从公路干线到冰川末端的汽车便道。于是我们从1980年开始，一边观测研究，一边进行基本建设。

有科学院的支持和所内同志的共同努力，新站的条件远比旧站要好，而且这个新站还有一些新的特点：首先它是研究站，不再是简单的观测站。除了常规的观测内容外，每年都有研究项目，而且还不断更新研究内容，负责人员也亲自到站观测研究。第二，这个冰川站还是研究所的教育实习基地。新进所的冰川方面的研究生或实习员都要在冰川站实习一段时间，全面了解冰川情况。这样就改变了研究人员一头钻进狭小的专业研究，对其他方面一无所知的状态。在可能的情况下，研究生的论文也结合站上的任务选题。第三，这里也成了新研制的野外考察仪器设备的试验场所。新仪器必须在站上试验有效后，才推广到其他地区。第四，这里也成了国内外冰川学术交流与合作的基地。冰川站对国内外学者开放，对愿意到站上工作的人员，尽量提供便利条件，站上研究资料和成果一律公开，还出版了天山冰川站年报，刊登观测成果。第五，我们要求站上的负责人必须由学术水平较高，并且了解冰川站建站意义的高级研究人员负责，所里还配备了能力强的行政助手，三年一任。第六，我们在站上充实了图书、资料、仪器、设备，使在那里的业务人员有条件开展研究。

国际冰川学会组织知名学者访问天山站

正是由于指导思想的转变，天山冰川站的成果不断涌现，并且获得了几项重要的成果奖。国外专程来访的科学家也超过了百人。1983年，国际冰川学会组织了30多位知名学者访问天山站。我们事先编写了中英文本、有图表的天山冰川站指南，来参观的外宾人手一册，所以他们参观后给予天山站很高的评价。而且英国、日本、美国、瑞士等国家都有学者到天山站合作研究。1988年天山站被科学院列为首批开放实验观测站之一。

1991 年夏施雅风（左三）考察天山 1 号冰川

提高研究工作的技术手段

新所成立以后，在研究手段和方法上也有改进。1978年，所里的低温实验室已经建成运转。冻土方面，冻土热学、力学等实验技术也有了很大的发展，出现了一批推动技术前进的冻土学者。但是冰川方面的进展比较小，这主要是由于我缺乏测试实验技术方面的知识，不能亲自负责督促新技术方面的工作。但我知道，没有技术手段的改进，就不可能有科学理论的重要发展，也不可能有效地解决经济建设中提出的任务。我认为，在技术薄弱的地学机构，积极鼓励和支持技术系统的发展，是领导的主要责任之一。

一项新技术的建立，即使是引进仪器、模仿他人，从试验到过关这个过程，也是非常艰难的。这些工作绝不亚于研究人员的一本普通著作，更不用说国内没有的新仪器研制和实验手段的创建了。所以我当所长时，比较注意让有显著成绩的技术人员及时得到提升，技术成就及时得到鼓励和表

扬。而且我还在财力允许的范围内，充实所里的技术装备。经过多年的努力，冰川方面在野外遥测技术与数据自动采集等技术领域在国内地学单位中居于比较先进的行列了。遥感应用在融雪径流预报中也取得了重大进展。我们还研制成功测定冰川厚度的雷达和蒸汽站、热水站等等。

和以前相比，冰川冻土所的技术发展还是比较快的。但是和国外同行，甚至和国内先进的地学单位相比，这个所仍然有差距。所领导还是必须重视技术手段的发展，加强研究系统和技术系统的相互渗透。从后来的发展看，可以说各项工作都有发展。但是，新组建的研究室有的比较成功，取得了不小的成绩，有的后来又作了调整。我认为能否成功，关键就在于有没有适当的学术带头人。这个学术带头人既要有比较高的学术水平，又要有相当的组织能力，能够团结多数同志，共同奋斗。

冰川学、冻土学属于基础学科，是地学研究的组成部分。冰川研究和国家经济建设的结合处，大多是工程技术问题。这些研究能够在工程选线选址、地基基础处理、工程保护、环境变化预测等方面发挥作用。改革开放以后，中国的冰川冻土学研究已经有20多年的历史了。这期间国家科技政策多次变化，一个时期强调应用与开发，希望研究工作能够直接在国家建设中发挥作用；一个时期又强调基础与提高，希望搞得扎实些。作为研究所的所长，不能对国家的政策阳奉阴违，但也要根据国家建设的实际需要和本单位的水平和能力，调整好基础研究与开发应用的关系，提高社会经济效益，减少人力物力的浪费。

能够做到这一点，确实很不容易。因为“文革”的破坏很大，冰川所重新组建以后首先要解决的问题是稳定研究秩序。所以我决定，已经确定的课题基本上都不作变动，而对于没有课题的同志，就根据他们的特长，并根据学科性质和经济建设的需要，增加新课题。慢慢地，所里的研究方向逐步集中在若干重点问题上。

基础理论

在基础理论方面，所里以冰雪资源研究为主。包括了《冰川目录》的编制和编写《中国冰川概论》专著和中国第四纪冰川研究等工作。此外还包括了冰川融水量的估算及其对河流的补给作用，积雪资料的统计分析等。这些基础性工作既是全国水资源研究的组成部分，也是结合国际水文计划中世界冰川目录的编制需要。在冰川物理研究方面，主要是结合天山站的工作进行。这些工作主要是依靠申请国家自然科学基金和科学院的拨款，经费还是比较有保障的，而且基础理论性花费的研究经费也不算多。重要的是，这项工作需要坚持进行。

应用研究

在应用研究方面，所里的雪崩、风吹雪的研究就是根据地方雪害防治的需要确定的。研究人员分别在天山公路、青藏公路和横断山区开展工作。冻土方面主要是结合青藏公路和铁路建设中的有关问题开展研究。另外，像东北水利工程中防冻害的问题、两淮地区煤田开发人工冻结凿井中的有关问题，都是应地方有关机构的要求开展的研究工作。

在70年代以前，所中的应用性研究只有青藏铁路工程是我们先提出建议，然后列入规划并持续研究了多年，其他大多数应用项目都是在工程进行过程中甚至完工以后，出现了意想不到的问题，才找到冰川冻土所的学者寻求补救的办法。这种临时性的紧迫任务经常冲击研究计划中已经确定的学术工作。所以我们后来在制定研究计划前，开始注意主动地和生产部门联系，力争使学术研究走在工程建设的前面，不要总是亡羊补牢，让经济建设走了弯路。

冰川所里大部分的人力和经费都投入到了应用研究和应用基础研究方面。我认为无论是应用研究还是应用基础研究，都应该扎扎实实地搞好基础，务必在正确的理论指导下进行。如果能够在实际工作中提炼出一些新的理论，那我是特别高兴的。

基础研究与应用开发要均衡发展

我的中心思想，是基础研究和应用开发研究要均衡发展。积极主动地承担经济建设提出的任务，可以促使冰川冻土学科的发展。比如巴托拉冰川的考察任务，我们进行了两年深入的野外观测，产生了波动冰量平衡方法预报冰川变化的新理论，这大大有利于冰川研究水平的提高，当然也要安排一时没有任务的基础性研究工作。

有些理论可以在近期转化为生产力，有些是在远期有希望转化为生产力，但是总有些知识是不能转化为生产力的，这些知识是进一步创造更新知识的阶梯。如果对于科学研究不能在广阔的范围内提倡，而是过分地急功近利，这对国家的长远发展没有好处。

学术研究和应用开发是相辅相成的。没有一定的学术研究基础，承担了经济建设任务后，只能边干边学，势必要拖长时间。所以科学研究要面向经济建设，但又不能局限在短期建设项目的需要中。要高瞻远瞩，为国家长期的建设，有准备地进行若干基础性的工作。

我们是科学研究的国家队，必须承担若干全国性和国际性的任务，要注意开辟前沿的基础理论研究，进行全国性的基础资料的搜集整理，所以研究所必须有一定数量的基础工作，要保持相对的稳定，不能总是大幅度地摇摆动荡。根据过去的实践经验，我觉得应用性研究占百分之七八十，基础研究占百分之二三十的比例是适当的。

编制《中国冰川目录》

从70年代末期，我们开始编制《中国冰川目录》，这项工作持续了20多年。通过编制冰川目录，可以很好地了解各地冰川的分布规律和主要特征。我国西部的干旱区，灌溉农业的发展一直依赖高山冰雪融水。工农业的发展和人口的增长，使需水和供水的矛盾日益尖锐。可以这样说，干旱区生产发展的规模，在一定程度上取决于供水的实际可能性。因此研究冰川水源可以为经济建设服务。另外山区的一些灾害过程，比如泥石流和洪水，又常和冰川的活动有关，山区水利设施、道路修建、工矿建设和旅游事业的发展，也需要了解冰川的特征和分布情况。所以需要对各地的冰川进行登记编目，对冰川的数量、分布和特征进行标准化的评定。

从学术意义上讲，冰川编目是按照水系进行的，所以从这个目录和附图上，可以方便地查明每个流域各条冰川的位置、面积、长度、朝向、高度、雪线和储量等20多种数据。这些数据有利于学术研究方面参考，也可以增加地方、区域和全球的水循环和平衡的知识，为地方水利设施和监测气候变化提供基础资料。

1955年，国际地球物理年专门委员会首先在有关冰川学和气候学的决议中，要求各国记录冰川的位置、高度、面积和活动情况。后来，墨西哥、加拿大、意大利、阿根廷、美国、挪威、苏联和法国等国家，都在不同程度和水平上编制了《冰川目录》。1965—1974年的国际水文十年的协调理事会，进一步要求参加国对不同地区永久性冰雪的分布进行编图，并编辑、搜集有关数据。1970年，受国际水文十年秘书处的委托，以瑞士的牟勒（F. Muller）教授为主席的工作组编著出版了《世界永久性雪冰体资料的编辑与收集指南》。这是一本世界性的《冰川目录》编制规范，书中对将近40种冰川参数，包括类型划分等给出了标准的量测规定。经过一段时间的实践，这本书在1977年修订出版。1973年，在瑞士苏黎世联邦技术学院地理系内，建立了国际冰川目录临时技术秘书处，并任命牟勒主持这项工作。这个秘书处的任务，就是协调各国进行国家冰川编目，建立适合世界冰川目录的数据计算机系统，产生全球性的冰川目录摘要。经费由联合国环境规划署和联合国教科文组织和一些参加国资助。

1978年以前，苏联、挪威、瑞典、奥地利和瑞士五个国家已经完成了这项工作，其他的很多国家也正在进行之中。在我们国家，冰川编目是作为冰川考察的一项附属工作进行的，开始于1958年的祁连山冰川考察。到了1960年，我们利用高山区航空相片和旧地图，统计了冰川数量、面积和储水量。到了70年代，我们对天山、珠穆朗玛峰和祁连山地区做了大量的统计工作，这些统计数据曾经被各种文献广泛引用。但是，我们一直没有制定过编辑全国冰川目录的长远规划。

1978年，牟勒教授邀请我们到瑞士参加世界冰川目录会议。在这次会议上，我发现我国冰川编目工作虽然起步比较早，但是由于没有作为一项独立的工作看待，进展比较缓慢，水平也不高。已经做过的冰川编目，内容和国际冰川编目比较，过于简单。所以回国以后，我就组织力量，从头做起，把这项工作列为独立的、长期的研究任务。

为了完成全国冰川资源普查这项基本建设任务，我们编制规划，从祁连山开始，按照阿尔泰山、天山、帕米尔、昆仑山、喀喇昆仑山、喜马拉雅山、念青唐古拉山和横断山，以及青藏高原内部山脉的顺序，一条山脉一条山脉地进行下去。为此，冰川冻土所投入了很大的力量，包括室内登记、制图、野外考察和目录印制的研究，参与工作的科技人员超过了30人。

我们撰写的《中国冰川目录》，收录了中国境内的4万余条冰川。第一本冰川目录是祁连山区卷，1981年出版。以后陆陆续续共出版了12卷22册①。2005年，我和几位同志合作主编了《简明中国冰川目录》，由上海科普出版社出版。这项成果也获了奖，2005年被评为甘肃省科技进步一等奖，2006年《中国冰川目录》以首次冰川资源的全面调查，被科技部评为国家科技进步二等奖。我们编制的《中国冰川目录》，在俄罗斯、加拿大、美国和中国四大国中居于领先的地位。由于全球迅速变暖，冰川退缩速度加快，原先根据上世纪50到80年代航空照片编订的冰川目录，已经和当前的实际情况有相当的差别。从2007年起，科技部拨了专款，开始用最新的遥感资料进行第二次冰川资源调查。

改革开放以后我担任了多项行政职务。除了冰川冻土所

① 科学出版社出版的各卷《中国冰川目录》为：1卷《祁连山区》（1981年）；2卷《阿尔泰山区》（1982年）；3卷《天山山区》（1986、1987年）；4卷《帕米尔山区》（1988、2001年）；5卷《喀喇昆仑山区》（1989年）；6卷《昆仑山区》（1992、1994年）；7卷《青藏高原内陆水系》（1988年）；8卷《长江水系》（1994年）；9卷《澜沧江流域》（2001年）；10卷《怒江流域》（2001年）；11卷《恒河水系》（2002年）；12卷《印度河水系》（2002年）。

2004 年在兰州《中国冰川目录》全体编目人员合影

担任多项行政职务

所长，我从 1979 年开始担任兰州分院副院长、从 1981 年开始担任中国科学院地学部副主任，另外还曾担任第四纪委员会副主任委员、中国地理学会理事长、竺可桢研究会理事长、国家自然科学基金地理学科评议组成员、中国地理学会冰川冻土分会主任、国际冰川学会理事等等。

中国地理学会理事长

这些职务对我的研究工作有相当的影响。当然有些职务我只是挂名，像国际冰川学会理事，不需要做什么事情。有些职务工作不是很多，比如 90 年代黄秉维不当地理学会理事长了，他就推荐了四个理事长：科学院有吴传钧、陈述彭和我，还有北师大的张兰生。黄先生的建议全国科协同意了，那么四个理事长如何工作呢？最后决定一个人轮一年。我提议由吴传钧首先担任理事长，但陈述彭提出让我当第一年的理事长。我说："我经常在兰州，北京的事情很难兼顾。"但他说："反正你常来北京开会，等你来北京时，我们再开理事会。"就这样，我担任了一年理事长的职务。

有些职务就要花比较大的力气了。比如地学部副主任，特别是研究所所长。我担任所长后，不但要负责所里的业务工作，还要处理行政、经费、人事、基建等问题。这些事务占去了很多时间，对我的学术研究工作很有影响。我要参加国内外的学术会议，就只能抽时间突击写论文。我在国内外考察了很多地方，搜集了不少资料，也来不及消化、整理，写出报告。这让我很苦恼，觉得双肩挑很吃力。所里长期积累下来的问题也很多，在现行体制下，我很难从中解脱，那时候还有很多兼职，所以我不但没有时间从事研究工作，甚至也不能集中精力处理所里的事务。于是上下左右之间，矛盾也很多。我感觉很是棘手，所以很想退下来。1984 年我 65 岁了，科学院任命谢自楚同志接替我担任所长，我就愉快地交接了工作。

兰州分院副院长

1978 年科学院重建兰州分院，任命了院长、副院长，我被任命为副院长。副院长中有一位专职的，我只是兼职副院长，管的事情不多。主要是分管地学方面几个研究所的业务工作，像冰川所、沙漠所、高原大气所、盐湖所。虽然我作为副院长的具体行政工作不多，但每个星期至少有半天的时间，分院领导要集体讨论一些事情，包括人事调整等问题，各所领导班子的矛盾也要去处理。我还要到地学口的研究所去传达会议精神，不过多数情况是传达完就走了。

有一次科学院副院长胡克实到兰州开会，我对他说："我现在身兼三职，应该以哪个为主？"他说还是以所长为主。所以我当分院副院长做的工作并不多，多数工作是被动的，分院要我去我才去。1983 年兰州分院领导班子改组，我才被免去了副院长的兼职。

林乎加接受了我们反对多开荒的意见

记得担任兰州分院副院长花时间比较多的一件事，就是领导河西方面的跨所研究工作。赵紫阳当总理的时候，建立了一个“三西办公室”，由林乎加指挥。这三个地方，河西相对好一些。中央一年给三西拨款两个亿，支援建立商品粮基地。兰州分院地学方面的研究所要配合地区开发建设做工作，这些工作由我来抓。大概从 70 年代中期到 80 年代中期，沙漠研究所等单位在那里工作了四五年，对河西水土资源作了许多调查。但是他们的建议与省里的想法有分歧，省里提出要多开垦荒地，但科学家反对，认为水源不够，不能多开荒，建议要利用已经开垦的土地。后来林乎加领人到河西开了一次会，听取了我们的意见，并认为我们的意见更合理，最后我们的意见被地方政府接受了。

回顾这些年我从事学术组织管理工作，我认为作为学术领导人，无论是担任室主任、所长、分院或学部领导，学问要好，组织能力要强，而且品德要好，这三条缺一不可。当领导的思路要宽，要想把问题处理好，首先就要学习了解你管理的业务工作和人员特点，民主作风一定要好，要谦虚谨慎一点，多听别人的意见，考虑问题要先行一步，及时汇报，争取得到上级的支持。

一个单位实力的强弱、贡献的大小，主要取决于这个单位创造性人才有多少，以及他们团结合作、集体力量发挥得如何。

科学研究中一种错误观点一经形成，自觉纠正是很困难的。

第十二章 科学家的责任

CHAPTER TWELVE

中国冰川冻土学会

我们在1963年开了第一次冰川冻土学术会议，从那以后已经有十多年没有举行过专门学术讨论会了。这么多年科研人员一直处在封闭的环境中，没机会交流。1978年冰川冻土所独立出来后，我们决定联系国内有关单位，召开一次全国性的冰川冻土学术会议。这次会议比较全面地交流了10多年的研究成果。在会上，大家倡议成立冰川冻土学会，后来经过全国科协批准，作为中国地理学会的冰川冻土分会活动，对外就使用中国冰川冻土学会的名义。这个学会是1980年正式成立的，挂靠在冰川冻土所，由我负责学会的组织工作。

我和理事会的同志们共同商定了学会的方针：学会主要是为了搞好学术交流活动，每年举行一次全国性的学术讨论会。学会和研究所共同努力，办好《冰川冻土》杂志。学会理事采取任期制，每一届是三年。换届必须要更换三分之一，理事连任最长不超过三届，这样做可以不断补充新鲜血液。另外，学会还定期表扬对冰川冻土科学发展作出贡献的同志。

六七十年代，冰川冻土成果出版很少，一是因为这门新兴学科初步建立时还没有太多的成果，另外也是由于过去极“左”路线的影响。为了促进冰川冻土科学的研究成果早日出版，1978 年以后我们也加强了专业刊物的出版工作，除了出版《冰川冻土》杂志外，《冰川冻土所集刊》和各种专门学术会议文集也陆续出版了。我们制定的办会方针执行了一段时间，但现在又松懈了。

当时的工作中也存在着一些问题，比如出版工作的编辑力量比较薄弱。专业编辑工作应该由业务水平较高的科研人员担任，但是科研人员一般不愿意从事，或者不安心于编辑工作。在国际上，高水平的《冰川杂志》就是由杰出的冰川物理学家格兰（J. Glen）亲自担任主编，而且长达十多年。格兰是实际的，而不是挂名的主编。所以，就不难理解一份英国的冰川研究者主办的刊物，为什么能够发展成为国际冰川学界共同支持、争相投稿、流传最广的刊物了。

国际交流

全院外事工作会议

1978 年 4 月，中国科学院召开全院外事工作会议，中心任务是打开国际学术交流的局面。十一届三中全会以后，科学院的国际合作和交流出现了转机。从 1978 年开始，我先后访问了瑞士、法国、英国、日本、澳大利亚、德国、奥地利、挪威、加拿大、美国等国家。

在家不会待宾客，出外方知少主人

1978 年的外事会议我参加了。记得在会上，方毅叫我“施老”，后来一问年龄，我比他还小！方毅在会上主要讲了外事工作的方针。他说：“大家不要怕，要积极开展外事工作。我们对外国来华的学者太冷淡，这样不行。来华的人当中肯定有个别是情报局派遣的，但多数还是来做学问的，我们对来做学问的外国人要热情。”他举了一个例子，外国人要我们的黄土标本，我们不肯给，也不让人家采，这样就没法交流了。他还借用陈毅的话：“在家不会待宾客，出外方知少主人。”对于派出国的人员，方毅指出，政治和业务要统一考虑，要有外文基础，不能只从政治方面考虑。方毅在报告中提出，科学院计划三年内进出各 1 000 人，派留学生 1 000人。这样三年中就有 3 000 人出国访问。方毅还谈了他在国外的感受，提出我们应该发展旅游事业。他在南斯拉夫看到一个溶洞，那里一年就可以赚一个亿。而我们国家的旅游都是倒贴钱，外国人来了，都是我们带着人家去玩。

胡克实在讲话中强调，要解放思想，学习外国经验，要大量交朋友，要多种形式与国外交流。秦力生副秘书长的总结报告强调：加强科技外事工作，认真贯彻方毅的指示，要多做国外华人的工作，开展民间往来。而且强调，也可以与苏联做些学术交流。

在这次会议的小组讨论中，我也发了言，提出冰川所计划每年请一两位外国学者到中国讲学，三年内每年派出 5 ~ 8 个人。这个数字在当时也算是很保守了，但是那时从所里派人出国也有困难，最困难的就是所里外语基础好的人不多。

所以会议结束以后，我回到所里首先就办起了英语学习班，一年有二三十人参加英语学习，有些人甚至是脱产学习的。学习好的人我就送出国，并帮助他们联系国外接收单位。那时候有些国外机构可以资助，有些没有，我们就自己出钱，送学者出国。

过去20多年的闭关自守，不但阻碍了我们更好地了解国际的学术动态，也使世界各国的学者不了解我国的冰川研究。这次外事会议影响很大，把全院动员起来了。以前各个单位还不敢大张旗鼓地与国外交流。记得是在1977或1978年，铁道部邀请了一位国外搞冻土研究的学者到所里参观，那时还管得很严，不让大家接触外国人。到了80年代以后，国外来访的学者就增多了，对外交流的环境也开放多了。后来有外国学者作报告，发个通知，大家都可以来参加。

参加国际冰川目录会议

1978年，有一位瑞士冰川学家从一张画报上看到珠穆朗玛峰科学考察中冰川考察的照片，才知道在中国还有人研究冰川。所以他就发信给中国科学院，邀请科学院派一名学者参加他召集的国际冰川目录会议，并主动提出他们可以资助路费。这时，正赶上我国政治环境发生了改变，提倡开放，科学院和外交部就联合打报告，一下提出去五个人参加会议，这个报告还是华国锋和几位副总理批的。那时候科学院还资助院外的学者出国，1979年以后就不包括院外的人了。

打算派出的五个人当中，有一个人在政审时没通过，所以最后去了四个。有冰川所的我和谢自楚，兰州大学的李吉均，还有一位翻译。本来瑞士方面计划邀请一个人去，但他们看到科学院一下派去了四个人，觉得中国人还是有钱，就没再提资助路费的事。

那时候出国，都是由在各国的中国大使馆负责接待，安排我们的食宿。我们在瑞士时，使馆专门派了一个人全程陪同。开会的时候，我在世界冰川目录国家名单中看见了“台湾”。我向会议组织者指出，台湾是中国的一个部分，不能当做单独的国家看待，他们立即同意删去。

1978 年夏与多国学者一起考察瑞士阿列其冰川。施雅风（右二）、谢自楚（左一）、樋口敬二（右一）

这次除了参加会议，报告中国冰川研究进展情况外，我们还参观了瑞士境内研究水平较高、风景优美的几条冰川，顺便访问了瑞士、法国、英国的冰川研究单位。那里从事冰川研究的人员很少，但研究水平和效率都很高。这次我们结识了许多外国同行，对外国冰川研究现状有所了解，还与国外同行商谈了合作项目。我们参观了瑞士联邦理工学院，在瑞士伯尔尼大学物理系参观了氧同位素实验室，并参观了 Davos 雪崩实验室。那个实验室旁边有个太阳辐射的观测站，只有一两个人在观测。工作人员虽然很少，但观测站很有名气。

报告国外见闻

这次出国回来，甘肃省委宣传部还专门请我去作报告，介绍国外情况。当时出国的人少，大家对国外的情况不了解，我就主要介绍了国外见闻。这次出国，除了学术上的收获外，有几件事情我印象特别深刻。我第一次在欧洲看到了高速公路。还有，当时国内不断讲要缩小三大差别，可三大差别还是很大。我们到国外一看，那里城乡差别很小。欧洲人很少，但办事效率很高。我们在欧洲的一个小站乘火车，小站上就一个工作人员，负责调度火车、卖票、扳道岔，工作干得井井有条。我们在瑞士游览时，有一次要坐缆车，到了那边还要走一段路才到住处。但我们每个人都拿着行李箱，很不方便。瑞士人对我们说："你们把行李箱放在旁边，到住处后再拿吧。"我们嘴上答应了，但心里并不踏实，怕放在那里被偷走了。等我们到住处后，行李箱已经由汽车运到了。我把这件事在国内一讲，大家听了都很惊讶，这不就是我们常说的路不拾遗吗！

参加国际地貌学大会

1989 年 9 月，我到法兰克福参加了第二届国际地貌学大会。在那次会议之前，西德的地貌学家 M. Kuhle 曾经多次到中国考察，他把不少地方的泥石流堆积看成了冰川堆积，夸大了冰期雪线下降值，错以为青藏各地冰期雪线都比现在雪线下降了 1 000 ~ 1 500 米，并由此推测高原上曾经存在过巨大的冰盖。他因此提出了青藏高原在第四纪冰期存在一个大冰盖的假说，并说高原冰盖激发了世界第四纪冰期。他到处宣传这个观点，西德地学杂志（*Geo-Journal*）还特地出了专刊，所以轰动一时。但是 M. Kuhle 的理论和我们多年考察的结果是相反的，我们从 60 年代初开始做了广泛的调查，认为高原冰期只存在分散的山地冰川和局部地区的冰帽，那里没有发育过统一的冰盖。因为我们的文献多是中文的，国外学者了解得很少，而 M. Kuhle 又有意不引用我们的文献，这让我们很气愤。

否定 M. Kuhle 的冰盖假说

我这次参加会议的目的之一，就是要在国际地貌学界，特别是宣传冰盖论最盛的西德，讲述我们的观点。在这个会议上，我宣读了《青藏高原的末次冰期与最大冰期——反对 M. Kuhle 的冰盖假说》。我列举事实，说明 M. Kuhle 的观察错误。我宣读论文时，有 60 多人到场，可惜 M. Kuhle 本人没有到场。我发言以后，很多学者支持我的观点，有的西方学者对我说，他曾经怀疑过 M. Kuhle 的观点，但因为没有去过青藏高原，不能具体指出他的错误。我的报告后来发表在西德的《地貌学期刊》（*Zeitschrift fur Geomorphologie*）上，引起了较大的反响。以后德国和欧美、日本许多学者到青藏高原考察，都不同意 M. Kuhle 的假说，但他本人一直坚持他的观点。这就可以看出，科学研究中一种错误观点一经形成，自觉纠正是很困难的。

访问苏联

1989 年夏天，我还应邀访问了苏联。这是我第二次去苏联，上一次是在 30 多年前。我们从伊犁出境，先到阿拉木图访问哈萨克斯坦的有关地学科研单位，并到吉尔吉斯斯坦和伊塞克湖考察。以后到莫斯科、列宁格勒参观，最后乘火车横穿西伯利亚回到北京。那时候戈尔巴乔夫掌权了，苏联政治开放，但经济上比较保守，物资供应贫乏，到处排着长队。而我们国家开始经济改革了，国内计算机已经很多了。我们到苏联一看，他们的计算机比我们的还落后。因为经济状况差，大家的意见很大。

50 年代我到苏联时参观了列宁格勒的冬宫，这一次我们去参观了夏宫。那里游客很多，但居然只有一处餐馆有洗手间。我在那里想方便一下，结果一看，洗手间外面排着长队，很多人就在森林里随处方便。

虽然经济条件不好，但苏联人在学术上还是比较强的。每位学者下的工夫和受的训练要比中国的好。在列宁格勒我再次访问了地理学会，找到了沙俄学者测量青海湖深度与海拔高度的资料。

我们去苏联时，是乘汽车从新疆出境的。在经过阿拉木图时，我们从电视上看到北京发生了“六四”风波。因为担心国内的局势，一位同去的青年学者在他夫人的一再催促下，直接去了加拿大与夫人团聚。我回来时，乘的是火车。到了满洲里后，我给吕东明打了电话，讲好他到车站去接我。那时“六四”风波刚过，北京到处戒备森严。我乘坐的国际列车到了北京站，竟然没有看到迎接的人。我带着行李，绕了个大弯出来，才在车站外面找到接我的朋友。

通过出国考察，我对国外的冰川学研究有了比较全面的了解。国外冰川研究工作做得很细，搞的时间也很长，他们的物理概念强。和我们中国一样，国外大学里也没有冰川学专业，在日本主要是气象学家从事冰川研究，在英国多是学物理出身的，苏联则是地理学家在从事冰川研究。改革开放以后，我和所里的其他同志到国外访问或参加国际会议的机会逐渐多了起来。这样，就陆续和国外 20 多个国家的学者和研究机构建立了联系。我们通过交换资料、人员互访、合作研究等方式，加强了与国外同行的联系。这些交流，对于所里业务水平的提高和研究领域的扩大，起到了很大的促进作用。

在兰州举办国际山地冰川会议

在出国考察的同时，我们也积极吸引外国学者到中国来。1991年8月，在兰州举办了国际山地冰川讨论会，这次会议是国际冰川学会组织的一次学术会议。早在1989年8月，我去美国参加国际冰川学会冰与气候讨论会的时候，就已经决定下次的会议在中国举行。因为受到那年6月份在北京发生的“六四”风波的影响，一些外国学者主张取消在中国举行这次学术会议。我在会上作了说明，指出中国社会情况已经稳定、安全，可以保证不影响会议进行，最后决定会议还是在中国召开。

在与国外同行的接触过程中，逐渐形成了若干个合作研究项目与人员互访计划。我经手的就有中日冰川学家合作进行博格达山和昆仑山冰川考察，中美合作进行祁连山地区冰帽、冰芯研究，中英、中巴合作的喀喇昆仑山冰川考察。我们还派青年学者到日本、美国、瑞士等冰川研究单位进修，也邀请少数外国学者来华访问。1983年，国际冰川学会组织了一个考察团来中国考察。这个考察团由学会理事长带领，由30多位各国的冰川学家组成，他们访问了天山冰川站和兰州冰川冻土研究所。

国际的合作研究项目，多数是外国学者到中国来，和我们共同进行野外考察。他们的经验和分析技术，促进了我们工作上的改进。像氧同位素分析对冰层划分与历史气候环境的说明，冰川动力学和冰川沉积特征的理论研究，这些都对我们的工作很有启发。

培养学术研究型人才

一个单位实力的强弱、贡献的大小，主要取决于这个单位创造性人才有多少，以及他们团结合作、集体力量发挥得如何。兰州的工作条件不如北京、南京，搞冰川研究比较吃亏的就是那里吸引人才比较困难，尤其是在以前没有培养研究生制度的时候，北大、清华等名牌大学毕业的学生不愿去兰州。现在好多了，西北方面也能够自己培养人才了。

从1979年起，冰川冻土所逐步建立了硕士生、博士生和博士后培养制度，迅速地培养起一批优秀的青年研究人员。80年代初期，我开始带硕士生，后期才开始培养博士生。我在培养人才时坚持一条：无论是硕士生还是博士生，论文一定要是原始创新。我不赞成把许多资料拿来，抄抄编编、在电脑上计算加工就形成了一篇论文。我要求学生自己去野外观测、采样，实验室分析，这样写出的论文才有水平，才有希望发表在高水平的杂志上。我初期指导的博士生论文，要求他们在《中国科学》上发表，后期指导的论文，也要求必须在一级学报上发表。

如果只是为了拿文凭，趁早别走这条路

我常对学生说："搞科学研究不比其他工作，非常辛苦。一定要立志，要有做一名高水平学者的志向。如果只是为了拿文凭，趁早别走这条路！"由于考上的学生水平参差不齐，在培养学生时，我注意根据每个学生的特点取长补短、因材施教。看学生哪方面薄弱，我就让他们专门在薄弱的方面补课。比如有的学生英语差些，就送出去学英语。有的学生是学地理专业的，地貌学方面的训练就比较差。一些学校出来的学生野外观察能力很差，一方面是因为到野外需要比较多的经费，很难有机会去，另一方面也是有些单位把信息系统看得很重要，不重视野外工作经验。所以一些学生在野外现场，缺乏基本的野外工作技能。对这样的学生，我就尽量给他们创造机会，多去野外看看。

第一个博士生姚檀栋

我在兰州带过六个博士生。在南京带的博士生已经毕业了八个。有些是我单独带的，有些是我和别人联合培养的。我的学生的选题基本上是结合研究项目，1988 年我指导了第一个博士生姚檀栋①。那时我们正在对乌鲁木齐河进行研究，我就让他结合课题工作，专门研究乌鲁木齐河的气候、冰川与径流变化，弄清楚三者之间的定量关系。他的论文后来发表在《中国科学》上。

培养训练研究生，最好有个基地。我曾经选天山冰川站作为冰川方面研究生的训练基地。80 年代初期我招收的硕士研究生，全是在天山站训练的。在那里的第一年，他们主要接受普通冰川学观测训练，以后再结合专题，开展专门的实验工作。比如现任冰芯实验室副主任的任贾文研究员，当时论文题目是冰川温度。为了研究这个问题，他设计了几个专门的测温钻孔，取得了比较丰富的温度资料。我和康尔泗研

① 姚檀栋（1954— ），中国科学院院士。1978 年毕业于兰州大学地质地理系，1986 年获中科院地理资源与环境研究所博士学位。曾分别到美国爱达荷大学、法国科学研究中心冰川与环境地球物理实验室、美国俄亥俄州立大学伯德极地研究中心、法国原子能中心气候与环境研究实验室从事博士后，高级访问学者等研究工作，并先后担任过中国科学院兰州冰川冻土研究所所长，中科院寒区旱区环境与工程研究所副所长、所长职务，现任中科院青藏高原研究所所长。

施雅风（右）与博士生姚檀栋在一起

第二个博士生杨大庆

究员合作培养的第二个博士生杨大庆，则以修正高寒山区降水观测误差为目标，主要是修正固态降水观测误差。在乌鲁木齐河流域上下多处，比较实验各种降雪观测设备，最后得到比较真实的计算。这个地区的降水观测误差，可达百分之二三十。他出色的研究工作很快被加拿大学者发现，他就被邀请去加拿大工作了一段时间。我在南京带的头两个博士生，是以研究青海湖水位变化的气候原因和水量平衡为目标，也是从实际资料研究中得出了可靠的结论。

我认为，对于研究生做的工作，导师首先要有深入研究，这样才能够真正起到指导的作用。而且导师首先要做到德才兼备，这样才能够很好地言传身教。我本人作为导师就有一个弱点，因为我没有在国外大学中攻读博士的经历，对国外好的大学的训练方法不够熟悉，在这方面我能给学生的指导就不够。

科学院应侧重培养学术研究型人才

与高校培养研究生相比，我觉得科学院应该侧重于培养学术研究型人才。我认为三年制的研究生教育时间太短。每个学生的基础不同，对于一些基础比较好的学生还可以，而那些基础不好的学生就显得时间不够，应该延长到四到五年。当然这个问题很麻烦，因为现在很多学生急着毕业。

竺校长倡导的“求是”学风，不仅影响了当时的浙大，还影响了一代又一代的浙大人。

竺老的努力奋斗、一丝不苟的精神，也值得每一位科学工作者学习。……他当了大学校长和科学院副院长以后，虽然行政工作很多、很忙，但是研究工作一直没有停止。他70多岁的时候，每天还工作10多个小时。

第十三章 纪念竺老、学习竺老

CHAPTER THIRTEEN

与竺老的交往

我与竺老交往的时间很长。我在浙大读书时就和他接触过，听过他的讲话和报告。那时候我叫他“竺先生”或“竺校长”。我到科学院工作以后，竺老是科学院的副院长，还同时担任了地理所筹备处主任、生物学地学部主任和中国地理学会理事长。我就直接在他的领导之下，和他的交往更多了。后来我就称他为“竺副院长”或者“竺老”。

在浙江大学

浙大的时候不比现在，学校里没有副校长。竺校长很忙，什么事都得管，又管得很具体。那时候要见竺校长非常容易，几乎不需要通过什么手续，但大家都知道竺校长非常忙，没有特别重要的事情，也不会去找他。

竺校长没有时间开课，但他常常给同学们作演讲，办讲座。竺校长是绍兴人，讲话有浓重的地方口音，很多外地学生一时还不习惯。好在我的老家海门和竺校长的老家绍兴都是吴语区，差别不大，我很快就听懂了他的话。记得有一次他利用晚上天空晴朗的时候，讲解关于太阳系、银河系等方面的宇宙基本知识，并现场对天上的星座指指点点，给我留下了特别深刻的印象。

1938 年 11 月，竺校长在宜山发表演讲，要我们学习王阳明艰苦卓绝的精神。竺校长还专门讲了王阳明的“求是”精神。浙大前身是求是书院，他确立“求是”为校训，倡导勤奋严谨的治学精神、虚怀若谷的民主作风、坚持真理的科学态度、精忠为国的模范行为。在竺校长的倡导下，学校里充满了勤奋、朴实、自由、民主，师生团结、努力向上的风气。那时虽然物质条件差，但精神生活很充实，创造性研究成果还是很多的。竺校长倡导的“求是”学风，不仅影响了当时的浙大，还影响了一代又一代的浙大人。

那时日本人一步一步向西打，国家经济条件也越来越差，但是竺校长经常教育我们说：你们要把书读好，将来出去做大的事业。

科学院在文津街办公的时候，竺老中午回家吃饭，我就去竺老的办公室里休息。竺老热爱体育运动，他去看体育比赛时，如果车子上还有位置，就会叫我一起去。那时候我经常从南京到北京，有时候就帮助周立三或其他先生给竺老捎些东西。我送去的时候，他总是很客气，并留我在他家里吃饭。

我最后一次见到竺老是在“文革”中。那是 1972 年，我已经解放了，出差到北京[①]。我已经好多年没见到他了。

① 据《竺可桢日记》1972 年 3 月 9 日记载：“上午 9 时兰州沙漠冰川所施雅风……等 4 人来……此来是为了落实珠峰科学考察总结”。（《竺可桢日记》第 5 卷。北京：科学出版社，1990 年，第 517 页。）

在那之前，我们还是在1966年见过一面。我到竺老家拜访时，他的耳朵已经聋了，听不到我讲话。家里人就拿来一个纸板，我把要说的话写在纸板上，再拿给他看，实际上和他交流已经很不方便了。

1954年地理学会理事会合影（左二为施雅风，左四为竺可桢）

1972年尼克松访华，组织上叫竺老到机场去参加迎接仪式。他和贝时璋等人去了，那时竺老的腿脚已经不很好了。送尼克松总统走的那天，正赶上刮大风，听说竺老在机场已经有些站不稳了①。两年以后他就去世了。通过这些年与竺老的接触，我对他有些了解。竺老是一个温文尔雅的人，就像一个老夫子。但他在实际工作中，在处理事情上非常果断，办事很有魄力。

---

① 据《竺可桢日记》记载："晨6点起，见白皮松树枝摇动（五六级风），可见今日风是不小，我就为到机场送客寒心。但当作一个政治任务，我得硬着头皮干。"（《竺可桢日记》第5卷。北京：科学出版社，1990年，第515页。）

《竺可桢文集》等著作的编辑出版

竺老是中国地理学和气象学界的一代宗师，他对整个中国科学事业的贡献都很大。早在 60 年代初期聂荣臻同志就说过：“像竺可桢这样的科学家，应该给他出个文集。”中国地理学会曾经准备做这件事，也开始着手编辑《竺可桢著作目录》。但是“文革”中地理学会停止活动，这项工作也就中断了。

聂荣臻说，应该给他出个文集

1974 年竺老去世，悼词中对他解放前的贡献一字没提，我觉得这样不公平。在竺老去世后的第三年，1977 年初，我联合十多位地理学界和气象学界的学者，如黄秉维、叶笃正等，由沈文雄[①]起草，写信给科学院领导方毅和李昌同志，建议编辑《竺可桢文集》。这个倡议很快得到了批准，院里决定由我负责组织，发函到兰州冰川冻土沙漠所，调我来京主持此事。我到北京以后，请地理所的张丕远、龚高法等同志负责具体搜集竺老文献，初步拟订文集篇目，我则以主要力量撰写竺老生平与贡献。

竺老的文章涉及的领域十分广泛：气象学、地理学、自然科学史、综合考察、科学组织、科学教育、科学普及……所以编辑竺老的文集需要查阅大量的资料。竺老的很多著作都是在北京图书馆找到的，那时北图查阅资料的条件很差，资

为了编辑竺老的文集，我有一段时间就住在北京

① 沈文雄，曾任竺可桢的秘书、中国科学院大气物理研究所副所长、国家自然科学基金委员会地球科学部主任。

料限量复印。我记得地理所一位姓陈的同志，每天清早就去北图排队等候复印。竺老的博士论文，是我托人从哈佛大学图书馆复印后寄来的。这项工作我花了很大的力气。为了编辑竺老的文集，我有一段时间就住在北京。地理所副所长郭敬辉把他的办公室腾出来供我们使用，我就在办公室里支了一张床。

我们开始工作后，就以60年代中期编撰的半成稿为基础，进一步收集资料，征求意见。这项工作得到了许多竺老的生前好友、同事、学生的热情支持，我们甚至还收到过从没有和竺老见过面的青年人的来信。

为了编好这个文集，我们曾经在北京举行过六次座谈会，每次到会都有几十人。大家在会上发言十分踊跃，追述竺老的言行，补充著作目录中的缺遗，还有人给我们寄来了竺老早年没有公开出版的著作。这说明很多科学工作者都对出版《竺可桢文集》抱有热情，并且希望文集能够早日出版。

当然，任何事情都有它的时代局限性。在选择收录哪些文章时，参与工作的人员有不同的看法。春节之前我们专门组织一批人员开会，挑选文章，大家讨论得很热烈。竺老有一篇气象学方面的文章，我建议收入，但是气象局的代表不赞成。因为那时气象局正在推广土炮消雹催雨，竺老的那篇文章反对这种做法，认为效果不好，最后这篇文章没有收入文集中。竺老有很多在浙大时期讨论教育问题的文章，我们编文集的时候虽然已经是70年代末期了，但那时候思想还是不够开放，所以竺老谈教育的文章都没有收录。

机场管理很“严”

这中间还有个小故事。一次我们在北京饭店开会，会议结束后已经快过年了。我赶到机场，结果飞机延误了，走不了。那时候机场管理很严，不让我们在那里过夜。工作人员一次一次地赶我走。我知道北京饭店出来就进不去了，我也没地方去，就想在机场里凑合着坐一夜，所以我没走。其实机场也有住的地方，最后就让我住进去了。

《竺可桢文集》是在1979年正式出版的，那时科学院院长郭沫若已经在前一年去世了，他在生前还为《竺可桢文集》题写了书名。

《中国近五千年来气候变迁的初步研究》

竺老的文章中，我印象最深刻的是《中国近五千年来气候变迁的初步研究》，这篇文章开辟了中国气候变化研究的道路。这篇文章竺老写得很辛苦，那时候他的年龄大了，身体也不太好。写出来的手稿没有人帮他抄，因为他的秘书沈文雄已经下放到湖北的“五七干校”去了，他只好让他的外孙女姚竺绍帮助抄写。

这个稿子的初稿是在1966年写成的，是一篇英文文章，竺老曾经寄给我看过。那时竺老本想作为参加罗马尼亚科学院成立一百周年庆祝活动的礼物，但当时并没有宣读。“文革”中他又用了五六年的时间继续收集资料。1972年初，他准备把这篇文章用中文发表。那时他已经82岁了，这个稿子涉及的资料面相当广泛，所以很多资料竺老都要亲自查找，搞这个研究非常吃力。

这篇文章写好以后，发表成了问题。当时还是“文革”后期，很多刊物都停刊了。文章写好后投到哪呢？竺老就把稿子交给了《考古》杂志。这个杂志的主编是夏鼐，他看了稿子以后说：“这是气象学内容，不适合发表在考古学杂志上。”竺老说：“我这篇文章讲的是五千年的变化，前面三千年利用了很多考古学方面的资料。”所以他们就接收了，文章首先发表在《考古学报》上。过了一年，《中国科学》复刊了，文章又在这个杂志上发表了。文章发表后，国际上反响比较强烈，评价很高。现在搞气候变化的人很多了，而开创这项研究的正是竺老。

《竺可桢科普创作选集》

《竺可桢文集》出版以后引起了很多学者的关注，在这件事情的带动下，后来又编辑出版了《竺可桢科普创作选集》①、《纪念科学家竺可桢论文集》② 和《竺可桢日记》(1936—1949)③ 等书。

《竺可桢文集》共选入79篇文章。虽然也收录了几篇科普文章，但还不能充分反映他在科普方面的工作，科普出版社主编就发起再编一本《竺可桢科普创作选集》。这本书一共收录了29篇文章，有7篇是第一次公开发表，其中有一篇《德国气象学家韦格纳（1880—1930）小传》是我提供的。

这篇文章还有一个故事。1965年，科学出版社准备出版一部反映近代自然科学史上有卓越成就的外国科学家的评传集。希望通过出版这样一部文集，介绍著名科学家的科学精神和良好的方法与经验。希望我国科学工作者读了这部文集之后，会更加激发起为科学献身的雄心壮志。在编辑方案中，初步选定了40多名外国科学家，其中就有德国气象学家韦格纳。竺老亲自撰写了这篇文章，但后来因为“文革”的冲击，这本书没有出版。我手里正好保留着这篇文章的油

① 《竺可桢科普创作选集》。北京：科学普及出版社，1981年。
② 《纪念科学家竺可桢论文集》。北京：科学普及出版社，1982年。
③ 《竺可桢日记》(1936—1949)。北京：人民出版社，1984年。

印稿，所以就决定把这篇文章收入《竺可桢科普创作选集》。侯仁之先生亲自核阅了这篇文章，并且还写了编者注。

《纪念科学家竺可桢论文集》是吕东明发起，由他约稿和编辑的。

《竺可桢日记》

为了给《竺可桢文集》写一篇竺老生平的综合性介绍文章，我向竺师母索要竺老的相关资料。竺师母非常支持我们的工作，把竺老1936—1974年的日记、照片和部分书信、手稿送给我们参考。这些资料，为我们的编撰工作提供了很大的便利。

竺老的日记都装在一个大箱子里，放在他家的床底下。他生前曾经交代过，不允许家里人看这些日记，竺师母也没有看过。我借日记来读，最初只是为了写介绍竺老生平活动和贡献的文章收集资料，但是通过读这些日记，我越来越被竺老的精神所感动，于是想到应该出版这些日记。那时虽然也出版过一些名人日记，比如《鲁迅日记》、《胡适日记》等等，但是从来没有出版过科学家的日记。《竺可桢日记》还是第一部。

据胡焕庸先生讲，竺老可能早在哈佛大学读书时就已经记日记了。早年日记在1923年，也就是竺老在东南大学教书的时候，因为房屋失火被烧掉了。1923—1936年之间的日记放在南京竺老的家中，在抗日战争中散失了。我们看到的日记是从1936年竺老任浙大校长那年开始的。

竺老日记的内容非常丰富。仅从现在保留下来的日记看，从1936年开始一直到1974年2月6日他去世的前一天，每天都记，38年没有间断过，全部日记有900多万字。竺老有个习惯，无论是在办公室，还是开会或者外出，都随身带着一个小本子，有什么事情随时记录下来。他一般是在第二天清早根据头一天的记录整理成日记，所以竺老的日记非常详细，当天的天气都写在日记的第一行，每天的日记都记了满满的一页。我们在整理竺老的日记时，有两年的日记找不到了。那两年的日记，就是根据他随身携带的小本子整理选编出来的。

竺老全部日记的篇幅太大，如果按照原文出版，有较大困难，所以我们决定摘选其中重要的内容。即便这样，《竺可桢日记》的选编工作量也非常大。谁负责办这件事呢？这要感谢吕东明同志，他主动提出由他负责具体的工作。他找了11位从浙大毕业、已经离退休的老同志，选抄摘录日记原文，然后再由吕东明、许国华两位同志汇总、校核和注释。这项工作大约用了两年半，编好1936—1949年即浙大校长时的两册，赶在1984年竺老逝世10周年纪念会时，这两本《日记》出版了。筹备后面三册即中国科学院时期的日记的选编工作，具体工作是由黄宗甄同志主持，他也找了不少人帮助选抄摘录日记，在1990年之前由科学出版社陆续出了后三册。

竺可桢研究会和《竺可桢传》

竺老逝世10周年时，在北京召开过一个纪念会。这个会议主要是沈文雄组织筹备的。会上我讲的是竺老指导冰川学研究，周立三讲的是竺老和新疆综合考察，席泽宗讲的是竺老和自然科学史研究，浙大的教授讲竺老和浙大……都是和他有关系的一些谈话，每个人都下了工夫。会后又把这些谈话汇集起来出了一本文集①。开会时，正好《竺可桢日记》解放前的部分，分成两卷正式出版了。参加会议的代表每人拿了一套，会后很多人都是整夜阅读这两卷《日记》。

竺可桢研究会理事长

这个会上还成立了“竺可桢研究会”，并推选我担任理事长，竺可桢研究会活动过几次。研究会成立以后，我们觉得有必要系统地介绍竺老的生平事迹和重要贡献，于是开始筹备组织编写《竺可桢传》。在许多老同志的积极参与、支持下，研究会专门成立了《竺可桢传》编辑组，请黄继武同志担任组长。先是调查收集资料，编订年谱。1985 年，研究会还在杭州举行了纪念竺可桢学术年会。会上最后确定了《竺可桢传》的编写提纲，安排有关同志分头撰写，参与撰写的同志大多是与竺老熟悉、年事已高的老同志。

这本书的第二章“教学十年”，是由我提供资料，请黄孝葵同志改写成文的。最初我们打算让当年在浙大任教的老师参与这项工作，为此我曾经找过任美锷等先生。但因为年代比较早，当时在北京、南京都找不到人来写这一部分。因为没有合适的人选，我只好参与了这项工作。我在南京图书馆旧书馆藏部，找到了 20 年代出版物中竺老写的文章，北京大气所的张宝堃先生也为我们回忆了当年竺老的教学情况。

后来到杭州开会，我又找了竺老当时的学生、我的老师陈训慈先生，他那里珍藏了竺老编写的教材和其他材料。他把这些资料提供给我。这些资料中有一本竺老讲世界地理时

①《竺可桢逝世十周年纪念会论文报告集》。北京：科学出版社，1985 年。

用的课本，这本书是陶孟和写的。陈先生告诉我，竺老讲课时说这书里面有很多错误。比如陶孟和书中说，世界最高峰不是珠穆朗玛峰，竺老就指出这里讲错了。竺老补充讲的内容，陈先生都用钢笔写的小字记在书上面。这些内容很有意思，我仔细读了一遍。记得竺老补充讲到茶叶时指出，开始西方人引进茶叶不知如何食用，他们不是泡水喝，而是直接吃。英国人后来就开始在印度种茶，他们派人来中国学种茶的技术，后来在印度种茶成功后，中国的茶叶出口就受到了影响。

西方人“吃”茶

1987 年和 1988 年，我们又召开过两次编审会议，分别讨论各章的初稿和修订稿。我们当时确定的要求是：符合事实，没有重大遗漏，真实反映竺老的思想品德。《竺可桢传》的每位撰稿人都非常认真，有些章节修改了很多遍。前后参加编写的有 20 多人，由黄继武担任主编，吕东明、黄孝葵为副主编。吕东明为此事奔走组织，花的力气最大。

通过编写《竺可桢文集》、《竺可桢日记》和《竺可桢传》，我受到了很大的教育。我读竺老日记的时候，还是“文革”结束后不久。通过研究竺老，对我克服“文革”中形成的一些消极思想很有帮助。我也更加怀念竺老，并写了多篇纪念他的文章。

竺老的努力奋斗、一丝不苟的精神，也值得每一位科学工作者学习。有些著名科学家当了领导，工作一忙，研究工作就停止了，这对中国的科学事业是一种损失。但是竺老不一样，他当了大学校长和科学院副院长以后，虽然行政工作很多、很忙，但是研究工作一直没有停止。他 70 多岁的时候，每天还工作 10 多个小时。

竺老平时工作中注意收集资料，认真读书、认真观察自然，并一直都在密切关注着国际、国内学术动态，他 80 多岁的时候还坚持按期阅读中外主要科学期刊。竺老研究工作的特点是集中突击，他有时会用几天时间不上班，专门在家写文章。

《竺可桢全集》

1979 年出版的《竺可桢文集》一共印了 17 000 多册，几年以后就很难买到了。而且《文集》只收录了当时所知的竺老三分之一左右的文章，不能够全面反映他的思想。所以在 2000 年纪念竺老诞辰 110 周年的会上，叶笃正、黄秉维、我和陈述彭等 10 多位院士倡议，组织力量，增订出版《竺可桢文集》。当时许多具体的联系工作都是由沈文雄同志承担的，由科学院学部办公室拨出 5 万元启动经费。

当时竺可桢研究会已经停止活动了。我就召集了前段工作中的骨干在北京开会商议，大家说不要只是增订，应该出全集。这样，我们就找到从事中国现代科学史研究的樊洪业同志，他当时还没有退休。

出版全集比文集更好，但是全集的编辑工作量很大，需要一批热心者参加，并要有相当的经费支持。这些工作都是由沈文雄同志和担任《全集》主编的樊洪业同志奔走、联系，组成了阵容强大的编辑委员会，请路甬祥院长担任主任，我被列为第一副主任。通过我们的努力，这项工作得到了国家自然科学基金和中国科学院院长基金的支持。上海科技教育出版社的领导把出版的事情接了过去，很难得，要感谢他们!

2001年3月，由路院长主持召开了《竺可桢全集》编委会全体会议，会上樊洪业同志汇报了编辑计划。他说，所收竺可桢文献的时间跨度从1916年到1974年，这段时间政治、社会、文化背景都有重大变迁，编辑加工以“存真”为基本原则，力求如实保存文本原貌，如实展现竺可桢的人生道路和社会变迁的历史过程。这个考虑得比较周到的编辑计划在编委会上顺利通过，《全集》编辑工作正式启动。当时我倒是做好了花一定时间做这项工作的思想准备。那次会议之后，过了一段时间，我再到北京，曾经到科学院科技政策所看望樊洪业同志。我看到他们的工作在井然有序地进行，没什么特殊问题要我协助解决，我就完全放心了。从那以后，我只是有时会接到樊洪业同志的电话，询问某些历史事实。我或是根据记忆，或是通过查阅资料，帮助解决一些问题。

2001年3月施雅风（右）在《竺可桢全集》编委会全体会议上与叶笃正交谈

2004年，《竺可桢全集》的前四卷出版了，文章和所配的照片编辑印刷都很好。我预先根据沈文雄同志的安排，以竺老倡导发展地理学，特别是提高地理科学水平为主要内容，写了序言。在收到《全集》前四卷后，我通读了竺老从1916年到1928年的文章，深深感受到竺老科学报国、博大治学、热情奋进的精神，并在《科学时报》“再读竺可桢”栏目内发表了一篇短文，就创新创业的开拓精神，启迪民智、普及科学知识的热情、摒弃旧传统几个方面加以颂扬。2007年已经出到13卷，估计两三年内《全集》就可以出齐了。这套书与同类书相比，从著作的厚重和影响的广阔与深远等方面，依我看可以说是首屈一指的。

1984年，我从领导岗位上退了下来，那时身体还算好，而且又没有了行政事务的干扰，可以集中精力做些学术研究了。

既然我的体力已经不适合到野外去收集原始资料，我就把相关的专题性研究成果收集到一起，进行综合性分析，我管这种研究叫“集成创新”。

第十四章 晚年学术研究

CHAPTER FOURTEEN

1984年，我65岁，从领导岗位上退了下来。我那时身体还算好，而且又没有了行政事务的干扰，可以集中精力做些学术研究了。

编写《中国冰川概论》

过去因为工作忙，有些工作拖了很长时间。所以我卸任后的首要任务，就是抓从80年代初开始多年一直没有完成的几件事。其中之一，就是编写《中国冰川概论》。我最初想通过这本书，总结中国现代冰川研究各方面的成就。1980年我拟定了提纲，请有关同志分工执笔，但是各部分进展很不平衡；有些章节很快就完成，并且单独成文、先行发表了。有些章节因为执笔人承担了其他的任务，拖了下来。我和任炳辉合写的《区域冰川》一章，又远远超过了原来规定的篇幅。这些年冰川物理方面发展很快，这方面的内容我没有能力驾驭，所以在我们重新开始编写工作时，又增加了一位专长于冰川物理的黄茂桓研究员担任副主编，加强统稿能力，增补新资料。经过大家的共同努力，这本书终于在1988年出版了。1991年，被评为中国科学院自然科学二等奖。

2000 年夏施雅风（右）与刘东生考察兰州附近阶地

1985 年，我搬回南京居住，并接受了科学院南京地理与湖泊所研究员的聘书，在南京开展了一些新的研究工作。南京地理所以搞湖泊研究为主，于是我开始围绕长江流域做一些研究工作，先后主持了科学院、自然科学基金委员会和国家科委攀登计划的几个项目、课题的研究任务。随着拨款制度的改革，立项审查的严格，特别是政治局势的稳定，项目与课题设计越来越详细合理，并注意到了国际与国内的研究动态。几个项目与课题都取得了比较好的成果，出版了几本专著。

乌鲁木齐河水资源若干问题研究

我卸任的时候，科学院副院长叶笃正带人到新疆，与地方商洽科学院支援新疆的项目。我提出，乌鲁木齐城市很大，周围河流少，城市缺水问题比较严重，需要专门研究。

科学院就委托我主持乌鲁木齐河水资源的研究工作。接到任务以后，我带领着考察队到乌鲁木齐河一带，展开了系统深入的研究。

乌鲁木齐市严重缺水的状况迫在眉睫

我一直认为，冰川学要做到为农业服务，不能局限于山地冰川本身，需要扩展到山区水分循环与平衡的研究。80 年代，乌鲁木齐市严重缺水的状况迫在眉睫，我也长期关注着西北干旱地区水资源的问题，考虑着解决的途径。在新疆维吾尔自治区地方政府的支持下，科学院把这项研究列为支援新疆建设的重要项目，并要我负责组织领导工作。

参加项目的研究人员，科学院内以冰川冻土所为主，此外还有新疆地理所、沙漠所、北京地理所、综合考察委员会、北京地质所、贵阳地球化学所。新疆地方参与的机构有新疆水利厅、新疆水文地质队、乌鲁木齐市水资源委员会等，前后参加人员在 100 人左右。

这项研究分为两个阶段。第一阶段是从 1985 年到 1986 年，主要研究从柴窝堡湖水源地调水接济乌鲁木齐市的可能性和引水工程产生的柴窝堡湖区环境变化的问题。工作开始的时候，各方面的意见并不一致。争论的焦点之一，就是从湖泊的哪个地方取水好。有一方主张从湖的东面取水，另一方认为应该从湖的北面取水。另外还有一个问题，就是柴窝堡湖的水源到底有没有保证？这个湖周围景色不错，湖中还可以养鱼。如果从这里取水，会不会把水抽干，影响当地的生态环境？新疆地方政府需要一致的意见，以便作决策。

这项工作虽然属于应用性研究，但应用研究必须把基础工作搞好。以前基础工作没有做，我们接到这个项目后，就先做了一些调查工作。我们开始调查时，向一个地方机构要资料，但他们开口要五六十万元的资料费！我说我们一年才有20万元经费，怎么可能给这么多钱。我就对新疆的地方领导说："我们是来支援新疆的，而且我们的费用都是科学院给的，没有向地方要钱，怎么地方还找我们要资料费?"地方领导批评了这家机构，他们答应得好好的，但还是不肯把资料拿出来。后来还是有关人员在下面活动了一下，给了些小钱，才把资料拿到手。

柴窝堡盆地东面有个博格达山，海拔5 600米，山上有很多冰川。我们组织了冰川降水、融水观测，结果显示冰川出水相当多。这项观测显示，柴窝堡盆地虽然干燥，但是它周围的山区降水多，径流量大。径流出了山口以后渗透到地下，柴窝堡湖主要靠地下水补给。另外，我们还专门做了蒸发的观测，盐分的补给如何，把这一套基础工作详详细细做过以后，得出了结论：这里水源充足，可以作为乌鲁木齐市的水源。

经过研究，我们提出应该从湖东面取水，因为那里水源补给充分，而北面水源补给不充分。工作过程中，水文地质队又提出了一个问题：这个湖盆会不会是个漏盆？漏盆就意味着不能蓄水。要看湖盆漏不漏需要打钻，为此新疆地方政府批了20万元用来打钻。我们大概打了一个200多米的深钻，并把采集的样品送到贵阳地球化学所鉴定。这个所的分析力量很强，结果显示柴窝堡盆地不是漏盆。

柴窝堡湖成了乌鲁木齐市最好的水源地

调查研究之后，我们开始做向乌鲁木齐市调水的方案。我代表科学院找到新疆水利厅、新疆水文地质队和乌鲁木齐市水资源委员会商量，最后四家都同意了这个建议。于是我们向自治区领导作了汇报："可以从柴窝堡湖取水，只要每年取水量不超过 3 000 万立方米，对柴窝堡湖周围的环境影响就不大。”我们的报告自治区领导很快就批了，并开始设计输水渠道，我们最初提出挖渠引水，具体设计时改成管道输水。现在柴窝堡湖成了乌鲁木齐市最好的水源地。我们的这项成果还获得了科学院的二等奖。

三年前我又去了乌鲁木齐，看到从柴窝堡湖引水效果挺好。于是就想，这项工作是否应该申请个国家级的奖。等到第二年我再去看，情况发生变化了。新疆现在缺水严重，为了解决水源问题，地方上又在湖的北面开始取水。原来我们不赞成这种做法，因为那里水源补给不足。但因为乌鲁木齐缺水严重，他们不但开始从湖的北面取水，年取水量也加大了。结果柴窝堡湖水位下降了一米多。我去考察时，柴窝堡湖的地方领导反应非常强烈，希望乌鲁木齐市能够减少那里的取水量。

从 1987 年开始，我们又用了两年时间，研究乌鲁木齐地区水资源的开发利用程度，提出了与城市发展规划相适应的节流和开源的对策。通过乌鲁木齐河流域水问题研究，我们与合作者都认为解决水资源短缺的途径，应在开源和节流两方面同时并进。开源是从外流域引水，节流是节约用水。我们认为这一带节水还有很大潜力，关键是农村用水要压缩。而且强调，节约用水和全流域用水的统一管理应该是地方水资源管理的重点。我们提出了适应城市发展、预见环境变化的开源引水和节约用水的建议，受到有关部门的高度重视。开源的建议迅速落实了，但是节水的建议阻力很大，一时达不到实效。

围绕着解决水源的问题，我们依托天山冰川站和水利厅径流实验站，深入开展了乌鲁木齐河山区径流的形成和计算研究，我还指导博士生做了降水资料的修正和降水水量的观测。对应用深钻孔的采样分析，也为我们进行柴窝堡湖第四纪环境变化和水文地质条件基础研究创造了条件。通过钻孔，弄清了七八十万年以来气候环境变化情况，这是西北地区非常难得的历史气候变化资料。我们的成果汇总出版了四册专著。应该说这项研究是西北地区水资源研究和为城市供水研究中，考察比较全面深入，理论与实际结合得最好的研究成果。

研究七八十万年以来气候环境变化情况

气候与海平面变化与自然灾害趋势研究

80 年代中期，叶笃正到欧洲参加了一个国际会议。这个会议专门讨论了二氧化碳增加以后的国际气候变化。他带回一套材料，我很有兴趣，就借来看。从材料中得知，进入 20 世纪以后由于自然和人为的影响，地理环境不断发生变化。二氧化碳等温室气体的增加，必将导致全球变暖和海平面上升，这对我国也有较大影响。我们居住的地球具有几十亿年的历史，从太古代、元古代、中生代、新生代，直到现在，全球气候都在不断地变化。但是现在的变化比过去快得多。现在一二百年，甚至几十年全球的变暖程度，相当于过去几千年的变化。过去环境的变化主要是自然界本身的改变，现在人为的影响越来越大。地理环境的改变，产生了全球性的环境问题。

关注全球气候变化

我意识到全球变暖是个大问题。为此，叶笃正和我曾经联名写信，建议科学院开展这项研究。那时候科学院已经设立了一个面向全国的“中国科学院科学基金”，但国家拨的钱还比较少。我们的建议得到了科学院的支持，院里先拨了少量经费支持搞预研究，预研究的工作我参加了，编写了包括冰川、湖泊、沼泽等地表水资源的情况。到 1986 年，院基金会专门独立出来，成立了国家科学基金会，钱也多了。国家基金会成立以后，我们就酝酿着申请这个项目。

在北京的单位消息比较灵通，所以有三家单位申请了相关的研究，北京地质所申请搞海平面变化研究，北京地理所申请搞历史气候，主要是从历史文献中整理分析，大气物理所提出搞气候模型，从物理角度进行研究。我也申请了一个题目：“气候变化对西北水资源的影响”。基金委地学部的负责人觉得，这些题目都是气候变化，应该合并到一起。我当时兼任南京地理所的研究员，基金委负责人提名我为项目负责人，我也有兴趣，就负责了这个项目的组织工作。

因为参加单位多，组织工作量很大。我们开了很多次会议，从设计研究内容，到确定参加单位和主要研究人员，最后再修改申请书……直到 1987 年冬天才最后定下来。最后这个项目有科学院地理所、大气所、地质所和南京地理所等 20 多家单位，200 多人参加。经过反复讨论，这个项目一共设了 4 个二级课题，其中“气候变化对西北、华北水资源的影响”由我负责。我最初的设想是研究气候变化对西北水资源的影响，但是有关负责同志建议，这项研究应该包括华北地区的情况。所以我就把华北地区的研究也加了进去，由水利部水文调度中心的有关同志负责，我直接抓了气候变暖，古代相似的全新世中期气候重建研究。我觉得孢粉等各方面的资料已经比较多了，应该综合搞一下。为此我们开了座谈会，每位学者根据孢粉、冰芯等几个方面的资料进行研究，最后再由我来综合。此外在海平面变化研究中，我也花了相当的时间。

我负责的专题研究启动以后，首先对青海湖近百年萎缩的原因进行了分析。我根据亚洲中部山地冰川变化、青海湖和伊塞克湖水文变化，提出20世纪亚洲中部气候的暖干化是造成青海湖萎缩的原因，否定了人们常常认为的，萎缩是人类用水过度造成的。经过研究，我们总结了过去1万年间孢粉分析、冰芯记录、湖泊变化、沙漠与古土壤、古海平面变化等方面的资料，并与合作者共同指出了中国全新世大暖期（8500年前—3000年前）以7000年前—6000年前为鼎盛阶段，当时温度一般比现代高两三度，夏季风范围扩大，降水增加，植被带北迁西移，海平面上升，促进了新石器文明的大发展。

提出亚洲中部气候的暖干化是造成青海湖萎缩的原因

这项研究主要是从历史环境变化入手。我认为需要结合自然历史气候进行研究，到相似的古气候阶段去找答案。根据冰川、湖泊、水文与气候记录，我们较早地提出了20世纪中国北方乃至中亚地区存在着气候暖干化的趋势。但是随着较大幅度的变暖，将来有可能转为暖湿，即降水量增加，生态环境可能会得到改善。我组织了以前研究过全新世局部环境变化的10多位同志座谈，系统总结了全新世大暖期的有关资料，出版了《中国全新世大暖期气候与环境》专著。研究的结论令人鼓舞，由于夏季风扩张，全新世大暖期时，华北到中亚的降水量远远比现在多。未来气候进一步变暖，季风降水增加，西北、华北的暖干化可能转成暖湿。我们这

《中国全新世大暖期气候与环境》

项研究成果，受到了国际上的广泛重视和引用。

我们提出20世纪西北气候暖干化和水资源减少的推断，总结了全新世大暖期气候与环境特征，作为未来气候变暖前景相似的借鉴。我们的研究成果获得了中国科学院1999年自然科学一等奖。事隔近20年，出现了许多新的资料。看来，我们的结论要做相当的补充和修正了。

全球变暖与中国自然灾害趋势研究

1995年，我还主持了“全球变暖与中国自然灾害趋势研究”的课题。早在我主持“中国气候与海平面变化趋势和影响研究”时，曾经在1988年考察了江苏海岸带的情况，在1993年又参加了科学院地学部组织的大三角洲海岸带考察。在考察过程中，我就密切注意着全球变暖导致海平面上升可能造成的危害。令人担忧的是，自然灾害是在加剧。

我不是气候学家，所以不能在气候方面继续搞下去。因为南京地理所既没有气象资料也没有相关的专业人员，所以我开始考虑在灾害方面进行研究。我结合当时“国际减灾十年”计划，联合一些学者向科学院资源环境局申请了一个小课题。课题批准以后，我以南京地理所人员为主，约土壤所、沙漠所和冰川所的同志参加工作。我们根据全球进一步变暖与自然灾害的变化，以及人类活动对自然环境的影响等方面的资料，预期未来数十年全球会进一步变暖。与此相应，中国的干旱、洪水、台风、风暴潮和若干种病虫害等自然灾害会进一步加剧，只有低温寒害、海冰、冰湖溃决等灾害可以减轻。

在多年研究的基础上，我们写了四本专著。写专著费的力气很大，但这种学术专著看到的人太少，于是我又写了两篇文章发表在《中国科学》上。这时正好刘东生在北京组织了一个第四纪会议，我在会上作了报告，把 8500 年前—3000年前定为全新世大暖期。这个时期也有人叫做高温期，我觉得还是叫暖期好。一个法国学者听了很感兴趣，约我为他们的一个新杂志《全球和行星变化》写篇稿子。这个成果用中英文发表后，在国际国内引用得很多。2007 年从引用文献数据库中查到国际上引用那篇文章有 60 多篇，是我英文发表文章中被引用最多的。

青藏高原新生代晚期环境变化研究

我从 60 年代进入青藏以后，在这个地区从事过几年的考察和研究。我对青藏高原的关注已经很长时间了。1956 年，我参与编制十二年科学发展远景规划时，就主张开展青藏高原的考察研究。1972 年我做了珠穆朗玛峰考察的总结工作，出了几本书以后，觉得以前对青藏高原的考察研究多为面上的工作，研究深度不够。

在过去多年的冰川冻土研究中，我的研究范围不断扩展。在青藏地区考察时，我也倡导对于积雪的研究。根据统计规律来看，青藏高原的冬季积雪面积的变化，会直接影响到第二年我国东部、日本、东南亚乃至北半球的气候和降水。具体地说，对于我国东部长江中下游这一带而言，如果青藏高原在冬季积雪面积增加了，季风就会推迟，那么长江中下游一带的梅雨过程就将延长。水汽北上受到了阻碍，北方地区就会出现干旱。所以对于青藏高原积雪的研究应当提上日程。

青藏高原晚新生代以来的隆升与环境变化

从80年代末期开始，我又提出了应该研究500万年以来青藏高原的环境变化。我和对这个问题感兴趣的同志，从兰州一直讨论到南京。最终，在1990年达成一项重大项目建议书，题目就是《青藏高原晚新生代以来的隆升与环境变化》，这个项目被列为国家科委和科学院攀登计划的重要研究内容，也是孙鸿烈院士主持的青藏高原大项目的第二个课题。这部分工作由我、李吉均和李炳元三个人主持，有九个单位近百人参加，设了四个专题，我负责第四个综合课题。

通过青藏高原隆升与环境变化的关系，我们研究了青藏高原500万年来环境变化的情况。主要是根据古冰川遗迹和年代测定资料，判定青藏高原在80万年前—60万年前，抬升到3 500米左右。它与地球绕日轨道转变所导致的降温耦合，出现了面积达50万平方千米的分散的冰川覆盖和大范围积雪，从而改变了高原和周围地区的气候与环境，促使塔克拉玛干大沙漠的形成和黄土沉积的加厚，并且黄土沉积范围扩大到了长江中下游。我们也对末次冰盛期青藏高原的冰川与环境进行了较深入的总结。另外，根据构造运动和植被变化新资料，我们认为青藏高原2 000多万年前隆升到2 000米左右高度，改变了大气环流的形势，促进了亚洲季风的兴盛，使原先横跨中国大陆的干旱带向西北退缩，华南的森林带向北扩展与东北的森林带连接。亚洲季风带代替了原先的行星风系。

全球气候变化已经不单是科学上的认识问题，它已成为了世界性的政治经济大问题，各国政府都十分重视。我国因为自然灾害所造成的经济损失极其严重，全球变化这个问题一提出，就给科学界带来了很大的任务。

科学研究必须要走在生产建设的前头，这样才能为国家经济建设服务。比如上海地区海面到底能上升多少。如果是50～70厘米，就会影响到苏州、无锡等很多地方，因此，水利工程就要有一套措施相对应。再比如，前几年太湖发生水灾以后，开过几条河。当时开河排水，没有考虑全球气候变化和海平面上升的问题。如果考虑到这个问题，就必须大大加强排水的能力，否则会加大内涝水灾。我们就是希望根据全球和中国气候变暖和自然灾害的变化，以及人类活动对自然影响方面的资料，预期未来数十年全球的气候变化，分析我国干旱、洪水、台风、风暴潮和若干种病虫害加剧的可能性和程度。

为了改进对全球气候变化的可预报性，仅仅依赖不到150年的仪器观测记录显然是不够的。孢粉分析、冰芯记录、湖泊变化、沙漠与古土壤、古海平面变化等资料，以及我国古代丰富的文献记录和考古资料，为我们提供了研究气候、环境长周期变化的丰富资料。正是通过这种长周期变化，为我们预测未来的气候环境变化，提供了依据。

青藏高原这样一个特殊的地区，许多问题是相互联系、相互制约的。比如为什么在短短的地质历史时期，几百万平方公里的地区抬升了这么多？它的地球动力学机制是什么？由于这种抬升造成的气候、辐射等方面的变化，以及抬升过程中地球物理、化学方面的变化都需要研究，我们在研究环境变化问题时，离不开对这些理论问题的深入研究。

两个方面的理论贡献

随着对青藏高原进行季风研究、全球变暖与青藏高原冰冻圈的研究、青藏高原能量与水分循环的实验研究等研究工作的不断拓展，青藏高原的科学资源和研究价值也会不断地被发现。我们的这项研究工作，主要有两个方面的理论贡献：一是根据临夏剖面的资料，提出两千万年以前青藏高原的几次隆升，并指出这些隆升是东亚环境最大的变化。其中，第二次隆升运动高度达两千多米，这个高度影响了大气环流，也加强了海洋和陆地热度的差异，引发了季风。二是认为在60到80万年前，青藏高原的高度达到3 500米左右，这个时候出现了很多冰川。我认为这个时候青藏高原进入了冰冻圈，这对于高原周围环境很有影响，比如促进北部地区沙漠发展、黄土增加。

集成创新

在科学研究中，创新有两种：原始创新和集成创新。1998年以后我年龄大了，体力也差了，出野外受到限制，不适合再申请搞大项目了。但我的研究工作还要继续做，既然我的体力已经不适合到野外去收集原始资料，我就把相关的专题性研究成果收集到一起，进行综合性分析，我管这种研究叫"集成创新"。比如孢粉研究，很多地方都做专题研究，但是文章很分散，内容也都是局部地区的工作，很难利用。我就把资料集中在一起分析，这样就把中国的全貌看出来了。

5万年前—3万年前古气候与环境的重建

1998年到2003年之间，我的研究工作主要集中在历史气候方面，研究了5万年前—3万年前相当于深海同位素三阶段的晚期和中期。我先做了4万年前—3万年前，末次冰期之前的一个暖期研究，发现当时的温度要比现在还高。以前学者们多把它当做末次冰期的一个暖期，但我发现这个时期降水量大，造成青藏高原湖泊的水位很高，湖泊面积很大。因为那里的水源主要是季风降水，造成降水量增加的原因，是地球轨道的变化造成中低纬度太阳辐射增强，海洋蒸发量加大。我把这些资料和海洋资料联系起来，写了篇文章：《距今40—30ka青藏高原特强夏季风事件及其与岁差周期的关系》。这个概念在中国是第一次，可能在国际上也没有人讲过。这篇文章用中英文在《中国科学》上发表，很受重视。一次我在西安开会，一位美国学者就过来看我，并和我谈这个问题的重要性。

为了继续研究，我就指导我的博士生贾玉连搞清温度升高后，降水量到底增加到什么程度。我们参考了国外的研究办法，搞水能联合。通过计算，搞清了降水量的变化，结果发现降水量比现在高很多，甚至达到一倍以上。当时南京正好开湖泊学国际讨论会，我们就这项研究写了篇文章。后来，我又和于革合作写了篇英文文章，发表在国外《三古》杂志上。

这个问题研究完成后，我们转过来研究中国东部地区。那时贾玉连已经毕业，我就亲自研究4万年前—3万年前中国东部暖湿气候特点和环境，这个成果发表在《第四纪研究》上。通过这些研究，我就把4万年前—3万年前的工作做得差不多了。后来我又做了4万年以前的气候变化研究，发现深海同位素三阶段中期气候变冷，不少地方冰川前进。这些工作前后发表了6篇文章。

2002年初，在秦大河组织的一个“西部气候与环境变化”项目的会议上，我听一位新疆学者说，新疆的博斯腾湖最近几年水位上升很快。我就想，以前西北气候暖干，湖泊水位都在下降。内陆湖泊如果水位上升很快，反映了那里的气候发生变化了。这年6月，我去了乌鲁木齐，找了生态与地理所、气象局、水文水资源局等单位的同事了解情况。访问以后我发现，新疆气候自80年代末期开始发生了很大的变化。在那里我还遇到了一位日本学者，他正在那里做沙尘暴研究，并发现新疆的沙尘暴不是像媒体宣传中说的增加了，而是减少了。当时我和新疆方面讲好，9月份在兰州开个会，专门讨论西北的气候变化问题。

《中国西北气候由暖干向暖湿转型问题评估》报告书影

西北气候由暖干到暖湿的转型

我回到兰州以后，就写了《西北气候由暖干向暖湿转型的信号、影响和前景初步探讨》一文，发表在《冰川冻土》杂志上。这段时间在北京香山召开过一次会议，我也讲了这个观点，叶笃正、刘东生参加了会议，叶笃正很感兴趣，并宣传了我的观点，刘东生也让我给《第四纪研究》写篇文章。我的这个提法有人不赞成，但影响比较大。9 月份我们又召开了由甘肃、新疆两地，大约有 10 个单位人员参加的会议，讨论这个问题。经过会上的讨论、充实资料，多数代表认同了我的气候转型假说，并集体撰写了《中国西北气候由暖干向暖湿转型问题评估》报告，送请 20 多位专家评审。

朱镕基转批给温家宝

国家经贸委秘书王远植同志得知我的这篇文章后，觉得这项研究对西部大开发有重要意义，就从北京打长途电话向我要去发表在《冰川冻土》上的文章，报送到朱镕基总理那里。朱总理转批给温家宝副总理和秦大河局长。与此同时，政协副主席、前水利部长钱正英也阅读了我们集体撰写的《评估》报告，她约请了 5 名院士讨论这个问题，并说要吸取《评估》中的部分内容，放到她主持的有关西北水资源、生态建设的战略意见中报送中央参考。当时气象局的同志很奇怪，问我怎么找到中央去批，我说这不是我找的。这个《评估》报告在 2003 年正式出版了，在它出版之前，摘要部分首先发表在 2003 年北京浙大老校友编的《求是》杂志上。

科协的杂志每年评一次奖，这个报告得了优秀论文奖。这个研究虽然在国内影响很大，但是国际学术界并不了解这项工作。2004 年，我与兰州一位留学瑞士回国的学者合作，写了篇英文文章。这篇文章投稿后对方并没有什么反应。回到南京以后，我自己又重新改了一遍，寄到美国的著名杂志

Climatic Change。他们认为稿子可以录用，但提了些修改意见：一是认为“English poor”；二是建议我去掉古气候这部分。这个杂志很负责任，主编亲自看了一遍，做了些修改。但是这篇文章的结构不好，那时正好有一个德国学者到中国访问，我把英文稿送给他看。他就带回德国，修改以后寄给我。他修改得很好，我们写的英文句子都很复杂，他改后就变得简练了。这篇文章寄给 *Climatic Change* 后，他们决定录用。国外发表文章很规范，已经与我签过合同。现在文章已经在杂志上正式发表了，这项工作到现在才算结束。当然我觉得这个问题蛮有意思，所以准备还要继续研究下去。研究重点放在全球变暖、水循环加强对中国的具体影响上。

长江洪水研究

全球变暖以后，水循环的研究很重要。90 年代长江洪水很厉害，我就想，长江是否和西北存在着类似的问题，和全球变化有关？所以就转过来研究长江的洪水问题，这方面我主要做了两项工作。

首先，我研究了长江中游西部洪水灾害与人地关系问题。研究西北气候比较简单，我到新疆一了解情况就基本抓住了重点，但是长江要复杂得多，不容易抓住中心。我就找南京地理与湖泊所的同事姜彤合作。他是留德回国学者，正在做长江流域的研究。我们就开始搞气候变化对长江洪水的影响，但是一搞气候变化，就感到长江研究很复杂，觉得气候变化很不容易抓住。这里的气候变化资料也比西北要少一些，我在研究后写了几篇文章，但是因为问题比较复杂，有些问题还是没有弄清楚，必须到野外考察。于是我们沿洞庭湖到了湖北西部。在荆江分洪区看过以后，我觉得应该对这个地区做些研究，于是我就让一位博士生做这个地区历史演变的研究。

我们开始搞这项研究的时候，基金会正在南京召开会议。南京大学的任美锷教授在会上作了报告，讲他们正在从事的长江三角洲的人地关系研究。我很受启发。当时研究长江以自然为主，很少涉及人地关系，我决定对长江中游西部的人地关系做些研究工作。于是我们从基金委申请了一个30多万元的基金项目。我们虽然在荆江分洪区收集了不少资料，但人地关系太复杂了。我开始想专写人地关系，但动笔以后感觉掌握的材料不够，后来我把研究题目改为：长江中游西部洪水灾害演变的人文因素与当前趋势。这篇文章发表在《自然灾害》学报上。

除了人地关系的研究以外，我后面的工作就和地貌、地质关系比较密切了。我曾经去湖北东部田家镇考察了三次，那里的长江又窄又深，是河床最深的地方。我认为河床很深和地貌、地质条件有关系。野外考察结束后，我到古生物所去查地质资料，从湖北省地质志等资料中，发现深槽的地方都是石灰岩，地质构造和长江河道是斜交。那一带山上都是红土，地形和缓，长江就从这里切下去了。在我考察的同时，其他同志做了江水流速流量的测量工作。他们发现，江水在5万立方米每秒以内，河道的窄口对江水没有多大影响，但是当流量达到6万立方米每秒的时候，窄口就会阻碍洪水下泄，造成洪灾。我研究了这个问题，并把成果发表在《地理学报》上。

集成研究

这个时期，我还主持出版了一些学术著作。随着冰川学研究工作的逐步深入和分散，专业刊物上发表的研究论文越来越多，不容易被这个领域的学者利用，有必要每隔一段时

间进行一次集成研究。研究的方式，就是编撰一本综合性的、论述较为系统全面的专著。这种集成研究不是机械的资料编纂，而是集成中有所创新，从中发现若干单项研究或个体研究不容易理解的新知识，提出新观点、新方法、新技术和新理论，开拓新领域，增加新内容。

这样的工作我以前做过两次。第一次是在1963年，那一年我们以中国科学院高山冰雪利用研究队和中国科学院地理研究所冰川冻土研究室的名义，主持召开了全国第一次冰川冻土学术会议，会后把主要研究成果汇集成册出版。1964年，我又和谢自楚合作，增加了希夏邦马峰冰川考察和西藏东南部古乡泥石流考察的初步成果，完成了《中国现代冰川的基本特征》一文，发表在《地理学报》上。这篇文章是对当时冰川研究工作的总结，它的主要贡献，是把中国冰川分为海洋型、亚大陆型和极大陆型三类。文章发表后的反响很好，引用率也很高。1965年，还获科学院优秀成果奖。那时获奖只是公布个名单，也没有奖金和奖状。

《中国现代冰川的基本特征》

第二次是在80年代。那时距第一次总结性的工作已经有20年左右的时间了。这期间冰川研究的工作范围已经从祁连山、天山、喜马拉雅山，扩展到珠穆朗玛峰地区、喀喇昆仑山、昆仑山、横断山系、阿尔泰山等众多山区。特别是1978年改革开放以后，冰川冻土所正式成立，出版了大量的冰川学的专门研究文献。集成研究已经不是一两个人和一两篇文章能够完成的，所以我组织了十几名学者，编撰出版《中国冰川概论》。这本书是比较完整的中国现代冰川专著，还获得了科学院自然科学奖二等奖。美中不足的是没有英译本出版，所以在国际上没有产生影响。

《中国冰川概论》

事隔10多年，到了90年代末期，冰川学又有了很多新的进展，研究领域从普通冰川到冰川水文与气候、冰川物理、冰川测绘、第四纪冰川、季节性积雪、冰雪灾害防治等，最突出的是这个时期开展了冰芯研究和极地冰川研究。专业期刊上发表的文章越来越多，我认为有必要再做一次集成式的研究，这一次我组织了20多人参与工作。为了写预测未来冰川的变化这个部分，我又做了些专门研究，书名叫《中国冰川与环境——现在、过去与未来》。这本书还有一个特点，就是书后附有索引，利于读者使用。现在这本书又补充材料、翻译成英文，已经交到了出版社。

《中国冰川与环境》

《中国冰川与环境》这本书中，有我和郑本兴、苏珍合作的《第四纪冰川、冰期间冰期旋回与环境变化》一章。搞过第四纪冰川研究的同志看了，认为近50年来第四纪冰川研究积累丰富，仅在书中列出一章远远不够，觉得应该专门出一本书，我也赞成这个建议。于是在前些年，我又和其他同事合作，编撰出版了《中国第四纪冰川与环境变化》。

《中国第四纪冰川与环境变化》

为了写好这本书，我们开了三次编委会，拟订提纲，分工撰写。这本书比较全面、系统地论述了我国各个山系的第四纪冰川遗迹和有关冰期环境，特别是两万年前末次冰期盛行时的冰川与环境。全书有90多万字，图表很丰富，印刷也十分精美，这是我历年主编出版的专著中最好的一种。2006年夏天，国际冰川学会主席A. Ohmura到兰州寒旱所讲学，我把这本书送给他。他是日本籍，略懂中文，第二天他告诉我，他拿到书后读了一晚上，并认为在中国学者近50年的辛勤工作基础上，第四纪冰川研究已经达到了国际顶级水平。他还专门为这本书写了介绍性的文章，发表在国际学会英文版《冰川学杂志》上，国内发表的书评也很多。2007年底，这项成果已经被科学院提名，申报国家自然科学奖。这本书的编撰工作完成了，我也不打算再主持撰写学术专著了。

个人文集

1998年出版的《地理环境与冰川研究》，是我的个人文集。90年代初期我已经70多岁了，那时我没有想到能活这么长，所以就想应该在晚年编一本个人文集。我选了一些文章，并对部分文章做了些修改，所以这本文集中的内容和原文不完全一样，当然每篇文章都注明了出处。为了出这个书，我自己还写了一个序言，相当于我的自传。

当时我打算编成上下两册出版，后来出版社建议我合成一本，书中仍然分为上下编。上编主要涉及地理环境变化方面的内容，下编主要是冰川学方面的论文。这个书稿整理好以后交到出版社，出版社要了7万元出版费，过了三四年以后才出版。印数也不多，只有800本。这本书正式出版时，我已经快80岁了，书印得比较好，还得了图书奖。

我现在正在准备出版《地理环境与冰川研究》续集，计划在2008年出版。这本文集和1998年出版的《地理环境与冰川研究》名称相同，主要收录我从20世纪90年代到2006年间的38篇文章，加上几篇纪念文章，是我近些年的新作。1998年的文集中收录了20多篇现代冰川论文，但这本文集中冰川方面的论文只有4篇。这说明我已经老了，没有能力从事野外冰川考察了，自然新的冰川研究成果也就少了。我还准备把过去公开发表的英文论文集中编一本文集，也希望能在2008年出版。

那时结婚也很简单，双方家里人在一起吃了顿饭，然后用三轮车就把沈健从她家接到了我家。

那时“施雅风”三个字成了骂人的话，我们的孩子在回家的路上，他们的同学就经常骂他们，喊着“施－雅－风”。

我希望能够通过编写家谱，让施家的优良家风代代相传。

第十五章 家庭

CHAPTER FIFTEEN

妻子和儿女

老伴沈健

我和老伴沈健在一起生活已经快60年了。我们是在南京认识的。我有一位大学同学，叫沈文彩，毕业于浙大土木系，那时候在水利委员会工作。他和我既是同学，也是同乡。沈文彩跟沈健的哥哥和父亲都很熟悉，1948年端午节，沈文彩请我和沈健妈妈还有沈健在一起吃饭。我们都知道他是有意撮合，但当时谁也没有挑明。

沈健的哥哥曾在浙大电机系念书，和我认识。他身体不好，抗战胜利复员后因肺病在上海去世了。沈健的爸爸是淮河水利委员会的工程师。沈健那时已经从上海立信会计学校毕业，在蚌埠治淮堤复工程局搞财务工作。

沈健是启东和合镇人，离我老家海门新河镇很近，生活习惯也相同。那时沈健22岁，比我小7岁。我已经加入共产党了。我想，年龄小一点也许容易接受新思想。我们认

1948 年沈健全家在南京合影（前排左起：母黄志澄，父沈观可；后排左起：沈健，姐沈权，左五沈季言）

识以后，彼此印象不错，平时经常通信。她虽然在蚌埠工作，但她的父母在南京，星期天也常回到南京。交往中，我发现她关心政治、要求进步，而且还经常阅读进步书刊，彼此有了共同语言。我还经常向她介绍新书新刊，并介绍她参加了进步社团的活动，比如当时的职业青年社。通过多次接触，我们彼此加深了了解，逐渐有了感情。1948 年冬，两人就订婚了。

结婚条件

因为我是共产党员，按照组织上的规定，我订婚要报上级批准。当时党内有个规定：要求年龄到 28 岁，有 5 年军龄、党龄，是团级干部，才能结婚。但这主要是针对部队上的人，我们在知识界，没有严格执行这项规定，所以很快党组织就批准了我们的婚事。但是解放以前我不敢结婚，也不向她公开党员身份。那时从事共产党的地下工作，如果身份暴露了就会连累家人。1949 年 4 月南京解放，我们在 1950 年大年初二结了婚。那时结婚也很简单，双方家里人在一起吃了顿饭，然后用三轮车就把沈健从她家接到了我家。那时刚解放，提倡勤俭办事。

1948 年底，治淮堤复工程局撤到了南京，人员疏散，沈健没有了工作。1949 年 1 月，她的叔父介绍她到杭州浙江省合作金库任出纳，杭州 5 月份解放了，她在 6 月回到南京。8 月由南京市教育局小教科介绍到一个小学管事务，算是正式参加了革命工作。

因为沈健工作积极、认真负责，思想也很进步，1949 年 10 月她加入了共青团。1950 年 1 月，水利委员会公开招收水文统计人员，她考取了，开始搞水文统计工作，同时被团支部选为支部委员。后来她调到南京水利实验处人事科工作，又被选为那里的团支部委员。1952 年成立了南京市水利机关青年团总支委员会，她被选为团总支委员。

我到北京工作后，沈健也调到了科学院计划局生物组，组长是简焯坡。沈健在他的领导下负责日常行政工作，并兼管学部资料。她还被选为计划局团支部委员。沈健很有上进心，她虽然没有受过正规的大学训练，但总是利用各种机会努力学习。在简焯坡的关心和支持下，她一边工作一边去北大生物系旁听生物专业课和英语课。当时她已经怀上了第二个女儿，但还坚持去北大听课。那时候我们住在地安门，她要从地安门乘公共汽车，到西直门换一次车才能到北大。1956 年我们搬到中关村住，她去听课就方便多了。

搬到兰州以后，沈健仍然利用晚上的时间去兰州大学夜大念书。那时候我们已经有三个孩子了，我又经常不在家，但她还是克服困难把工作做好。她工作也非常认真，到冰川冻土所图书馆工作后，开始时她对图书馆的工作不熟悉，就向科学院图书馆学习他们的对外资料交换工作经验。她用所里出的专业杂志和几十个国家的相关机构进行交换。为了让读者能够早日得到国际上最新的研究成果，每次来了新的资料，她都尽快整理。由她负责编辑的《中国及毗邻地区冰川冻土文献目录》很受业务人员的欢迎，这项成果还获得了科学院科技进步三等奖。

1950 年在南京的结婚照

她还是个贤内助，我们家里所有的事情都由她处理，她为我解除了很多后顾之忧。“文革”以前我经常出差，我和沈健很少交谈工作方面的事情。“文革”以后我和沈健在工作上的交流多了，她还帮助我把几十年来学术活动、野外考察和生活照片整理分类。我编写《施氏家谱》时，她也帮我做了很多工作。我从领导岗位上退下来以后，时间多了，经常和她一起出去旅游，昆明、北海、张家界、海南……我们去了很多地方。但后来沈健严重骨质疏松，前后三次骨折，我们出去的机会就减少了。

2000 年的金婚照

沈健到了老年仍然很爱学习。她退休以后上了南京市老年大学，学习医疗保健，所以对我的健康就更关注了。她拉我一起学打太极拳。我得了糖尿病以后，她就阅读相关的书籍，经常给我讲保健知识。我很感激她，经常对她说："我的贡献中，有相当一部分是你的。"她总是说我可以用"闯"、"创"两个字概括。

沈健："闯"是说他做事毛糙，不太慎重。他说话总是直来直去的，很容易得罪人。他的脾气也很倔，有时候我不让他做的事情，他非要去做。他已经快90岁了，有时候早晨还要爬到九华山公园去散步。大家都说："你年纪大了，不要爬上去。"但他不听。有时他回家来对我说："你听了以后不要生气，今天我又爬到九华山顶了。"他的这种性格很容易"闯祸"。但他为人正直，对人对事也总是从好的方面去想。"创"是指他有开创精神，这种精神让他搞了一门新的学科，开创了一个新的领域。他的这些工作都是"创"出来的，是前人没有做过的事情。

我有三个孩子，两个女儿和一个儿子，他们给我的生活带来很多快乐。

大女儿施建生

大女儿施建生是1951年在南京出生的。我们调到北京工作的时候她还不到三岁，就把她寄养在外祖母那里。建生个性比较倔强，她小的时候不肯喝牛奶，我们想了很多办法，但都没成功。我记得在兰州的时候，有一次她做错了事，但就是不肯认错。我很生气，为此打了她，这是我唯一一次打孩子。她是在北京读的高小，那时我们都很忙，她就上了寄宿学校。建生小时候很喜欢画画，但那时候我们没有条件培养她。

到兰州后不久，建生上了初中。她学习很好，考取了甘肃师大附中。那时候能考取这个学校很不容易。1968年她初中毕业的时候，“文革”已经开始了，我被揪出来挨斗，关入“牛棚”，她也受到影响，和一批同学下放到甘肃省政府在河西新建的一个生产建设兵团。她写信回来告诉我们，她一天能走八十里路。建生在农村劳动了六年，我“解放”以后曾经去乡下看过她两次。我第二次去看她的时候，我的二女儿已经到工厂当了工人。那时候强调向工农兵学习，我就开玩笑说：“你是农民，你妹妹是工人，将来就让你弟弟参军吧，这样我们家‘工农兵’就全了。”

1974 年，单位派我到巴基斯坦工作。因为这是一项援外任务，省里问我有什么困难，我提出能否把建生调回身边，就这样她才调了回来。不过她所在的生产建设兵团也没坚持多久，后来撤销了。建生回到兰州以后工作很不好找，在家呆了一年多，才被安排在甘肃省邮电局的一个工厂里工作。后来工厂把她送到甘肃省工业大学学习，学习完又回到了工厂。

二女儿施建平

二女儿施建平是 1954 年在北京出生的。那时候我工作特别忙，每个星期都有几天不住在家里。沈健临产时一个人去了医院。建平出生以后保姆打电话给我，我才赶到医院看她。我们搬到兰州的时候建平还在上小学，她后来在兰州分院办的一个中学里学习。建平从小就很懂事。记得有一次我去幼儿园接她，打算给她买些东西，她就对我说：“爸爸不要买了，这个钱可以省了。”那时她才五岁！在学校里老师也很喜欢她，她从一年级到六年级都是班干部。“文革”中因为受到我的影响，她就不能当班干部了。1970 年建平初中毕业，我已经被解放了，她就没有去农村，被安排到甘肃省的炼油厂当车工。后来工厂送她上大学，在上海化工学院学

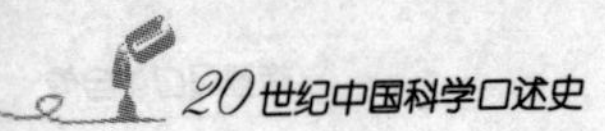

习了三年，毕业后调到兰州化学物理所工作。我的两个女儿都是工农兵学员。这些工农兵大学生，学习三年就毕业了，初中毕业生也可以上大学。那时有个口号叫做“上大学、管大学”。

在北京的时候，我们最初住在地安门附近，那里离景山公园不远，我常常带着两个女儿去玩。她们特别喜欢在那里的假山上跑来跑去捉迷藏。后来我家搬到了中关村，我又常带孩子们到动物园、颐和园去玩。那时候北京的交通条件很差，公共汽车很拥挤。为了避免乘车太挤，我们要是去动物园，就安排在上午，要是去颐和园，就安排在下午，这样可以躲开交通拥挤的高峰时间。到兰州以后我工作很忙，经常是周末还要工作，所以很少有机会带他们出去玩。兰州也不像北京，可以玩的地方也少。

儿子施建成

1955年冬天，我们又有了小儿子施建成。我们全家搬到兰州时没带他，把他放在北京香山附近的一个幼儿园。我每次到北京出差就去看他。记得有一次，我带着建成去颐和园玩，我们从北门进去游泳，他骑在我的肩上，到了水比较深的地方，我故意把头一低，他就吓得惊叫起来，玩得很开心。我们搬到兰州一年以后，才把建成接过去。他在那里上的小学和中学。建成小的时候很顽皮，上课搞小动作，有时候还和人打架，老师经常批评他，也经常来找家长。有一次老师批评他，他怕我们说，就躲到同学家里一晚上没有回来。

建成在中学时学习并不好，我记得他讲英语只会说“Long long live Chairman Mao!”他很喜欢打篮球，他的女朋友比他低一班，也喜欢打篮球。他们就是在打球中认识的。

1974年高中毕业后，他被下放到敦煌附近的农村劳动。他们一批下放的有八九个人住在一起。我那年专门去看他，给我印象最深的是这些孩子特别能吃，早晨要吃四个热馒头。他们养了一头猪，后来杀了猪，七八个人一个礼拜就给吃完了！那时劳动强度也很大。他在1975年回到了兰州，被分配到省气象局工作。

建成的运气比较好，赶上了大学恢复招生。1977年第一次正规大学招生，他就考上了兰州大学地质系，搞水文工程地质。上大学后，他慢慢知道要努力学习了。这批学生毕业后出路也好，因为那时很多单位都缺大学毕业生。建成毕业后被分配在北京水利科学院下属的一个抗震研究所工作。那时他的女朋友在兰州，他在北京工作了一年多就调回兰州，到了沙漠所。这个时候国家已经开始派留学生出国深造了，他也大了，知道努力学习了。后来沙漠所送他出国深造，他在美国获得了硕士学位。这时候他的能力慢慢发挥出来了，后来他在美国又读了博士学位。毕业后，留校搞微波遥感研究工作。现在建成已经升任研究教授，定居美国。他在学术上也小有成就，在国内科学院遥感应用所和北京师范大学也有兼职，每年都回来工作几个月，每次回来都来看望我们。

兰州的生活

初到兰州时是全国经济困难时期

1960年从北京到兰州，是全国经济困难时期，甘肃的生活条件更差。而我那时又刚刚受过批判，虽然没有给我处分，但批判我的消息很快传到了兰州，所以兰州给我的待遇也不好。沈健原来在北京科学院生物学部工作，对于我去兰州的决定，她思想上还是有些准备，开始没有反对。但是到了兰州后，她有些埋怨了，说我不应该匆忙决定搬家。她说要知道兰州生活条件这么差，搬家的时候应该多带些油。我对生活上的事情总是糊里糊涂，搬家前没想到这些。

沈健：兰州每人每个月只供应一两油，北京没有这种限制。那时虽然已经经济困难了，但我在北京时是在科学院学部工作，经常出去开会，还没感觉生活上有太大的困难。我也没到过兰州，没想到那里生活条件那么差。我们全家一到兰州，第一顿饭就是在食堂吃的，是些面糊糊，就像糨糊一样。我以前从来没有吃过，这给我的印象非常深刻。当时在兰州必须吃食堂，不能自己烧饭，那时候我们也没有条件烧饭。在北京时我们是烧蜂窝煤，但兰州是烧煤球，我开始时还不会用煤球烧火。我们开始吃食堂的时候，大概是因为有些关系还没有办过去，有一些菜我们不能打。我的孩子们看着那些不能打的菜，馋得很，非常可怜。

我这个人在生活方面比较马虎，一个人在兰州时也不在乎。全家搬到兰州以后，大家都吃食堂，粮食定量供应，男同志每月 28 斤，女同志每月 26 斤，还号召大家节约一斤，所以总觉得吃不饱。饭菜里不但没有肉，油也很少。我记得我的大女儿拿了一个馒头，舍不得一下吃掉，坐在那里一点一点剥着吃。这件事给我的印象特别深。

1960 年冬天，甘肃省出现不少饿死人的事件，农村里饿死人的事情更多。于是中央采取了措施，一方面调粮，但那时全国条件都不好，能调的粮食也很有限；另一方面改组了甘肃省委领导班子。我们全家到了兰州以后不久，沈健就开始浮肿，后来两个孩子也检查出来都是肝肿大。

沈健：因为营养不够，那时兰州浮肿和女同志闭经的现象很普遍。开始我也以为是因营养不良闭经了，三个月后发现是怀孕了。那时生活已经十分困难了，我们没有能力再多抚养一个孩子，所以就做了人工流产。到兰州半年以后，我们的两个女儿肝都肿大了。那时我们的儿子还留在北京幼儿园里。第二年儿子的幼儿园放寒假，一位同事帮我们把他带回兰州玩。他要回北京的时候我们到火车站送他，并在火车站给他买了点吃的，那些吃的在他手里拿着就被别人抢走了！

住房的变迁

我们全家在兰州遇到的另一个困难就是住房条件太差。我在北京住时，一共有三间房子。到了兰州，只分给了我两间背阴的丙种房。冬天暖气不热，我不得不穿着皮大衣、脚蹬毛靴在晚间工作。那时伙食又差，也买不到零食吃，但是有甲级烟照顾供应，所以我有半年多的时间是靠抽烟提神。一直到第二年夏天，可以买到高价糖了，我才停止吸烟。这是我一生中唯一的抽烟史。1962 年，科学院已经撤销了对我的错误批判，我的住房条件也得到了改善，我们全家从丙种宿舍搬到了条件较好的乙种宿舍，住了一年，又迁到条件好得多的甲种宿舍。大概又过了半年多，兰州也有自由市场了，我就到自由市场买了一根上面带点肉的骨头，花了 6 块钱。那时还不舍得一下吃掉，留着一点一点地吃。

沈健：我们去的时候是夏天。施雅风刚刚在“反右倾”运动中挨了批斗，人们都觉得他是被“发配”到那里的，所以分给我们的房子很破旧。兰州还有一个特点，就是每天晚上大家都要到单位开会。有一次晚上我和施雅风都去单位了，正赶上刮大风，家里的窗子被风吹了出去。当时只有两个女儿，把她们吓坏了。两个人拼命拉着窗户，吓得直哭。

我家里除了我父母和我没去台湾外，姐姐、弟弟、叔叔都去了台湾。这点在“文革”中是很犯忌的。我在北京的时候倒没什么影响。我原来在科学院计划局工作，后来调到了学部工作。在北京工作的时候，工作上有什么问题同事之间都会互相帮忙，但是到兰州以后感觉就不一样了。我虽然学的是会计专业，但很久没做过这种工作了，既没经验，也不喜欢。那时也没人帮助我，所以开始工作时心情不愉快，工作也搞得很被动。后来我去搞图书工作，感觉好些了。

到兰州以后，沈健的工作也出了问题。兰州分院在进行人事审查时，发现她的姐姐、弟弟和叔父都在台湾。她本来熟悉资料管理工作，但兰州分院认为她的家庭背景不适合搞机要工作，所以迟迟没有安排她的工作。因为那时十分强调保密问题，其实分院机关的资料也没有多少保密的内容。她

1961 年全家在兰州合影（前排左起：建平，建成；后排左起：沈健，建生，施雅风）

在北京科学院生物学部工作时负责管理资料，也接触到一些秘密资料，特别是1956年她作为工作人员参加了国家第一次长远规划的制定工作，也涉及不少机密，从来没遇到过问题。所以她对兰州分院把港台关系看得那么严重，没有思想准备。到兰州以后，她在家里闲等了一两个月，心情很压抑。因为沈健原来学过财务，后来她被安排到一个单位搞会计工作。但是她已经多年没有做过会计工作，业务生疏了。后来，她就调到冰川冻土所图书馆工作。

沈健为我受了不少苦，尤其是"文革"中，她总是为我提心吊胆。沈健因为我受了牵连，成了"保施集团"的一员。因为受到了冲击，我每月的生活费只有15元，也就够我的伙食费。家里三个孩子全靠她的82元的工资生活，好在孩子们也很懂事。

最困难的时候，还是"文革"当中

沈健：我们在兰州最困难的时候，还是"文革"当中。施雅风开始受到批判时，我想不通，就找到了军管会的代表。我说："毛主席说过，要实事求是。你们天天这样批判没有用。"结果很快出来了很多批判我的大字报，我成了"保施集团"的成员，受到监视。从那时起，我在单位也不能和大家一起工作了，被关在一个房间里。那个房间大概有十几个人，在一起学习、写检查。这些人多数是不能回家的，大概因为施雅风已经给关起来了，我们家里还有3个孩子，所以单位"照顾"我，晚上我可以回家。这十几个人中可以回家的有几个人，我们在回家的路上还要排着队走。

那时"施雅风"三个字成了骂人的话，我们的孩子在回家的路上，他们的同学就经常骂他们，喊着"施—雅—风"。孩子们在学校也压力很大，学校里"造反小组"的活动也不

"施雅风"三个字成了骂人的话

让他们参加。好在那时孩子们已经大些了，开始懂事了。我就和他们说："你们的爸爸不是坏人。"那时候主要的压力还不是生活困难，是心情不愉快、压抑。这种心情也没有地方发泄，我甚至不能随便和别人讲我的想法，怕被别人揭发。记得有一次我实在忍不住了，就和我关系很好的同事说说。她听了以后，紧张地说："这话可是不能随便讲的。"不但我不敢讲，就是听的人也不敢听！那时候的感觉就是天天提心吊胆的。1966 年我才 40 岁，头发就开始白了。后来身体也开始出了问题，先是血压高，后来心脏感觉很不舒服。我也吓坏了，以为心脏出了大问题，经过检查，是心脏早搏。大概到了 1972 年以后，我们的生活才慢慢好起来。

回到南京

从 1960 年搬到兰州，到 1985 年，我们一家在那里生活了 25 年。但我是江苏人，虽然在兰州生活多年，却总想着要叶落归根。当时我也犹豫是回北京，还是回南京。那时候按照政策，要回北京不能带孩子。我们夫妻两人年龄大了，希望能有个孩子在身边。而且回北京还有一个问题，北京的会太多，不如到南京安静一点。那时候我 66 岁，身体还好，我想能够有多一点的时间做研究工作。

按照当时的政策，我这一级的干部退休以后回原籍很容易，所以回南通没有问题，但是要进到省一级的城市就要省里批。解放前后我曾经在南京工作过六年，那里有我的哥哥和很多老朋友。1985 年我通过科学院院部介绍，经过江苏省

80 年代全家合影

委组织部的同意，全家搬迁回南京，我也接受了科学院南京地理与湖泊所研究员的聘书。

像候鸟一样往来兰州、南京两地

接着我们就开始考虑搬家的具体问题，带哪个孩子回南京呢？那时候我儿子在美国，大女儿、女婿一家都在兰州，大女婿是兰州人，二女婿是杭州人，他也愿意回南方。于是我们就带着二女儿一家搬回南京。二女儿到南京后，调到土壤研究所工作，二女婿调到南京理工大学工作。1953 年以前，我们曾经在九华山大院居住，这次回到南京，我又在这个大院内安了一个家。二女儿一家现在和我们住在一栋楼内，经常照顾我们。搬到南京以后，我和沈健就像候鸟一样，往来于兰州、南京两地。一般夏季住在兰州，其余时间以南京为多。

编写家谱

我从 18 岁就离开了家，对我的家族没有什么贡献。我

常想着能够为家乡、家族做些什么。大概是在2000年秋天，与我同曾祖父的施元明兄写信给我。他在信中建议，从我们共同的先祖施臣禄开始，编写家谱，以便联络同族的亲友。他还拟定了编修家谱的方法、框架和传略样稿。但他那时退休在杭州，已经快90岁了，精力不够，所以他希望我能多做些事情。所以从那一年冬天到第二年春天，我联系了一些在上海、南京、海门和树勋乡的亲友，他们都赞成重修家谱。

因为这个家族的人员很多，不可能在短期内编成家谱，我们就决定先出《海门树勋乡施氏家族通讯》，以便交流信息。这个通讯在2001年出了两期。在这些工作的基础上，2002年就编印出了《江苏海门树勋乡施臣禄公支系家谱初稿》。在为家谱征集资料的过程中，我接触到了很多家族人员的先进事迹。像我的高祖父施臣禄，他在100多年前江南战乱和大旱的年代，带着一家老小从江南句容迁到崇明，后来又迁到海门，务农行医，很有开拓精神。那时捐税很重，他写了状纸，让大儿子步行去北京告御状。朝廷获准了，减免了这一带的捐税。这个家族中有革命烈士、有抗战英雄、有优秀企业家、有省人大代表，也有教授、院士。这个家族中最多的还是普通农民，他们朴实、善良、刻苦、耐劳、乐于助人。我希望能够通过编写家谱，让施家的优良家风代代相传。

李四光学派论述的中低山地冰川遗迹及冰期划分，属于系统的误解。

“我变了，你不一定跟着我变，问题在于你实事求是的判断。”

概括我几十年来走过的道路：有大苦，也有大乐。

第十六章 答问录

CHAPTER SIXTEEN

中国东部是否存在第四纪冰川遗迹?

张九辰（以下简称“张”）：从19世纪中后期开始，来中国考察的西方地质学家大多认为，华北地区在晚近地质时代气候寒冷干燥，温度低而降雨量小，不可能形成冰川，因此在他们的来华考察报告中，一直没有冰川的报道。能否谈谈最早提出中国东部存在第四纪冰川遗迹的经过?

英国地质学家

最早提出

施雅风（以下简称“施”）：1894年，英国地质学家盖基在《大冰期》一书中曾经指出，有旅行者在中国的山东北部和陕西潼关附近看到过大块漂砾，认为可能是冰川搬运的结果。但是这本书在国内知道的人很少，也没有对我国第四纪冰川研究产生实际的影响。真正让这个问题引起学术界重视的是李四光先生。李先生提出，庐山、黄山、北京西山、广西、杭州附近都发生过第四纪冰川，他还以庐山为样本划分了四个冰期。

李先生最早注意到这个问题，是在1921年。那年他刚从英国回来，在河北省太行山麓的一个地方发现了带有条痕的石块杂乱分布，他就开始考虑这可能是由古代冰川形成的。以后，他在山西大同盆地附近看到一条U形谷地，并在这个谷地里也找到了带擦痕的石块。他断定是冰川的作用，并写了《华北晚近冰川作用的遗迹》这篇文章，发表在1922年的英国《地质学杂志》上。在这一年的中国地质学会第三次会员大会上，李先生做了《中国第四纪冰川作用的证据》的学术演讲，提出华北地区和欧美一样曾经发生过第四纪冰川，并展示了他采集的条痕石，但是他的观点没有被大多数学者接受。

李四光提出华北地区和欧美一样曾经发生过第四纪冰川

张：1951年李四光先生在中国地质学会年会上作的《地质工作者在科学战线上做了一些什么》的报告中，曾回忆过这件事。

施：从那次会议后到1931年，在将近10年的时间里，李先生的主要精力是从事䗴科化石和地壳构造运动的研究，把第四纪冰川研究搁置起来。1931年李先生带学生到江西庐山作野外实习，看到山上的平底谷，也就是U形谷，漏斗形洼地和山麓地带泥砾混杂堆积，有些大块石头直径达数米，远离基岩数公里，并且带有擦痕。经过认真的考虑，李先生认为已经找到了第四纪冰川的有力证据。

1933年11月，在北京举行的中国地质学会第十次年会上，李先生以理事长的身份作了题为《扬子江流域之第四纪冰期》的学术报告。报告长达两个多小时，并放映了很多幻灯片。李先生列举了庐山地区的冰川地貌和冰川堆积等证据，第一次把中国第四纪冰期分为三个：鄱阳期、大沽期和

1934年的庐山考察，中外学者不认可

李四光：地质工作者在科学战线上做了一些什么

在我们地质学会初成立的那一年，我在太行山东麓大同等处，发现了一些冰川流行的遗迹，并且采集了带冰擦条痕的漂砾，回到北京。当时农商部顾问瑞典人安迪生（即安特生——笔者注）在内幕指导地质调查所工作，他看了我所带回的材料以后，一笑置之。安迪生曾经参加过南极探险，而又是来自冰川遗迹很多的一个西北欧的国家。照道理讲，他是应该认识什么样的石头是冰川漂砾，至少他应该认识带什么样擦痕的漂砾，可能是来自冰川的，他用一种轻蔑的态度，对那些材料很轻视地置之一笑，使我大吃一惊。他那一笑不打紧，可绕着他便形成了故意或无意地不理会冰川现象的一个圈子。由于这个圈子的把持，第四纪地质问题以及其他有关问题的发展，就受了很大的影响。到1933与1934年又在庐山发现了大批冰流遗迹。以外国人为灵魂的若干人，心里大不舒服。主要是恐怕丢掉他们的面子，失掉他们在地质界的权威。于是请外国人出面反对……有的外国人，如葛利普，看了地形照片以后，也私下告诉我说：这很像我在美国所看到的冰川地形。但是到了公开表示意见的时候，不是不说出理由硬来反对，就是一言不发。那些外国人为什么这样做呢？就是要维持他们在中国的威信。

《地质论评》，1952，16（3）

庐山期。当时参加会议的中外学者，包括葛利普、翁文灏、谢家荣、杨钟健、德日进、那林等人，对中国存在第四纪冰期大多持怀疑的态度。1934 年，李先生邀请了四位学者，包括两位著名西方地质学者到庐山考察。被邀请的学者中，那林说了些模棱两可的话，另外的三位都持反对观点，他们认为庐山地区的泥砾堆积是融冻泥流，而且在当地也没有发现冰期的生物化石，其中美国学者巴尔博在考察后发表了委婉的反对文章，发表在《中国地质学会志》上。从此以后，中国东部中低山区是否存在过第四纪冰川，就成为地学界长期争论的问题①。

形成了一个学派

1937 年，李先生撰写了《冰期之庐山》的中英文专著，对他多年研究第四纪冰川作了总结，认为冰川流行的说法已经不容置疑了。这部著作被认为是中国地质、地理界最有成就的著作之一。抗日战争爆发以后，李先生领导的中央研究院地质研究所搬到了桂林。李先生经过鄂西、湘西、川东、贵阳和桂林时，考察了那里的情况，并提出这些地方，甚至杭州都有第四纪冰川遗迹。地质研究所的青年同志都接受了他的观点，还有一些其他学者也接受了李先生的学说，开始搜集第四纪冰川遗迹的资料。他的观点被很多研究者，包括部分外国学者接受了，逐渐形成了一个学派。

---

① 持反对意见的学者认为李四光的理论证据不足。他们提出，要想搞清庐山冰期问题，必须着重研究长江流域同一时期类似地区是否经历过相同的地质作用。1935 年地质调查所组织了两个考察队，分别对长江流域和珠江流域进行考察。参加长江流域（南京至成都）考察的有巴尔博、德日进和杨钟健，参加珠江流域考察的有德日进、杨钟健、裴文中、张席禔等人。考察的结果仍然认为庐山的第四纪沉积物不是冰碛，而是泥流或是洪积，进而否定了第四纪冰川的存在。（李鄂荣：《庐山第四纪冰川论争五十年》。《科学史集刊》，第 10 集。）

丁骕撰文否定

当时《地质论评》、《中国地质学会志》、《地理》等刊物上出现了一批第四纪冰川的论文。当然也有人表示怀疑，记得我在遵义念书的时候，我的老师就不相信遵义那个地方会有冰川遗迹。公开写文章反对李先生观点的是中央大学教授丁骕。他在1945年写文章认为，广西地区的第四纪冰川观念是因为把石灰岩地形错当成了冰川地貌，主张冰川成因的孙殿卿①等先生写文章反驳。双方各说各的话，并在《地质论评》上论战了一番②。丁骕先生为了证明他的观点，后来还专门到广西去考察了一次。抗日战争胜利以后，这场论战也暂时停顿了③。

张：这场论战开始时您已经到重庆工作了，您看到这些文章了吗？

施：看到了。那时候地学方面的杂志很少，《地质论评》我是常看的。但那时我没有研究过冰川，所以也没有什么想法。我和丁骕先生接触得不多。他大概是1948年底离开了

丁骕

---

① 孙殿卿（1910—2007），地质学家，中国科学院院士。1935年毕业于北京大学地质系。先后在中央研究院地质研究所、地质部计划司地质勘探计划室、地质部地质力学研究所工作。

② 参与这场争论的主要文章有：孙殿卿等：《广西第四纪冰川之初步考察》，《地质论评》，1944，9（3～4）；丁骕：《论广西第四纪冰川遗迹》，《地质论评》，1945，10（1～2）；孙殿卿等：《答“论广西第四纪冰川遗迹”》，《地质论评》，1945，10（5～6）；丁骕：《再论广西第四纪冰川遗迹》，《地质论评》，1945，10（5～6）；孙殿卿等：《再答丁骕先生“论广西第四纪冰川遗迹”》，《地质论评》，1946，11（1～2）。

③ 丁骕在多年后的回忆中曾说：“余习地学，尤喜地形。地形之中于冰流地形最为向往。故在国外之时专程往瑞典、挪威，归国途中亦往瑞士。冰川、冰帽亦曾跨越。于昔日冰成地貌，所见甚夥……1945年读孙殿卿、徐煜坚二公广西冰流之说，以当地无生成环境而不以为然。一再为文辩论。而他方竟涉及私人。友人范君劝余不再笔战。故终揆师之世，未当再评孙、徐二公之说。”〔丁骕：读《中国东部第四纪冰川与环境问题》。《冰川冻土》，1990，12（2）：99～104。〕

大陆，因为他曾经当过国民党重庆市党部主任，相当于现在的市委书记，当然那时候没有现在的市委书记那么大的权力。他说这个身份不能在大陆待下去了①。他到了美国以后，我一直没有和他联系过。1987 年我去美国开会，顺便去看我儿子。我儿子去洛杉矶接我，丁骕先生正好就住在那。我去看了他，并送给他《中国东部第四纪冰川与环境问题》这本书，请他提意见。丁先生很热心，写了很长的一篇书评发表在《冰川冻土》杂志上。

张：1949 年以后的情况怎么样？

施：在李先生的亲自主持下，1960 年成立了中国第四纪冰川遗迹研究工作中心联络组，有组织地推动了中国东部地区第四纪冰川研究。1964 年出版了《中国第四纪冰川遗迹研究文集》，苏联学者纳里夫金也支持李先生的观点。在李先生的亲自领导下，这个学派有了很大的发展，并扩大了中国第四纪冰川的分布范围。

中国第四纪冰川遗迹研究工作中心联络组

到了 80 年代，陆续报道了中国东部有 120 个左右的地方发现了第四纪冰川遗迹。用李先生自己的话来说："从低地冰川所扩展的纬度而言，我们的亚洲大陆确是突破了地球上所有大陆的记录。"李先生崇高的声望和地位，使他的学说被多数后来者，包括我自己接受了，在国内学术界占有统治地位。

当然，中国东部有那么多第四纪冰川遗迹，对这个说法很多人有怀疑，但是正面写文章否定的人很少。解放以后专

① 据杨怀仁回忆，1951 年他留学回国后到了南京，"时值丁骕教授赴美讲学，任美锷教授约我到南大讲授地形学"。（杨怀仁：《我从事环境变迁研究的回顾》。谢觉民主编：《史地文集》，浙江大学出版社，2007 年。）

门从事东部第四纪冰川研究的人数并不多，但是随着第四纪沉积物和环境研究、西部高山地区现代冰川研究、山区泥石流灾害研究、孢粉—古生物和古土壤研究等相邻学科的发展，产生了一些不同的观点。

1963年青年学者黄培华提出质疑

也有人公开提出反对意见。有一位青年学者叫黄培华①，他从南京大学毕业后在华东师大教书。有一年他在科学院古脊椎所进修，大概受到了那里某位学者的观点影响。1963年，他在《科学通报》上发表文章，对长江以南的第四纪冰川遗迹提出了全面质疑。他从堆积物、地形、冰川形成条件和古生物等四个方面，判断冰期庐山没有发育山谷冰川和山麓冰川的可能性。后来，李先生的一位学生写文章反驳。听说当时黄还准备再写文章，但是《科学通报》的编辑说：正、反两方面的意见都刊登过了，不要再登了。不知道其中的原因是什么，那时候也不可能有真正的百家争鸣。

竺可桢说："中国除开高山以外，第四纪时代冰川很不易成立。"

国内多数对李先生观点持保留态度的学者，并没有公开发表文章质疑，比如在70年代初，竺老曾经给我写过一封信，他说："中国除开高山以外，第四纪时代冰川很不易成立。"很遗憾这封信我没有保留下来，但是信中的原话我在一篇纪念竺老的文章中引用过②。周廷儒先生原来在大巴山区考察时接受了李先生的观点，他到70年代也改变了看法。

---

① 黄培华（1931—1999），地理学家。1952年毕业于南京大学地理系，先后在南京大学、中国科技大学任教。

② 据施雅风《竺可桢的学术思想指引我国的冰川研究》一文记载，竺可桢在1970年2月16日给施雅风的信中谈到："实际东亚大陆气候冬天少雪，夏季温度高而多雨，除去高山而外，第四纪时代冰川很不易成立，与西欧、北美东部完全是两种情况。"（《竺可桢逝世十周年纪念会论文报告集》，科学出版社，1985年，第223～236页。）

黄汲清先生也不同意李先生的观点，但他没有写过反对的文章。80 年代科学院学部开大会的时候我见到了他，聊天时我问黄先生："为什么不写篇文章，把自己的观点说出来？"他说："我在大地构造理论方面已经和李先生有矛盾了，如果冰川方面再写文章就不好办了。"但是黄先生一直在关注这个问题，他曾经建议李先生到西部地区去考察一下冰川，李先生也同意了，但后来李先生身体不好，已经不可能再去西部地区考察冰川了。

国际上也有不同的声音。50 年代末到中国访问的波兰学者、著名地貌学家柯萨尔茨基回国后也写了文章，认为北京附近的冰川遗迹是虚假的，贵州、广西、福建、浙江的所谓冰川遗迹可能和任何冰川作用无关，庐山山麓除新桥地点外，不存在李先生所说的冰川堆积。柯萨尔茨基的文章只在国际间流传，国内知道的人很少。

波兰学者否定的观点在国际上流传

张：您从什么时候开始对李四光先生的观点产生了疑问？

施：从 60 年代中期起，我有机会和支持李先生观点的学者接触和讨论问题，开始发现在第四纪冰川遗迹的判别上存在着深刻的分歧。比如，在陕西蓝田公王岭、四川渡口、北京西山及阳原泥河湾等地区，他们所肯定的冰川遗迹，在我们看来都不够确切。但是，我当时在这些地方只是走马观花地看了看，庐山更是没去过，为了谨慎起见，我没有公开参加这场争论。

张："文革"中持反对观点的学者是否还能正常发表他们的看法？

施：对这项研究来说，"文革"是一场灾难。单纯的学

学术争论变为政治斗争

术争论变成了外国专家有意贬低、抹杀中国学者的成就。李先生在《中国第四纪冰川》的出版说明中就提到："尽管证据确凿，但那些外国专家……仍然不遗余力地反对中国有任何第四纪冰川的遗迹"，并说"在当时崇洋思想的影响下，我国一部分地质、地理工作者也就默认了中国第四纪时期没有冰川存在"。就是在"文革"结束以后，还有人说："坚持第四纪中国无冰川之说，说到底，无非是'西欧文化东渐论'这个帝国主义理论的翻版。"在这种政治环境下，不同的观点不可能正常表达，争论自然也就放下了。

亲上庐山后改变了观点

从70年代后期开始，我国第四纪沉积和环境研究逐渐深入，越来越多的人开始怀疑中国东部低山地区在第四纪冰期发生冰川的可能性。1980年，兰州大学办了一个冰川沉积训练班，请英国学者戴比雪（Edward Derbyshire）到兰州讲学。这个训练班有各个学校的老师听课，我有时也去听听。训练班在讨论到庐山冰川问题时引起了争论，我和几位同志商量，觉得我们应该亲自去庐山，看看到底李先生的观点对不对。那年我与崔之久、李吉均和戴比雪，还有许多有兴趣的学者，包括赞成李先生观点的景才瑞①，有10多人一起上了庐山。我们用一个星期的时间考察了有争议的第四纪冰川遗迹。看了以后，我对李先生的观点产生了根本的动摇。考察结束后，英国学者建议开个会讨论这个问题。在会上他让我第一个发言，我提出了否定性的意见。我发言以后很多人都赞成我的观点，但也有学者反对，景才瑞就不赞成我的

① 景才瑞（1924— ），地理学家。1949年毕业于南京大学地理系。先后在天津南开中学、天津师范学院、华中师范学院等校任教。

观点。

在《自然辩证法通讯》上发表文章

我到北京以后，曾经和许良英①聊天，谈了我的看法。许良英很感兴趣，他就找到《自然辩证法通讯》编辑部的范岱年先生。那时这个杂志开辟了一个《问题讨论》栏目。范岱年就向我约稿。于是我赶快写了一篇文章《庐山真的有第四纪冰川吗?》在这个刊物1981年第2期上刊登了。这篇文章我是早晚要写的，不过要是没有编辑部约稿，我不会写得这么快。这年5月在北京召开的第四次学部委员大会上，《自然辩证法通讯》编辑部向会议代表散发了这期刊物，这样每个人都看到了我的文章。有人当时就对我说：很欣赏“吾爱吾师，吾尤爱真理”这句话。也有人说：“你真是胆大。”我的观点得到了一些人的赞同，当然也受到了一些人的反对和非议。

张：您主要在哪些方面与李四光先生观点不同?

施：我的观点是根据对西部高山现代冰川和第四纪冰川研究取得的经验，以及观察类似冰川堆积的泥石流、滑坡等现象形成过程以后建立起来的。但我发现，在和支持李先生观点的学者一起观察某一现象时，我们之间对第四纪冰川的判别标准有着很大分歧。

泥石流堆积与冰川堆积

我认为，李先生的研究对事实存在系统的误解，主要是把泥石流堆积当成了冰川堆积。所谓“冰斗”、“冰川槽谷”的地貌达不到冰川侵蚀形态的特征指标。我认为庐山要有冰

① 许良英（1920— ），科学史和科学哲学家。1942年毕业于浙江大学物理系。曾在《科学通报》编辑部、中国科学院哲学研究所工作。1957年被错划为右派后回乡务农近20年。后为中国科学院自然科学史研究所研究员，已离休。

川，必须是夏天下雪。只有夏天下雪结成冰，才能够形成冰川。冬天下雪不起作用，夏天一热就化掉了。夏天下雪要有什么样的条件？至少地表气温要在4摄氏度以下，这就意味着那里的温度要比现在下降20多摄氏度，这在中低纬度的第四纪冰期也是不可能的。

我的《庐山真的有第四纪冰川吗?》这篇文章就引发了一场新的争论①。1982年10月，中国地理学会和中国第四纪研究委员会在安徽屯溪联合召开了“中国第四纪冰川冰缘学术讨论会”。参加这次会议的人很多，周廷儒、宋达泉、吴征镒等先生都去了。在提交会议的论文中，对李先生的东部古冰川说持反对意见的学者，在数量上已占大多数。会上把不同意见的人都找来进行讨论，所以争论得很激烈。一位同意李先生观点的先生，坚持他的第四纪冰川观点是正确的，并说：“我年年都去庐山考察，你对庐山考察过多少次?”我说：“庐山的老农，一辈子生活在庐山，他也不知道冰川是怎样的。”我认为不能单凭在庐山的经验确定有没有第四纪冰川。为了发扬百家争鸣的方针，这次会议没有下任何结论。

---

①《自然辩证法杂志》自1981年第2期刊登了施雅风《庐山真的有第四纪冰川吗?》一文后，又在这个刊物《问题讨论》栏目先后刊登了如下文章：景才瑞，《庐山没有第四纪冰川吗?》〔1981，3（4）：42~46〕；任美锷、刘泽纯、王服葆，《对庐山第四纪冰川问题的几点意见》〔1982年，4（2）：37~39〕；周慕林，《庐山有第四纪泥石流吗?》〔1982年，4（2）：40~42〕；黄培华，《冰期之庐山》质疑〔1982年，4（3）：43~45〕；刘昌茂，《也谈庐山第四纪冰川》〔1982年，4（3）：46~49〕。1982年第3期的《问题讨论》栏目，还专门加了“编者按”：“为了贯彻执行‘百家争鸣’的方针，本刊去年第2期发表了施雅风的文章，就‘庐山有没有第四纪冰川’展开了学术讨论。以后，我们又陆续发表了几篇关于这个问题的讨论文章，本期再选两篇于后。因为这个问题比较专门，希望今后能在有关的专业刊物上进行更加深入的讨论，由专业工作者集体根据观测事实与理论分析来作出科学的结论。本刊限于篇幅，不拟继续刊载这方面的文章了。希望有关作者鉴谅。”

为了把这个问题彻底弄清楚，我与北京大学崔之久教授、兰州大学李吉均教授共同申请了一个国家自然科学基金项目。我们组织了许多单位的同志，在 1983—1986 年间，从南起广西桂林，北至大兴安岭，西至川西螺髻山的广大地区内，对包括庐山在内的近 20 个地点进行考察研究。

我们重点放在对地貌和沉积物的冰川成因和非冰川成因的识别，冰期环境特点的重建，也就是说冰期时有无发育冰川的气候条件，以及争议关键地区——庐山似冰川地形和沉积物真实成因的辨析上。通过研究，我们最后划分清楚有确切冰川遗迹的若干地点，并总结了它们的分布规律性。我认为，李先生和他的支持者没有机会接触泥石流，也没有机会到西部高山的现代冰川和确切的第四纪冰川考察研究，自然容易把泥石流沉积当做冰川沉积看待，难于确切识别冰川和非冰川现象。在庐山所谓大姑冰期的冰碛物中找出的孢粉，都是亚热带和暖温带的，不可能是寒冷冰期的所谓冰碛的结构和沉积特征，实际是泥石流堆积。

我和 30 多位研究者合作撰写了 60 万字的《中国东部第四纪冰川与环境问题》，在 1989 年由科学出版社出版发行。书中主要结论是：中国东部除少数高山有确切的第四纪冰川遗迹外，李四光学派论述的中低山地冰川遗迹及冰期划分，属于系统的误解。

施雅风等认为：李四光学派论述的中低山地冰川遗迹及冰期划分，属于系统的误解

这部著作出版以后，黄汲清、丁骕、任美锷等人写文章表示赞同。黄汲清先生评论说：“李四光教授对第四纪冰川研究确实投入了很长时间，花费很大的精力，这种终生不懈追求真理的精神是我们学习的榜样……”“今天看来，李四光教授的研究方法，毋庸讳言，是有缺点的，他始终注意和

探讨冰川地形和沉积物，而对古气候变迁很少关注。最近施雅风、崔之久、李吉均等合著出版了《中国东部第四纪冰川与环境问题》专著，内容丰富，论证精详，他们的结论基本上否定了李四光学派的成果和观点，这是一件好事。”1991年，这项研究成果获得了中国科学院自然科学二等奖。看来这个地学界争论了几十年的问题，有平息的趋势。但要完全消除错误的观点，可能还要几十年。

张：中国东部是否存在第四纪冰川遗迹，是一场在中国地学界持续时间长、影响广泛、历程复杂的争论。有学者认为它的意义已经超出了单纯的冰川学理论①。您认为这场争论，对于促进学术发展的意义是什么？

争论的意义

施：我国第四纪冰川研究最早是由李先生倡导的，他是中国第四纪冰川研究当之无愧的先驱。但他创立的中国东部第四纪冰川学说，后来遇到了越来越多的麻烦。这件事本身恰好说明中国第四纪冰川研究是充满活力的，由他激发起来的不同学术思潮方兴未艾。我虽然与李先生的观点不同，但我认为，从一个人逝世后仍能唤起后人治学的激情这点来说，李先生的思想确实是影响深远。

我从20世纪50年代末期开始研究冰川。那时候李先生不但是地质部部长，还是科学院的副院长。我搞冰川研究时，多次得到过他的鼓励和支持。记得60年代初，我向李先生汇报西部冰川冻土考察成果时，李先生曾对我说：“现代冰川研究对第四纪冰川研究很有帮助，第四纪冰川研究者

---

① 张林源、伍光和：《中国东部第四纪冰川争论问题及其哲学意义》；景才瑞：《也谈中国东部第四纪冰川争论问题及其哲学意义》。（王子贤主编：《地学与哲学》。北京：中国文史出版社，1998年。）

应该熟悉现代冰川。但是第四纪冰川遗迹的鉴别常常很困难，所以又必须熟悉地质学中的多方面知识，帮助判断。”这个教导我一直铭记在心。

李先生非常支持我们的工作。记得为了解决我们研究所缺乏冻土研究人才的问题，我曾经请李先生帮助，调原来在地质部工作的留苏学者童伯良到兰州。李先生欣然同意，并交代旁边的人说：“冻土就让科学院发展。”李先生每天都按时散步，我有时找他谈事情，赶上他散步的时间就陪他散步，边走边聊工作上的问题。

张：挑战权威人物，您是否感到过压力？

施：我觉得我还是有道理。当时李四光学派的人很反对，也有人讲：“施雅风在李四光生前毕恭毕敬，死后就开始反对他。”我自己觉得，从思想上从来没有对李先生不恭敬过，我也很钦佩他在解放前长期坚持反对蒋介石的态度和他对地质学多方面的贡献。但是正如古希腊哲学家亚里士多德所说：“吾爱吾师，吾尤爱真理。”一个理论如果有错误，按照错误理论搞，就误人误已，会遇到越来越多的麻烦，对科学发展没有任何好处。

张：这个问题争论的意义，已经不仅仅局限在冰川学或地学领域。目前历史学、社会学和科学哲学等学术领域的学者也开始关注当代中国科学的发展。在20世纪科学史中，地学领域的一些重大问题已经开始引起人们的重视。他们从科学社会史、制度史的角度进行研究。我想，对中国东部第四纪冰川的争论，将会成为一个典型的科学社会史的案例。您作为当事人，如何看待这场争论在当代科学史上的意义？

施：通过这项研究，我得到一条非常重要的教训：无论多么伟大的学者，认识自然总是受到科学技术条件和客观过程的限制，也受到主观条件的限制，总是不完整的。某些认识上的缺陷，由后人修正补充是历史发展的必然规律，也是我们后来者义不容辞的责任。

我们后来者的工作条件和对事物见识的广度，比前辈科学家好得多，所以需要承担起修正前人的认识，甚至推翻前人的错误结论的责任，这也是历史发展的必然规律。李先生对我国科学技术有多方面杰出贡献，他首先提出第四纪冰川问题，鼓舞人们从事此项研究，促进第四纪冰川研究的发展，我们过去受教于他，现在来发展和修正他的认识，是职责所在，丝毫不违背对他的尊敬。

荣誉与责任

张：到目前为止，您发表了200多篇论文①，主编过近20部专著，先后获得国家、中国科学院等各种重要奖励9项②，其中部分成果直接应用于经济建设，取得明显的社会

---

① 据中国科学技术信息研究所最新公布的《2003年度中国科技论文统计与分析年度研究报告》（科学技术文献出版社，2005年），施雅风所发表的科研论文，在2003年《中国科技论文与引文数据库》（CSTPCD）1 576种统计源期刊上累计被引用达114次，位居全国论文被引用最多的作者第4位（南京地理与湖泊研究所情报室提供）。

② 主要奖项有：中国科学院优秀成果奖（1964年），国家自然科学一等奖（1987年，排名第二）和三等奖（1982年），何梁何利科技进步奖（1997年），中国科学院自然科学一等奖（1999年），中国科学院科技进步二等奖（1993年），中国科学院自然科学二等奖（1991年，2项），甘肃科技功臣奖（2006年）。此外，还获得过竺可桢野外科学工作奖（1986年），中国地理学会地理科学成就奖（2004年），科学出版社杰出作者奖（2004年），中国第四纪科学研究会第四纪功勋科学家奖（2006年）等。

经济效益。您的一生经历过很多磨难，也获得过不少荣誉，您如何看待这些荣誉？

施：荣誉代表了贡献，但荣誉和贡献是两码事。很多工作是默默无闻的，大量的工作没有得到奖励。我觉得，追求贡献的大小要比追求荣誉的多少更重要。解放前我参加过革命工作，那时候许多为革命事业牺牲的人，连生命都可以不要，还会在乎得到什么奖吗?!

追求贡献的大小要比追求荣誉的多少更重要

得奖的时候我自然是很高兴，但是我从来没有刻意去追求得什么奖。我有些工作虽然没有得奖，但我认为做得也不错，比如60年代我们在青藏高原做过的一些工作，我就比较满意。我认为学术带头人应该把精力放在努力工作上，应该看到成果是集体努力的结晶，不能把这些功劳都据为己有。尤其是地学研究，重大的贡献多是集体研究的成果，所以功劳也应该属于这个集体。

1997年，我获得了何梁何利科技进步奖①。我记得颁奖时朱镕基总理也去了，他没什么架子，本来应该是我们上台去和总理握手，他说："你们不用上来，我下去。"他下来以后和每一位得奖者握手，其中有一位在上海搞半导体研究的女同志，和朱镕基认识，他们还互相拥抱。握手以后，朱镕基总理说："昨天我参加了香港金融界的一个会议，有个法国人坐在我的身边，问我当了总理以后，感到什么事情最麻

朱镕基说：还要依靠你们这些科学家

① 何梁何利基金，是香港爱国金融实业家何善衡、梁銶琚、何添、利国伟先生共同捐资4亿港元，于1994年3月在香港注册成立的公益性科技奖励基金，是目前规模最大、影响最广泛的社会力量设奖，也是中国国家科技奖励的重要补充。该基金设有"科学与技术成就奖"和"科学与技术进步奖"，每年评奖一次。

烦、最不好处理。我回答说：‘中国人口太多，假如我们中国和你们法国的人口一样多，我就会轻松很多。’”朱总理对我们说：“这个问题怎么办？要解决好这个问题还要依靠科学的发展，还要依靠你们这些科学家。”

支持图书馆与学术著作出版

这个奖的奖金有15万元港币。颁奖时发给我一张支票，让我到南京中国银行去兑换。那里的工作人员私下对我讲：“你们不要把钱都捐掉了。”回到南京以后我就想，这些钱做什么用好？我到南京地理所工作以后，发现这个所图书馆的经费太少，尤其是随着书刊费用的上涨，学术期刊的数量相应减少了，我就把其中的两万元奖金捐给了南京地理与湖泊所图书馆。当然我也把奖金给了我的几个孩子和我老伴一部分。

我还想用一部分钱做些研究工作。那些年中国冰川学发展很快，我们需要编撰一本书，对中国冰川学的发展做一次

1997年获何梁何利奖

总结性的工作。但那时候冰川冻土所的经费也比较紧张，不容易再拿出一笔钱来支持这项工作。我就用何梁何利奖得到的部分奖金，作为《中国冰川与环境》的编辑费用，促成这本学术著作的编辑出版。

2006 年 4 月，我获得了 2004—2005 年度甘肃省科技功臣奖①，奖金一共 60 万元。按照省里的规定，其中 20 万元用以改善科技工作条件，20 万元发给参加工作的有功人员。我开了一个 60 人的名单，分发了这笔奖金。另外还有 20 万元由我个人支配，我决定用这笔钱捐助农村办学②。

张：*为什么想到要资助农村办学？*

施：教育是根本。一个地方的发展程度要看是否有人才，所以我一直十分重视教育工作。我老家在农村，我们家乡读书的人不多，这不是因为没有人愿意读书，而是很多农民的孩子读不起书。1970 年，我曾经在甘肃省康乐县景古乡劳动过，那里是个贫困地区。在劳动中，我经常和老乡聊天。我还记得乡里面的一个党员对我讲过“四清”运动和

---

① 根据国务院《国家科学技术奖励条例》和国家有关规定，甘肃为了推动科学技术进步，促进发明创造和科技成果转化，设立科技功臣奖，每 2 年评选一次，每次授予人数 1 到 2 名。甘肃省政府颁发荣誉证书和 60 万元人民币奖金。

② 据《施雅风院士捐资 20 万元修建希望小学》报道：

“6 月 30 日，甘肃省康乐县景古乡景古小学迎来了一个不寻常的日子。今天是施雅风院士捐资 20 万元的景古中心小学教学楼奠基的日子。白发苍苍的中国科学院资深院士、甘肃省科技功臣施雅风，胸佩红领巾，挥锹为景古雅风小学教学楼奠基石培下了第一锹土。

长期以来，康乐县景古小学教室面积严重不足，校舍破旧，部分校舍已成危房，严重影响正常的教学。施雅风院士的此次捐资助教之举，赢得了当地百姓赞誉，他们称：‘施先生捐资建教学楼，真是雪中送炭，解了学校的燃眉之急。’”（信息来源：http：//gscas. ac. cn 寒区旱区环境与工程研究所，发表日期：2006 年 7 月 7 日。）

为古景乡的一所小学盖个教学楼

“大跃进”中他们受的苦，这给我的印象很深刻。我也知道农民的孩子学习条件很差，所以我拿到奖金后，决定把这些钱资助那里的中心小学，建一座教学楼。

我把这些想法告诉了我们研究所的同事，所里的一位办公室主任很热心，先带人联系了一下，决定为古景乡的一所小学盖个教学楼。我出20万，县里再拿些钱，盖个两层的小楼。教学楼奠基典礼时我去了，到了那里我才发现旁边还有个中学。学校的领导带我去校园参观，我看见一个女学生宿舍有18张床，是上下铺。本来这个房间应该住36个人，实际上住了60多名学生，条件很差。这个学校的图书馆也很简单，还不如我上中学时的图书馆条件好。捐款之前我不了解那里中学的情况，要不然我还会捐给那个中学一部分钱。

我更重视中学教育。中学阶段对人的一生影响很大。记得有一位学者讲过：“中学阶段学到的东西，会溶进生命、化入血液。”这个阶段是学习知识、养成良好习惯、学会独立思考能力和个人品德形成的关键时期，所以中学的教育一定要搞好。

我自己的经历也是这样。我现在对小学时的事情已经没有什么印象了，我在小学的时候也没什么思想。但是中学时代就不一样了，我在中学经历过的许多事情，对我的思想影响很大，到现在我还记得。

张：2003年7月2日，《海门日报》报道了“想设奖学金的特困生”，讲的是一个得到您的资助的学生黄海龙，不但学习成绩优异，而且希望长大以后，也能在家乡设立一个奖学金。您什么时候开始在家乡设立奖学金？

施：大概是在90年代的后期。树勋乡是我的老家，施

“施登清、刘佩璜”纪念奖励基金第10届获奖学生（2006年）

关注家乡教育

家很多孩子都在树勋中学读书。开始时我给树勋中学捐了5万元，设立了以我父母名字命名的“施登清、刘佩璜”纪念奖励基金。我起先想用它的利息作为奖学金。过了几年我询问奖金的情况，才知道5万元的基金每年只有900元利息，不够作为奖励基金使用。我就另外每年再补几千元，这样每年的奖学金就可以增加到5 000元。但是奖学金的覆盖面还是比较窄，2003年我把每年的奖学金补到了1万元，2004年我又把每年的奖学金增加到2万元。去年树勋学校的校长来看我，说这几年学校的经济条件比较好，让我就不要给奖励基金捐钱了，以后再说。所以去年我没有捐款，今年继续每年捐2万元。[①]

① 据《树勋中学“施登清、刘佩璜”纪念奖励基金备忘录》（2005. 1. 9）记载：“施雅风院士偕夫人沈健为促进家乡教育事业的发展，纪念其先父施登清、先母刘佩璜之生前德业，特设立奖励基金，以表其对故乡的关怀和对先父母的孝思。”

我的家乡有很多非常优秀的孩子，但是家里比较贫困，供不起孩子念书，我捐赠这笔钱的目的，就是奖励学习成绩优秀，但家里经济困难的学生。我们家乡还有个麒麟中学，就是我以前读书的启秀中学改名的，现在办成了高中部。前年这个学校100周年校庆，学校邀请我去参加，我就从去年开始，给这个中学捐款设立奖学金，每年1万，名义是陈倬云老师纪念奖。我的条件仍然是两条：学习成绩好，家里经济困难。

张：这些年来您在家乡一共资助了多少学生？

施：树勋中学每年大概有20个学生拿到奖学金。这个奖学金分为一、二等奖，一等奖500元，二等奖300元。很多学生拿到奖学金后，都给我写封信，表示感谢。现在我还保留着这些信。

除了设立奖学金外，我还资助过个别家庭困难的学生读书。我的老家有个女学生，叫李林。她初中在树勋中学学习，高中在包场中学读书。高中毕业以后，她考上了南京师范大学，但她家里很困难，拿不出5 000元的学费。我就替她垫付了学费。这个孩子很懂事，上大学后不久就申请了奖学金，后来又主动去做家庭教师，解决了学费的问题。她在南京读书的时候，每年都来看我，还从家里带来一些土特产。记得有一年，她给我们带来了半只羊腿。现在她已经大学毕业了，在海门的一个学校当老师。

张：您认为一名合格的科学工作者，应该具备什么条件？

施：科学工作者不仅应该博学多闻，具有远见卓识，在学术上有所造就，而且需要具备良好的科学道德，做到德才兼备。不管哪一种工作，没有“德”是不行的。“德”不能

获奖学生给施雅风的部分信函（张九辰摄）

简单地理解为政治表现。科学研究对品德的第一个要求就是为公，不是为私。充满了私心的人，追求个人欲望，就不可能把科学研究搞好。科学研究是很艰苦的事业，如果一个人只想到自己，想到自己的名、想到自己的地位、想到自己的钱，那么研究工作就搞不好。

科学工作者不能弄虚作假

怀有私利的人碰到艰难困苦，就会望而却步，就会钻不深、提不高，甚至会出现一些不应该有的事情，比如弄虚作假。这种假的东西在中外历史上都有。西方地质学界有一位很有名的学者，就是在克什米尔划分冰期的德·泰拉（De-Terra）。他曾经在越南做地层研究，那里有个地层，因为找不到化石一直无法确定它的时代。他考察后回到法国就写了一篇论文，并且是以化石标本为依据。这个化石别人采不到，他怎么采到了呢？后来一查，原来是他有意混进去的，化石不是那个地层的，是他从法国带去的。这件事传出去以后，他的名声就坏了。所以不能搞虚假，不能浮夸，要老老实实。三分成绩说成八分、十分，是不行的。

“德”的第二个要求是坚持真理，随时修正错误。我们搞科学研究工作要有见解，但是不能固执己见。你看到一个问题，提出一种想法来解释它，来说明它，但它是不是符合客观实际，要经过实践的检验。因为对自然界某些现象不是一下能够认识清楚的，可能开始提出了一些见解和看法，过了一段时间发现这些见解不全面，需要修改。或者这个见解错了，错了就应该改正。但是在科学界，有的人提出了一些见解，就不太好意思修改，好像改了自己面子上不好过，所以就出现了固执己见的现象。

成见很有危害，改正成见更需要勇气

成见很有危害，改正成见更需要勇气。新疆博格多山有个天池，很多人都去过。天池的成因，在历史上有几种意见。1959、1962 年我们去那里考察，我认为是冰川沉积，因为天池坝的形态很像是冰川堆积。许多同志也跟着我说是冰碛湖，于是我们把它定为天池冰期。到了 1973 年我再去天池看，觉得冰碛成因说不能成立，因为终碛的成分主要来自冰川源头，而天池的石头都是从旁边山坡上下来的。我改变了观点，有些同志变不过来，埋怨我说：“你变了，我们也得跟着你变。”我说：“我变了，你不一定跟着我变，问题在于你自己实事求是的判断。”陈云同志说：“不唯上，不唯书，只唯实。”我们科学工作者应该牢记这句话。

要合群，要尊重别人

“德”的第三个要求是合群，用现在的话来说就是团队精神。人是社会化的，现在的科学研究已经发展到不能靠个人就搞出什么东西，必须有一个群体共同合作。所以要能和许多人团结合作，这是很重要的。不能和人家团结合作，搞孤家寡人，就不会有多大成就。要合群，就要做到尊重别人。比如文章的署名问题。你引用了人家的文章，一定要注明出处，特别是数据一定要说明是从哪来的。有的同志写文章不注明出处，人家的文章没有公开发表，你拿出去发表了，这怎么行？一方面是荣誉问题，另一方面也是责任问题。我们的文章常常不是一个人搞出来的。工作的过程、写文章的过程，得到很多人的支持、帮助、指导，因此文章后面一般要写上一两句感谢的话。还有一种情况：有时一般的小文章一署就署十几个名字，这也不合适。应该实事求是，参加辅助工作的人员就可以不署名。现在有个不好的风气，研究小组里的七八个人全写在作者名字中。文章署名中，第一个人很重要，他要对文章负责，所以作者的顺序一定要排准，不能根据位置的高低来排作者的顺序。有荣誉第一作者承当，有错误也是第一作者承当。荣誉和责任是连在一起的。我们在写文章和署名的问题上，也应该注意树立良好的道德风尚。

从事科学研究还要敢于怀疑

另外，从事科学研究还要敢于怀疑。不能因为某个理论是著名科学家提出来的，就不敢提出反对意见。对于一个复杂的自然现象，不同研究者常会提出不同的认识，这在科学界是正常的现象。人们经过深入的研究，扬长避短，弃伪存真，认识最终会得到改进和统一。一个伟大的科学家，即使作过许多杰出的贡献，也不能保证他每个认识都是正确的。冰川学上有个著名的例子。19 世纪瑞士的阿迦西[①]，曾经在

① 阿迦西（Agassiz，Jean Louis Rodolphe，1807—1873），美籍瑞士古生物学家、地质学教育家。

现代冰川旁建立起第一个冰川研究站，对冰川运动、进退变化和冰川堆积的分布状态深入研究。他通过研究证明了古代确实存在过冰川规模远大于现代的冰期，从北极区南下的冰川曾覆盖了大部分欧洲。以后他去英国，明确了苏格兰曾存在过冰盖。他又去美国，发现北美存在过第四纪大冰盖，从而建立了第四纪冰期学说，这个学说是个很了不起的创造。但是他后来相信冰川覆盖到全世界，摧毁了一切生命。以后他在巴西亚马孙河谷考察中，把风化的巨石当做冰川搬运的堆积，这就背离了实际，出了错误，也就遭到了其他学者的反对。

张：您先后主持或承担过多少个研究项目？

施：有几十个。有些是纯粹的基础工作，有些有明确的应用要求。这些年我发表和出版的论文与专著也有几百篇。现在来看这些工作，有些做得比较成功，有些基本失败，多数是平平常常。我最满意的就是对喀喇昆仑山区巴托拉冰川的考察和研究，它不但解决了生产实际问题，在理论方面也提出了波动冰量平衡方法预报冰川的进退。这项工作具有开创性的意义。在巴托拉冰川的工作环境也令我非常满意。虽然野外工作很艰苦，我们也遇到了不少危险，但是在那里可以专心工作。既没有“文革”中的政治运动干扰，也没有后来的行政管理工作分散研究精力。

最满意的研究成果

我最不满意的工作，是1959—1960年“大跃进”后期在祁连山搞的融冰化雪和天山冰川考察。我们虽然在1958年做了一些人工融冰化雪的实验，但它是在短时间、小尺度上进行的。虽然取得了相当的实验成果，但一下子就推广为大面积、大规模人工增加灌溉水量，这就超越了客观的可能

最不满意的研究成果

性。在“大跃进”的环境中，从中央到地方都在批判右倾保守，要以更大的规模、更高的速度，继续跃进。我们没有认识到继续跃进的危害，提出的计划过于庞大，结果是劳民伤财，虚耗了不少国家的财力、物力和人力。

我们开展天山冰川考察时，套用了1958年祁连山的考察模式。但是天山地区冰川考察的困难程度远远超过了祁连山，而且那时全国的物质条件已经很差了，科研骨干减少，人心不稳。考察结束后，政治运动又冲击了室内的总结工作，所以这项工作没有得到应有的收获。1959—1961年间，我们花了很大的力量进行冰川考察，但没完成能够正式出版的考察报告，这是我一生中最大的遗憾。那些年，除了客观政治条件变化不是我个人所能左右以外，主观上对课题设计不当，实现不了原定的目标，也是重要的原因。

对中国社会发展的几点思考

施：“年衰未敢忘忧国，志寄新生兴九州。释疑有盼后贤晰，切忌茫然度春秋。”这是我的老领导张劲夫在他出版的一本书《嘤鸣·友声》① 前言中的几句话，对此，我很有同感。晚上或睡中醒来，我常常阅读《炎黄春秋》、《同舟共进》、《李慎之文集》等书刊，加深了对中国近现代社会发展史的认识。

张：您从什么时候开始关注中国的社会问题？

① 张劲夫：《嘤鸣·友声》。中国财政经济出版社，2004年。

施：我想应该是从20世纪40年代开始。那时候我还在大学读书，为了写毕业论文，我常去遵义附近的农村做野外考察。在那里，我看到了中国农民生活的悲惨景象，对国民党政府很不满意。后来我又参加了“倒孔”运动，这件事让我看清了国民党的腐败和专制。国民党对学生的合理要求不但不支持，反而采取了逮捕、迫害的手段，这使我对国民党政府彻底绝望了。

正因为对国家前途的关心，我才加入了中国共产党

“倒孔”运动以后，我认识了共产党员吕东明，他对我的思想影响很大。在他的帮助下，从大学毕业到重庆工作以后，我有机会看到了毛泽东的《论联合政府》、《新民主主义论》，认为中国的胜利要经过比较长的新民主主义阶段，发展民主，发展生产力。我和当时的许多青年知识分子一样，接受了新民主主义思想。正因为对国家前途的关心，我才加入了中国共产党。我觉得，中国科学要发展，应该寄希望于共产党的正确领导，所以我也愿意冒着被逮捕、枪杀的危险，为党的事业做工作。解放以后，我在科学工作之外也在关注中国社会的发展问题。

老了以后，在经历了很多的政治运动和思想改造，也经过了各种疑问和困惑以后，我开始考虑中国社会面临的新情况、新问题。从解放后50多年的经验和教训来看，我党的历史中也存在着不少的问题，出过几次大的差错，需要不断改进。我不在北京，消息比较闭塞。但我在北京、南京有很多的老朋友，他们也和我一样，大多是解放前参加革命工作的老党员，我们在交往中，也时常关注国家大事，议论中国社会的发展问题。

改革开放以后，我逐渐接触到各种材料，老朋友之间的

交流也多了。我慢慢觉得，中国社会还需要继续推进民主的进程，尤其是经济体制改革以后，中国应该如何推进政治体制改革？如何推进民主进程？这是我经常考虑的问题。

中国社会还需要继续推进民主的进程

我觉得中国的经济改革，总体上讲比较成功。但是现在出现了一些新问题，使得改革越来越难。比如贫富差距加大，三农问题，资源紧缺等等。中国政治体制改革不能和经济改革同步，会制约经济体制的改革。现在中央也采取了许多措施，农民的负担已经减轻一些。但我觉得还存在着很多的问题，比如现在的农村没有代表农民利益的农会，来组织农民的生产销售，来保障农民的利益。我曾经访问过台湾，发现那里农会搞得很好。台湾的官员为了拉选票，都希望得到农会的支持。

现在最严重的问题是贪污腐败之风蔓延。虽然中央采取过各种措施，努力惩治，但实际上有愈演愈烈、逐渐猖狂的趋势。有些干部一经掌权，就很快变质堕落，甚至前任已经被严刑处理了，后任却接着贪污。一些有权有势的人，甚至他们的亲属，利用关系网和权钱交易的机会，肆意掠夺国家财富，形成暴富的官倒集团。亏损归于国家，盈利属于个人，造成了国有资产的大量流失。政府机构公款投资和购置中，出现的回扣、利诱、骗取之风，导致产品质量严重下降。一些房屋、桥梁，完工不久就破裂或倒塌了。高消费的奢侈之风到处弥漫，各地开办了不少豪华的游乐场所，这些都严重影响了党的威信。

有些地方农村干部欺压群众的事件，达到了触目惊心的程度。贪污、浪费、腐化、专横……这些歪风邪气如果不能及时制止，不仅使国家的经济受到严重的损失，群众的积极性会受到挫伤，也使社会道德败坏。这些问题解决不好，会关系到我们党和国家、民族的前途和命运。所以我也深感忧虑。

张：您认为这些问题应该如何解决？

强有力的监督是制止腐败蔓延的基础

施：强有力的民主监督是制止腐败蔓延的基础。1947年，毛主席和黄炎培谈话，黄炎培坦率地提出：中国历史上存在着“其兴也勃焉、其亡也忽焉”的周期率，希望共产党能找到一条出路，跳出这个周期率的支配。毛主席答到：我们已经找到了一条新路，这就是民主，只有让人民来监督政府，政府才不敢松懈。毛主席的话是对的，在当时很受欢迎，但他说了却没有做到。从解放后多年的实践来看，他在晚年也很专制，听不进不同意见。

特别是言论自由

现在应该创造条件。首先是切实保障宪法规定的给予人民的各项自由权利，特别是言论自由。人民能够批评各级领导，让各级人民代表的选举能够按照民意选出代表，代表定期向选民报告工作并接受选民的委托提出意见。党的纪律检查委员会、人代会和政协要能有效地监督同级（包括中央在内的）党政领导干部，能揭发、抵制各种不正之风，在实践中提高人民的民主和法制意识。还有，充分发挥新闻媒体的舆论监督作用也很重要。这样可以鼓励人民对官吏贪污、渎职行为和行业歪风邪气进行公开揭发，在强大舆论影响下，才会发扬正气。开放民主，让下面提意见，官僚主义就会大大减少。现在有些领导不鼓励人们提不同意见，听不进去不同的声音，这一点很不好。

应该说现在民主程度比以前进步了，比毛泽东时代好多了，但是民主还需要深入。廉政建设中，要有专门机构进行铁面无私的监督检查。香港廉政公署的经验就值得我们借鉴。中央要加强专职肃贪机关的权力和执法力度，坚决公开地处理腐败行为，尤其是领导干部的腐败行为，处理过程中不应该有任何特殊的照顾。对于群众关心的大案、要案，也应该及时公布案情和查处的结果，这样可以避免小道消息的误传、猜测。对于量大、面广，但危害群众深的小案，也不能放松，也要抓紧。这就要加强基层反腐败的力度。贪污的问题屡禁不止，就是民主监督还不够。现在只能从上面监督下面，这样上层即使清廉，也无法管住下面，因此必须大力加强基层民主政治。

还有一个根本性的问题，就是民族素质，特别是道德水准的提高问题。现在见利忘义、一切向钱看的不良思想渗透到了每个角落，危害很大。必须设法从多种渠道树立正确的人生观，增强抗腐蚀的免疫力。

现在中央提倡科教兴国，这是完全正确的。但是在如何贯彻科教兴国的战略问题上，同样需要看到近年来贪污、腐败的歪风邪气也侵蚀到科教领域。这方面的影响也不能低估，我看到科研和教学质量在下降，不少单位培养出来的大学生、研究生是不合格的。我们国家现在还处于社会主义的初级阶段，但不能认为初级阶段就必然伴随着腐败和腐化，尤其不能认为这种在全局上的腐败和腐化是一定出现的。

不少单位培养出来的大学生、研究生是不合格的

养生之道

张：作为一名地理学家，您的一些经历给我的印象特别

深刻：45岁时率领科考队首次攀登喜马拉雅山脉上的世界第十四高峰——希夏邦马峰，走到6 200米的海拔高度考察；年近七旬时乘飞机环绕半个地球，经南美洲的智利飞抵南极地区，到达建在乔治王岛上的中国长城科学站进行了为期15天的南极冰川考察；83岁时亲自率领一支科考队，足迹遍及安徽、江西、湖北、湖南4省，深入偏远地区，对长江中游地区进行了实地考察；您现在已经快90岁了，每天还工作五六个小时。您是如何保持旺盛的工作精力的呢？

晚年养生四原则

施：其实我只遵循四点原则。第一，年纪大了，各种慢性病也就来了，像我就有心脏病、高血压、糖尿病，现在听力也下降得厉害。所以我每天坚持按医嘱服药，从不间断。第二，保持有规律的生活，做适当的运动。我现在事务性的工作少了，所以基本上能够保证有规律的生活：每天上午工作三个小时，下午工作两三个小时，晚上一般不工作了，只是看看电视、读读书。我每天还要锻炼半个小时到一个小时。夏天的时候就到户外散步，冬天如果天气不好，就只能在家里锻炼。但是无论做什么运动，都要坚持，不能中断。第三，坚持工作。我每一阶段都有目标，目标是写成一些东西或办成一件事，阶段是几周或几个月。有了目标，就有了工作的动力。第四，读好书，交好朋友，这样可以使心情愉快。

张：您认为什么样的书算是好书？什么样的人算是好友？

不同年龄阶段喜欢读的书不一样

施：除专业书之外，我在不同的年龄阶段喜欢读的书不一样。在上中学和大学的时候，我喜欢看小说。因为我比较关心政治问题，从中学时代开始，我就爱看邹韬奋的《生活周刊》。上大学以后，比较喜欢看《大公报》上的文章。参加革命工作以后，因为很忙，看小说又很费时间，小说我看得少了。解放初，马列的书我看得不少。最近几年我看得比较多的是《炎黄春秋》、《同舟共进》等杂志上的文章。另外，我的老师、老领导和老朋友们写的书我也喜欢看，比如《竺可桢日记》、张劲夫的《嘤鸣·友声》、李锐的著作等等，这些书对我在政治思想和人生观方面很有帮助。看看他们的书，我很受鼓励。

我现在读书时间大部分是在晚上，读书已经成了我的重要生活内容。我觉得好书应该有两个方面：一个是业务上的好书。我从事研究工作、提高业务水平，就要多读高水平的专业书。最近我就收到一位德国人寄来的一批文章，他是搞地貌和第四纪冰川的。我对他的研究工作很感兴趣，但是他在国外发表的文章，我看不全。我就把我写的书送给他，和他交换著作。另一方面也要读些专业之外的书。我比较感兴趣的是政治思想和历史书，现在我看这方面的书更多。这些书，有我的朋友寄给我的，也有我自己买的。

我的好朋友大多是以前的老朋友、老同学、老同事。我现在年纪大了，与外界的交往少了，隔代交朋友已经很不容易了，所以和我比较谈得来的多数是我的同辈人，他们大多参加过民主革命、经历过数十年的曲折。我的好朋友都比较诚恳，并且很有思想。这很重要，我们在思想上要比较接近、有共同的兴趣，才能够有共同的语言。如果没有共同的思想、共同的兴趣，就不容易深谈。我的老朋友都很热心，因为我不在北京，信息不灵通，他们就经常给我寄来一些著作、文章、材料。这使我开阔了眼界，也了解了很多我不知

施雅风夫妇（左一、二）和吕东明夫妇

道的事情。

因为我长年不在北京，很多消息不知道，所以每次我到北京，都要去和老朋友见面。吕东明健在的时候，我到北京肯定要去看他。我们在一起，会聊些国家前途等问题，很有共同语言。东明去世后，我常去看许良英和住在中关村的浙大老友。近些年我和张哲民来往也比较多。我现在交友的时间减少了，因为精力不比以前了，也不太容易常出门去看老朋友。现在我们之间多是通过电话交流。

今后的打算

张：现在回过头来看，您如何评价您所走过的路？

施：概括我几十年来走过的道路：有大苦，也有大乐。

我认为，为探求真理和人类利益的崇高事业奋斗献身，吃过苦以后取得的乐，才是真正的乐，才是真正的享受。我没有后悔我走的路。总体上讲我还是满意的，认为我走的路还是恰当的。我从地貌研究到冰川研究，到气候与环境变化研究，确实吃了很多苦，但我觉得搞得比较有成就、让我感到欣慰的是，我为国家填补了一门空白学科，促进了几门新学科的成长，并且做出了一些成绩，我觉得这样度过一生也值得了。当然，"文革"当中我经不起考验，曾经跳黄河自杀，这不应该。

吃过苦以后取得的乐，才是真正的乐

我的一个堂姐姐曾经问我：你怎么选了这么一个职业？其实野外工作有苦，也有乐。乐的是可以看到许多奇特的、不容易看到的自然现象。

现在我正在写《地学创新经验谈》，回顾一下我的研究工作，希望能够在我 90 岁以前完成这本书。我过去写的很多文章，到后来连我自己都找不到了。所以从 2001 年开始，我把论文集中起来，编成《施雅风近年文汇》。这不是公开出版物，也就印 100 本。只是供我自己和有兴趣的朋友及单位参阅。第一卷主要是创新论文，第二卷是科普和科学史方面的文章，第三卷收录了 2001—2003 年发表的论文，第四卷收录了 2003—2006 年的论文。我现在有个打算，想从这 4 卷《文汇》中选出部分论文出版一个文集，另外再出版一本英文文集。这些事情也需要花不少时间。

《地学创新经验谈》

自编《施雅风近年文汇》

张：每年年终，您都要写一封《回顾某某年，告慰众亲友》的新年贺信。您是从什么时候开始这样做的？

施：大概有六七年了。我每年 12 月份都写一个简单的一年回顾，在祝贺亲人朋友新年快乐、安好的同时，向他们讲一讲我这一年做了些什么，第二年春节前寄出。我觉得每年光发个贺年卡，上面写“恭贺新禧”几个字，太简单了，我就加了一点材料。我的很多老朋友也难得见上一面，平时交流也很少，我就通过这种方式向朋友汇报一下，这样他们对我也有些了解，更有意义。刚开始我只是寄给亲友，也没有把那些信保留下来。后来我看到杨达寿的文章①引用了我的贺信，发现大家还感兴趣，以后我就开始保留了。

① 杨达寿：《书友缘》。香港：天马出版有限公司，2006 年，第 34 ~ 35 页。

施雅风2007年新春告亲友书

在06年过去，07年来临之际，向亲友们、特别是长期未通音信的老朋友们问候安好！祝福你们健康快乐！

我得多人合作支持，在06年发表中文论文两篇，英文论文三篇；多人撰写、我为主编的《中国第四纪冰川与环境变化》专著问世；感谢甘肃省领导发给我甘肃省科技功臣奖；多年前组织、坚持完成的《中国冰川目录》得到国家科技进步二等奖；参加各地举行学术会议与讲学访问七次，包括贵州遵义与浙江金华等地。看到经济的繁荣发展与生活改善，“年衰未敢忘忧国”的思想，一如既往。一年来，我仍坚持阅读《炎黄春秋》和《同舟共进》杂志。感谢张哲民同志多次寄赠好文好书。我的六种慢性病控制尚好，但左耳全聋右耳半聋，视力衰退至0.3以内。期望半休半工作状态再坚持两三年，即达到90岁，完成约定的工作。

施雅风

2006年12月

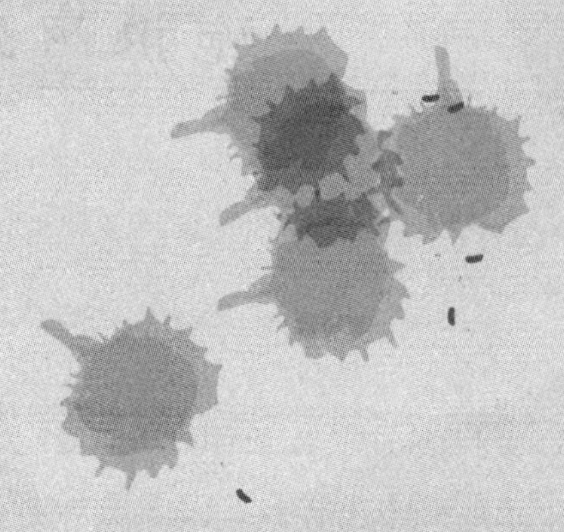

附　录

施雅风生平简表

APPENDIX ONE

1919 年　生于江苏省海门县新河镇农民家庭。

1924 年　进新河镇初小学习。

1929 年　进麒麟镇北私立启秀高小学习。

1931 年　入启秀初中。

1934 年　考取省立南通中学。

1937 年　入浙江大学史地系。

1938 年　参加军事委员会青年战地服务训练班，9 月到江西泰和报到复学。

1942 年　毕业于浙江大学，学士论文《遵义南部地形》获教育部奖。

1944 年　硕士研究生毕业，9 月到重庆北碚中国地理研究所工作。

1946 年　参加资源委员会“三峡水库区经济调查”。7 月离开重庆，年底到达南京。

1947 年　加入中国共产党，曾为解放江南从事地下情报工作。

1949 年　4 月南京解放，参与筹备出版《地理知识》。

1950 年　正月初二与沈健结婚。任中国科学院地理研究所筹备处所务秘书、科学院南京地区支部书记。

1953 年　任《地理学报》副总编辑，参加《中华地理志》编撰工作。从南京调至北京，从事中国地貌区划研究，任地理所副研究员。

1954 年　兼任中国科学院生物学地学部副学术秘书，参加筹备学部成立工作。

1955 年　2 月赴莫斯科参加苏联地理学会第二次代表大会。

1956 年　参加全国第一次科学技术长远规划编制工作，任地学组秘书。

1958 年　任中科院高山冰雪利用研究队副队长，负责祁连山冰川考察。

1959 年　组织天山冰川考察。冬季在北京“反右倾机会主义”运动中受到批判。

1960 年　成立冰川积雪冻土研究所筹委会，为业务负责人。7 月全家迁兰州。

1961 年　冰川积雪冻土所筹委会与地球物理所兰州分所合并，任总支委员。

1962 年　与地球物理所兰州分所分开，成立地理所冰川冻土研究室，任室主任。进行乌鲁木齐河冰川与水文研究。

1964 年　任希夏邦马峰登山科学考察队队长，参加“北京科学讨论会”。

1965 年　8 月北京地理所沙漠研究室迁至兰州，与兰州冰川冻土研究室合并，成立冰川冻土沙漠研究所，任业务副所长，主持所务。

1966—1969 年　任西南泥石流考察队队长。文化大革命开始后受到冲击，多年失去人身自由。曾被任命为珠穆朗玛峰地区科学考察队副队长，但未能参与野外工作。

1970 年　下放到甘肃省康乐县景古乡干校劳动。

1971—1972 年　回所任科研生产组副组长，参与珠穆朗玛峰考察总结、规划西藏综合考察工作。该项成果于 1982 年获国家自然科学一等奖，施为第二获奖人。

1974—1975 年　根据中央有关部门下达的任务，用两年时间率队考察巴基斯坦境内巴托拉冰川，提出中巴公路通过方案。根据此次考察，提出波动冰量平衡法预报冰川运动速度。

1977 年　参加全国自然科学学科规划工作，为地学组召集人。开始参与组织编辑《竺可桢文集》、《竺可桢传》。

1978 年　任冰川冻土所所长。

1979 年　晋升为研究员。

1980 年　当选中国科学院学部委员（后改为院士）。赴庐山考察有争议的第四纪冰川遗迹。

1981 年　当选为中国科学院地学部副主任。

1983 年　改任中科院冰川冻土所名誉所长。当选国际冰川学会理事、中国地理学会副理事长、竺可桢研究会理事长。

1985 年　兼任中国科学院南京地理与湖泊研究所研究员，由兰州迁回南京居住。以后夏季在兰州，冬季在南京。

1987 年　主持国家科学基金会与中国科学院联合资助的《中国气候与海平面变化及其趋势和影响》项目，该成果于 1999 年获中国科学院自然科学一等奖。

1988 年　考察南极长城站。

1989 年　应邀访问苏联，先后访问阿拉木图，哈萨克斯坦有关地学科研单位，考察了吉尔吉斯斯坦与伊塞克湖。

1990 年　在南京举行研究青藏高原晚新生代以来的隆升与环境变化项目建议论证会，1992 年该项目列入国家科委与中科院攀登计划。

1993 年　主编的《中国全新世大暖期的气候与环境》一书出版。

1997 年　获何梁何利科技进步奖。回海门故乡探亲，在家乡树勋中学为纪念父母设立“施登清、刘佩璜奖学金”。

1998 年　出版自选集《地理环境与冰川研究》。

2000 年　主编的中国冰川总结性专著《中国冰川与环境》出版。

2001 年　赴台湾参加海峡两岸山地灾害会议。

2005 年　《简明中国冰川目录》出版，并获甘肃省科技进步一等奖，次年该书全本《中国冰川目录》获国家科技进步二等奖。

2006 年　获甘肃省科技功臣奖。主编的《中国第四纪冰川与环境变化》出版，并于 2008 年获国家自然科学二等奖。

2008 年　出版两部个人文集：《地理环境与冰川研究（续集）》，*Collectanea of the Studies on Glaciology, Climate and Environmental Change*。主编的 *Glaciers and Related Environments in China* 出版。

施雅风主要著作目录

APPENDIX TWO

论文：

1 施雅风. 华中水理概要. 经济建设季刊，1944，3（2）：37～53；3（3～4）：168～191

2 施雅风. 遵义附近之地形，地质评论，1945，10（3～4）：113～121

3 施雅风. 川东鄂西区域发展史，地理，1949，6（2，3，4）：7～25

4 周廷儒，陈述彭，施雅风. 中国地形区划草案. 中国自然区划草案，北京：科学出版社，1956，21～36

5 施雅风，陈梦熊，李维质等. 青海湖及其附近地区自然地理（着重地貌）的初步考察，地理学报，1958，24（1）：33～46

6 施雅风，刘东生. 希夏邦马峰地区科学考察初步报告，科学通报，1964，（10）：928～938

7 施雅风，杨宗辉，谢自楚等. 西藏古乡地区的冰川泥石流，科学通报，1964，（6）：542～544

8 施雅风，谢自楚. 中国现代冰川的基本特征，地理学报，1964，30（3）：183～208

9 谢自楚，张祥松，施雅风等. 我国西藏南部珠穆朗玛峰地区冰川的

基本特征，中国科学，1974，(4)：383 ~ 400

10 郑本兴，施雅风. 珠穆朗玛峰地区第四纪冰期探讨，珠穆朗玛峰地区科学考察报告（1966—1968），第四纪地质，北京：科学出版社，1976，29 ~ 62。

11 施雅风，张祥松. 喀喇昆仑山巴托拉冰川的近代进退变化，地理学报，1978，33 (1)：40 ~ 47

12 Shi Yafeng. The Batura Glacier in the Karakoram Mountains and its Variations, *Scientia Sinica*, 1979, 22 (8): 958 ~ 974

13 施雅风，王宗太. 历史上的木扎特冰川谷道与中西交通，冰川冻土，1979，1 (2)：22 ~ 26

14 Shi Yafeng. Distribution, Features and Variations of Glaciers in China, Hsieh, Cheng and Li, *IAHS Publications*, 1980, no. 126, 111 ~ 116

15 施雅风. 庐山真的有第四纪冰川吗？自然辩证法通讯，1981，(2)：41 ~ 45

16 Shi Yafeng, Wang Jingtai. The Fluctuations of Climate, Glaciers and Sea-level since Late Pleistocene in China, *IAHS Publcations*, 1981, no. 131, 281 ~ 293

17 施雅风，邓养鑫. 庐山山麓第四纪泥石流堆积之确证——以庐山西北麓羊角岭为例，科学通报，1982，27 (20)：1253 ~ 1258

18 施雅风，杜榕桓，唐邦兴. 四川西昌附近铁路建设中的泥石流问题，中国科学院兰州冰川冻土所集刊，北京：科学出版社，1984，(4)：153 ~ 160

19 Shi Yafeng, Yang Zhenniang. Glacier Water Resources in China, *Geo-Journal*, 1985, 10 (2): 163 ~ 166

20 Shi Yafeng, Cui Zhijiu, Li Jijun. Reassessment of Quaternay Glaciations in East China, *Advances in Science of China: Earth Sciences*, 1988, 45 ~ 54

21 Shi Yafeng. Glacier Recession and Lake Shrinkage Indicating the Cli-

matic Warming and Drying Trend in Central Asia, *Annals of Glaciology*, 1990, 45 (1): 261 ~265

22 Shi Yafeng. Glaciers and Glacial Geomorphology in China, Z. Geomorph. N. F., Berlin, 1992, Suppl. 86, 51 ~63

23 Shi Yafeng, Zheng Benxing, Li Shijie. Last Glaciation and Maximun Glaciation in the Qinghai-Xizang (Tibet) Plateau: A Controversy to M. Kuhle's Ice Sheet Hypothesis, *Zeitschrift für Geomorphologie N. F.*, 1992, Suppl. 89, 19 ~35

24 Shi Yafeng, Wang Sumin, Kong Zhaozheng, Tang Lingyu, Wang Fubao, Yao Tandong, Zhao Xitao, Zhang Peiyuan and Shi Shaohua. Mid-Holocene Climate and Environment in China, *Global and Planetary Change*, 1993, 7, 219 ~233

25 施雅风，郑本兴等. 青藏高原中东部最大冰期的时代高度气候环境探讨，冰川冻土，1995，17（2）：97 ~112

26 施雅风. 青藏高原末次冰期最盛时的冰川与环境，《冰川冻土》，1997，19（2）：97 ~113

27 施雅风，汤懋苍，马玉贞. 青藏高原二期隆升与亚洲季风孕育关系探讨，《中国科学》(D)，1998，28（3）：263 ~271

28 施雅风，李吉均，李炳元等. 晚新生代青藏高原的隆升与东亚环境变化，地理学报，1999，54（1）：10 ~21

29 施雅风，刘晓东，李炳元等. 距今40—30 ka 青藏高原特强夏季风事件及其与岁差周期的关系，科学通报，1999，44（14）：1475 ~1480

30 施雅风. 中国第四纪冰期划分改进建议，冰川冻土，2002，24（6）：687 ~692

31 Shi Yafeng. Characteristics of Late Quaternary Monsoonal Glaciation on the Tibetan Plateau and in East Asia, *Quaternary International*, 2002, 97 ~98, 79 ~91

32 施雅风，于革. 40—30 ka 中国暖湿气候和海侵的特征与成因探讨，第四纪研究，2003，23（1）：1～11

33 施雅风. 院士思维——地学研究中思维问题的若干经验. 合肥：安徽教育出版社，2003，卷3

34 施雅风. 冰川学开拓与气候环境变化研究的回顾，《冰川冻土》，2004，26（1）：66～72

35 施雅风，张强，陈中原等. 长江中游田家镇深槽的特征及其泄洪影响，地理学报，2005，60（3）：425～432

36 Shi Yafeng, Yongping Shen, Ersi Kang, Dongliang Li, Yongjian Ding, Guowei Zhang, Ruji Hu. Recent and Future Climate Change in Northwest China, *Climatic Change*, 2006, DOI 10. 1007/s10584-006-9121-7

37 施雅风，苏布达，姜彤. 长江中游西部地区洪水灾害的历史演变——人文因素与当前趋势，《自然灾害学报》，2006，15（4）：1～9

著作：

1 施雅风主编. 祁连山现代冰川考察报告. 北京：科学出版社，1959

2 施雅风主编. 天山乌鲁木齐河冰川与水文研究. 北京：科学出版社，1965

3 施雅风主编. 珠穆朗玛峰地区科学考察报告（1966—1968）. 现代冰川与地貌，北京：科学出版社，1976

4 施雅风主编. 喀喇昆仑山巴托拉冰川考察研究. 北京：科学出版社，1980

5 施雅风，刘东生主编. 希夏邦马峰地区科学考察报告. 北京：科学出版社，1982

6 施雅风，黄茂桓，任炳辉等主编. 中国冰川概论. 北京：科学出版社，1988

7 施雅风，李吉钧，崔之久. 中国东部第四纪冰川与环境问题. 北京：科学出版社，1989

8 施雅风，曲耀光主编. 新疆柴窝堡—达坂城地区水资源与环境. 北京：科学出版社，1990

9 施雅风主编. 中国全新世大暖期气候与环境. 北京：海洋出版社，1991

10 施雅风，康尔泗，张国威主编. 乌鲁木齐河水资源的形成与估算. 北京：科学出版社，1992

11 施雅风，刘春蓁，张祥松主编. 气候变化对西北华北水资源的影响. 济南：山东科学技术出版社，1992

12 施雅风，吴士嘉. 冰川的召唤. 长沙：湖南少年儿童出版社，1997

13 施雅风. 地理环境与冰川研究. 北京：科学出版社，1998

14 施雅风. 中国冰川与环境——现在、过去与未来. 北京：科学出版社，2000

15 施雅风，沈永平，李栋梁. 中国西北气候由暖干向暖湿转型问题的评估. 北京：气象出版社，2003

16 施雅风主编. 简明中国冰川目录. 上海：上海科普出版社，2005

17 施雅风主编. 中国第四纪冰川与环境变化. 石家庄：河北科学技术出版社，2006

18 Shi Yafeng. *Glaciers and Related Environments in China*, Science Press and Elsever, 2008, Ed in Chief.

人名索引

APPENDIX THREE

后记

PREFACE

早在2001年，我就希望拜访施雅风先生。那时我正在研究民国时期的中央地质调查所。在访问曾在该所工作的先生时，听他们谈起施先生作为地下党员，在新中国成立前夕，积极动员地质调查所人员拒绝国民党政府的搬迁命令，并向所中积极分子宣传革命思想、推荐革命文献的故事。施先生的这段经历，引起了我的兴趣。2002年春天，我借去南京出差的机会与施先生联系。但不巧，因他正在参加一个会议未能谋面。后来，我在研究新中国开展的自然资源综合考察时，施先生的名字频频出现在不同的文献当中。于是我就通过长途电话，向施先生请教。施先生为人热情，对我这个陌生晚辈总是耐心、详尽地给予帮助。2004年，在黄汲清先生百年诞辰纪念会上，我终于见到了他，从此与施先生的交往渐渐多了。

在我的印象中，施先生有很多特别之处。他不仅是一位成就斐然的著名学者，而且曾经积极投身革命事业，很早就加入了中国共产党；他不但长期从事学术研究，也是中国冰川学事业的开创者、组织者和领导者。正是这种多元的身份组合，引起了我的兴趣。但是在采访施先生之前，我对他的了解多停留在这些表面认识中。

2006年，以《20世纪中国科学口述史》丛书为契机，我开始了对施先生的全面访谈工作。为此我通读了施先生的文章和著作，并在中国科学院图书馆、中国科学院档案馆、中国科学院地理科学与资源研究所资料室、中国地质图书馆等处，查阅了相关的文献资料。我还曾经两度去南京采访。在南京的日子，我每天在施先生的办公室里工作10多个小时，或是听他讲述过去的事情，或是阅读资料、整理记录。第一次去南京采访是在秋天，那些日子南京一直下着小雨。窗外雨打梧桐声和窗内敲击键盘声交织在一起，构成了那段日子的主旋律。施先生不大用电脑，在他的办公室内无法上网。这让习惯于网络生活的我，在南京闹市区过起了与世隔绝的生活，也让我彻底静下心来，沉浸在施先生的学术经历当中。

2006年10月张九辰（左）与施雅风（右）在南京地理与湖泊研究所进行访谈

施先生保存有大量的日记、野外工作记录、会议记录和学习笔记。尽管有些记录本在“文革”和施先生的几次搬迁中丢失了，但现在仍有70多本记录保存完好。采访之余，我经常翻阅这些笔记，寻找着值得回忆的历史细节。后来为了方便，我干脆把这些记录本分门别类地摊在地板上查看。看到我蹲在那里翻阅笔记，施先生总会笑着说：“你又在挖富矿哪。”

访谈中，施先生给我的印象是开朗、直率、坦诚，而且生活简朴。去南京采访之前，我曾看到多篇他捐资助学的报道。施先生先后捐资几十万，支持农村教育和科学研究事业，但是他在南京的寓所，却与中国普通知识分子的家庭没什么差别。施先生曾经资助过很多家乡的贫困学生，他自己却穿着已经有些发旧的外衣，过着简朴的生活。施先生虽已年近九旬，每天仍然工作五六个小时。施先生的不同之处，或许就蕴涵在这些平凡之中吧。

施先生不但勤奋于学术研究，而且十分关注中国科学的发展和社会的进步。从20世纪60年代开始，他就写过许多学术研究的回顾、总结或前瞻性的文章；70年代以后，又开始撰写文章，回忆或纪念中外地学界的著名学者，宣传他们的科学精神；80年代开始，施先生更加关注中国社会的发展，思考中国的社会问题，撰文呼吁社会的改革。这些学术研究之外的文章，对于我更好地了解他的思想，有着莫大的帮助。

本书能够顺利完成，还与许多先生的慷慨帮助密切相关。在写作过程中，中国科学院南京湖泊与地理研究所的顾仁和先生，中国科学院自然科学史研究所的艾素珍和郭金海先生，中国科学院科技政策与管理研究所的杨小林先生，中国地质大学的陈宝国先生，中国地质图书馆的张尔平等先生，都对书中的内容提出了宝贵的意见和建议，在此一并致谢！

张九辰

2007年12月9日于北京

图书在版编目(CIP)数据

施雅风口述自传/施雅风口述；张九辰访问整理.—长沙：
湖南教育出版社，2009.1
（20世纪中国科学口述史）
ISBN 978-7-5355-5813-8

Ⅰ.施… Ⅱ.①施…②张… Ⅲ.冰川学—进展—中国—20世纪
Ⅳ.P343.6—12

中国版本图书馆CIP数据（2008）第171498号

书　　名　20世纪中国科学口述史　施雅风口述自传
作　　者　施雅风　口述　张九辰　访问整理
责任编辑　曹卓卓
责任校对　杨美云　黄　玉
出版发行　湖南教育出版社（长沙市韶山北路443号）
网　　址　http://www.hneph.com
电子邮箱　postmaster@hneph.com
经　　销　湖南省新华书店
印　　刷　长沙鸿发印务实业有限公司
开　　本　16开
印　　张　26.5
字　　数　283000
版　　次　2009 年 1 月第 1 版　2009 年 1 月第 1 次印刷
书　　号　ISBN 978 - 7 - 5355 - 5813 - 8/G·5808
定　　价　55.00元